# 화학공학개론

**橋本健治** 저
하시모토 겐지
**정 민 철** 역

도서출판 동화기술

# ベーシック
# 化学工学

橋本健治 著

# 시작에 앞서

우리들의 주변에는 합성섬유, 플라스틱, 의약품, 화장품, CD, 가솔린이나 등유, 시멘트 등 넓은 의미의 화학공업에 의해 직접 제조되거나 재료를 제공하고 있는 제품이 많다. 이들 화학제품의 대부분은 실험실에서 유리 기구를 사용한 연구로 시작되었는데 이들 제품을 안전하고 경제적으로 생산하기 위해서는 대규모의 생산설비가 필요하다. 그를 위해 필요한 공학이 화학공학이다. 화학공학은 주로 화학공업을 대상으로 발전해 왔는데 지금은 화학공업의 연구나 방법은 지구환경, 에너지, 신소재(新材料), 바이오테크놀로지 등의 분야에서도 적용되어 성공해왔다.

이 책은 대학이나 전문대학의 화학, 환경, 바이오테크놀로지 등과 관련된 학과에서 화학공학을 처음으로 배우는 학생을 대상으로 한 화학공학의 입문서이며 10장으로 구성되어 있다. 제 1장에서는 화학공학의 목적, 역할 및 화학공학이 어떤 분야의 학문인지를 분명히 한다. 더욱이 화학공학이 화학공업뿐만 아니라 지구환경, 에너지, 바이오테크놀로지 등의 분야에서도 적용될 수 있다는 것을 설명한다. 제 2장에서는 화학공학의 기본인 물질수지와 에너지수지의 이론과 계산법을 단위변환을 포함한 예제를 통해 해설한다. 제 3장 이후는 화학공정을 구성하는 각종 화학장치의 개요를 나타내고 그들이 어떻게 설계되고 운전되는지를 해설해 간다. 제 3장에서는 화학공정의 심장부에 해당하는 반응기를 다루고 제 4장부터 제 6장까지는 화학공정의 분리·정제를 다루는 증류, 가스흡수, 추출을, 제 7장과 제 8장에서는 유체의 흐름과 열 이동에 대한 기초를 서술한다. 제 3장부터 제 8장까지는 액체나 기체를 다루는 화학장치를 대상으로 하고 있는데 화학공정에서는 고체나 입자를 다루는 일도 많기 때문에 제 9장에서는 고체의 건조를 제 10장에서는 유체에서 입자를 분리하는 것에 대해서 설명한다.

각 장에서는 기초식의 도입을 비롯하여 구체적인 수식을 전개해서 식을 통해 그 의미와 사용법을 알기 쉽게 설명하고 있다. 또한 식의 사용법을 터득하기 위해서 많은 간단한 예제를 준비해 두어 상세한 해답 해설을 덧붙였다. 더욱이 각 장에서는 연습문제를 10문제 정도 개재하여 독자가 예제를 참고하면서 문제를 풀면서 각 장의 내용을 확실하게 이해할 수 있도록 했다. 책 끝에는 연습문제 해답도 덧붙였다.

이 책은 중요한 용어에는 굵은 글씨체로, 그림의 물질의 흐름 등에는 회색이 칠해져 있어 읽기 쉽도록 배려하였다. 더욱이 화학공학이 우리들의 일상생활에 어떻게 관련되어있는지를 설명한 칼럼도 마련했다. 또한 본문에서 다 설명할 수 없는 항목은 one point라는 형식으로 설명했다. 이런 식으로 독자의 이해를 돕기 위해 노력했다.

이 책은 대학 및 전문대학의 화학계 여러 학과 학생의 한 학기용 서적 및 참고서로써 집필되어있는데 타 분야의 기술자가 화학공학을 배우는데도 도움이 될 것이다. 어느 쪽이든 화학공학의 중요한 분야를 적절히 선택하여 그 내용을 쉽고 자세히 설명하여 화학공학의 기초를 확실하게 독자가 이해할 수 있도록 배려하였다. 하지만 이 책은 전반적인 화학공학분야에 대해서 저자가 단독으로 집필하였기 때문에 틀리거나 불편한 부분도 있을 것이다. 부디 질정(叱正)해 주길 바란다.

이 책을 집필하면서 많은 화학공학 관련 저서를 참고하였는데 여기서 감사의 뜻을 표하고 싶다. 또한 전반적인 원고를 읽어 유익한 의견을 말해 주신 河瀬元明에게 감사하고 동시에 이 책을 출판하는데 도움을 주신 화학동인의 祐幸 편집부장과 독자 입장에서 책을 읽기 쉽게 하기 위해서 여러 가지 힘써주신 大林史彦에게 진심으로 감사드린다.

하시모토 겐지(橋本健治)

# 옮긴이 머리말

본 책은 교토대학 화학공학과의 하시모토 겐지 교수님께서 2006년에 출판한 책이며 역자가 우연하게 일본서점에 들러 책을 보던 중 우리나라 화학공학과 학생들에게 소개되었으면 좋겠다는 생각으로 번역을 시작하게 되었습니다. 본 책에서는 화학공학에 대해 전반적으로 소개되어 있으며, 화학공학에서 필수적으로 배워야 할 양론, 반응공학, 분리조작분야를 포함한 내용으로 화학공학을 처음으로 접하는 분들에게도 쉽게 이해할 수 있도록 설명된 책입니다.

책에서는 화학공학이 우리의 생활과 관련되어 있는가를 책 중간 칼럼을 통해 설명해주며 또한, 본문에서 설명할 수 없는 부분을 ONE POINT에 설명하여 더욱 본문에 대한 이해가 잘 될 것으로 생각합니다.

그리고 이 책에는 다양한 예제와 문제풀이가 설명되어 있어 각 장의 마지막에 있는 연습문제에 적용할 수 있도록 구성되어 있습니다. 학습하는 것에 있어서 적절한 예제와 연습문제만큼 중요한 것은 없을 것입니다. 그러므로 학생들이 이 책을 통하여 기본개념을 익힐 수 있을 것이라고 생각합니다.

역자는 저자가 의도한 바를 충실하게 우리말로 일관되게 서술하려고 노력하였으나 저자의 의도와 다르게 풀이되었을까 걱정이 됩니다. 이 점은 헤아려주시기를 바랍니다.

끝으로, 본 책이 나오기까지 도움을 준 우리 연구실의 김도은 학생을 비롯한 연구실 학생들에게 감사의 말을 전합니다. 마지막으로 본 책이 번역될 수 있도록 허락해 주신 하시모토 겐지 교수님, 화학동인출판사 그리고 도서출판 동화기술 정우용 회장님께 감사의 말씀을 드립니다.

역 자

# 목차

Chapter 01

# 화학공학이란

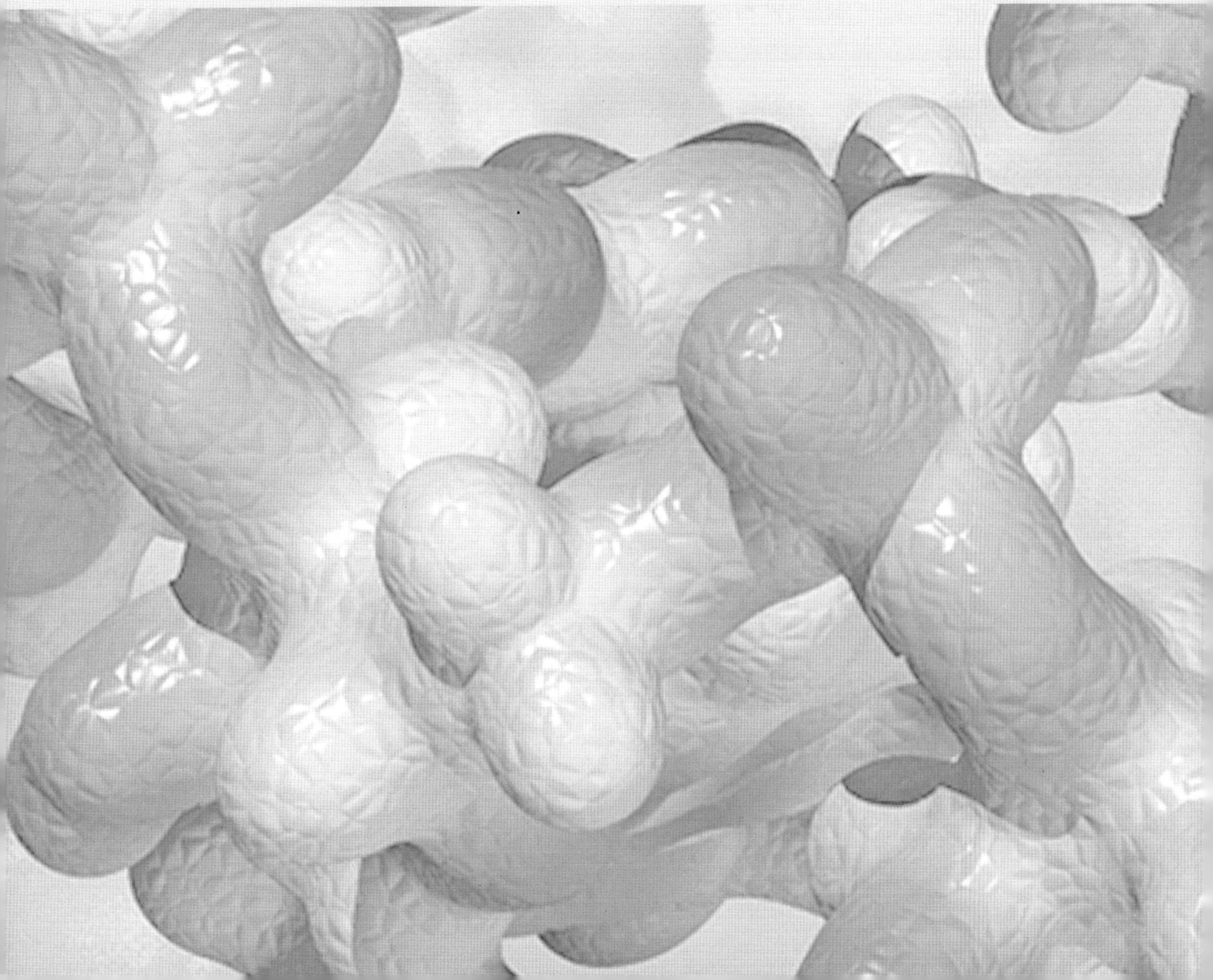

이 책에서는 화학공학이라는 학문을 배워 가는데 그 전에 이 장에서는 화학공학이 직접 대상으로 하는 화학공업에 대해서 우선 설명하고 더욱이 새로운 화학공업의 공정이 개발되어가는 과정을 설명한다. 그것들을 통해서 화학공학이란 어떤 목적으로 어떤 내용의 학문인가를 배워간다. 더욱이 화학공학이 화학공업에 그치지 않고 지구환경이나 에너지 등의 분야에서도 활용되고 있는 예에 대해서도 살펴보자.

## 1.1 화학공업에 의한 제조공정이 화학공정

### 1.1.1 화학공업이란

합성섬유, 플라스틱, 의약품, 화장품, CD, 화학비료나 살충제, 가솔린이나 등유, 시멘트, 도료 등 우리들의 주변에는 **화학공업**에 의해 제조된 제품이 많이 있다. 또한 자동차의 차체는 강철제이지만 그 내장품은 플라스틱제가 많고 타이어도 합성고무로 만들어져 있는데 이것들도 화학공업에 의한 제품이다. 더욱이 컴퓨터의 두뇌 부분에 해당하는 반도체는 단결정 실리콘 기판 위에 회로가 제작된 것인데 단결정실리콘은 규석으로부터 정밀하고 복잡한 화학적 공정을 거쳐 제조된 제품이다. 이렇듯이 별로 눈에 띄지는 않지만 화학공업은 우리들이 쾌적한 생활을 영위하는데 있어서 중요한 공업이다.

화학공업이란 석유나 석탄 등의 천연물 또는 화학제품 등의 비천연물을 원료로 화학적·물리적 변화를 일으키는 일련의 공정을 거쳐 제품을 생산하는 공업이다. 그 제조공정을 **화학공정** 또는 단순하게 공정이라고 한다.

일반적인 화학공정은 각종 장치나 기계 부품이 파이프에 의해 결합되어져 있으며 제공받은 원료가 장치를 거쳐 제품으로 전환된다. 이러한 과정에서 화학공업은 공정 공업 또는 장치산업이라고 불리는 일도 많다. 그것에 대해 자동차나 전기 화학제품 등은 각종 부품을 조립하여 제품을 만들고 있어서 조립공업이라고 불리기도 한다.

## 1.1.2 화학공정의 예

화학공업 공정의 예로써 황산 제조공정을 보자. 황산은 화학공업의 기초원료로써 중요하며 그 최초의 제조공정은 19세기에 개발되었다. 그 후 여러 번 개량되어 현재에는 그림 1.1과 같은 과정을 통해 생산되고 있다.

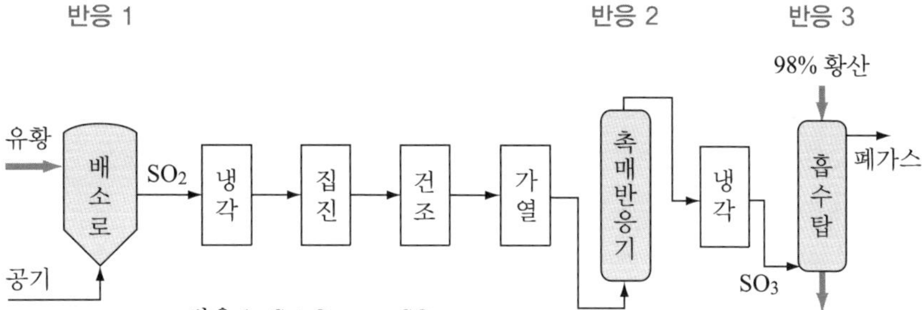


반응 1 : $S + O_2 \longrightarrow SO_2$

반응 2 : $2SO_2 + O_2 \xrightarrow{\text{촉매}} 2SO_3$

반응 3 : $SO_3 + H_2O \longrightarrow H_2SO_4$
(황산층의 물)

**그림 1.1** 황산의 제조공정

> ***One Point***
>
> **배소(焙燒)**
>
> 광석 등의 고체를 융해하지 않을 정도의 온도에서, 공기・염소・수증기 등의 기체나, 탄소・염화물・불화물 등과 반응시켜서 처리하기 쉬운 화합물로 변환시키는 작업. 그림 1.1의 경우는 유황 또는 황화물과 공기에 의한 배소에 의해서 $SO_2$를 만들어 간다.

우선, 유황(S)이나 황화철광 등을 공기에 배소시켜 이산화유황($SO_2$)를 만들어 촉매(오산화이바나듐 $V_2O_5$)를 사용해 더욱 산화시켜 삼산화유황($SO_3$)로 만든다. 그렇게 해서 만들어진 $SO_3$를 98% 황산용액에 흡수시키면 100% 황산($H_2SO_4$)이 생성된다. 이처럼 공정은 비교적 간단하다.

하지만 공정에서는 원료를 가열하거나 생성물을 냉각하거나 유체를 수송하거나 할 필요가 있다. 또한 원료를 분쇄하거나 그 때에 발생하는 분진을 처리할 필요도 있다. 더욱이 가스를 가열하거나 냉각하는 등의 작업도 해야 한다. 이처럼 화학공정은 반응공정뿐만 아니라 물리적인 공정도 필요하다는 것을 알 수 있다.

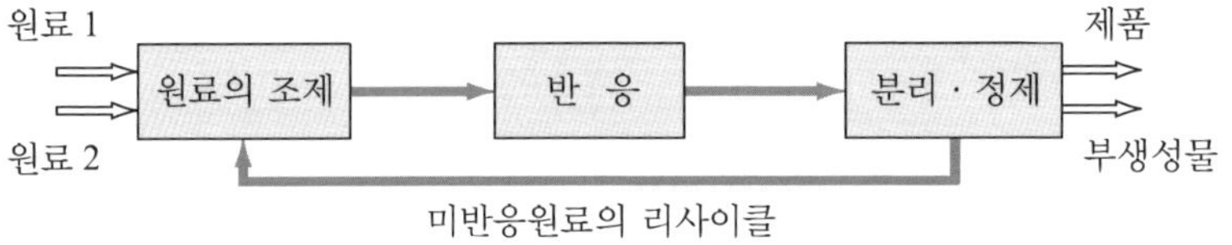


그림 1.2 화학공정의 기본이 되는 3공정

위에 설명한 예로 알 수 있듯이 화학공정은 다양하고 복잡하지만 기본적으로 그림 1.2로 알 수 있듯이 「원료의 조제」, 「반응」, 「분리 · 정제」의 세 개의 공정으로 구성되는 경우가 많다. 「원료의 조제」공정과 반응생성물의 「분리 · 정제」공정은 각각 공정의 전처리와 후처리 공정에 해당된다. 우선 원료에서 불순물을 제거하고 적당한 온도 · 압력을 조정하여 그것을 반응장치에 제공한다. 그 다음 「반응」공정에서 목적물질이 생성되는데 부반응이 일어나 불필요한 물질도 생겨난다. 그 때문에 반응하지 않은 원료가 남는다. 따라서, 여러 가지 불순물이 섞인 반응생성물에서 목적물질을 분리해 꺼내 정제하는 공정이 필요해진다. 더욱이 미반응의 원료를 분리하여 원료 공급부분으로 되돌리는 순환과정도 더해진다. 규모가 큰 공정이라면 이러한 일련의 공정이 복수 결합되어 복잡해진다.

### 1.1.3 단위조작은 공통된 방법이다.

각 성분의 끓는점의 차이를 이용해서 두 성분을 분리하는 증류나 가스에 섞인 불순물을 용액에 흡수해서 제거하는 가스흡수 등의 조작은 다루는 성질은 달라도 각종 화학공정에서 넓게 사용되고 있는 조작이다. 그 외에도 추출, 결정생성, 흡착, 막 분리, 건조, 여과 등의 조작도 「분리 · 정제」공정에서 이용되고 있다. 또한 유체를 수송하는 유체수송 조작, 물질을 가열 · 냉각하는 열 이동 조작은 각 단계의 공정에서 이용되고 있다.

이처럼 각종 화학공정을 횡단적으로 바라보면 몇 개인가의 기본적인 공통적 조작이 있다는 것을 알 수 있다. 그들을 **단위조작**(Unit operation)이라고 한다. 단위조작은 공정이 달라 다루는 물질이 달라도 화학공정을 구성해나갈 때 필요한 공통적인 조작을 정리해 일반화시켜 체계화해 두면 여러 가지 공정에서 넓게 이용할 수 있을 것이다. 화학공학의 역사는 이들 단위조작의 체계화에서 시작되었다.

### 1.1.4 공정의 중심은 「반응」공정

「반응」공정은 **반응조작**이라고도 불리며 공정의 심장부에 해당되며 여러 가지 반응장치를 사용하고 있다. 예를 들면 유체 반응에서는 교반기를 갖춘 조형반응기가 많이 사용되며 기체 반응에서는 관형(管型) 혹은 탑형(塔型)의 장치가 많이 사용된다. 반응조작에 관해 연구하는 분야는 반응공학이라고도 불리며 단위조작의 체계화로 이어지는 형태로 발전되어왔다.

이처럼 화학공정은 반응장치, 분리장치 등으로 구성되어 있고 그것들이 파이프를 통해 서로 복잡하게 연결되어 있다. 예를 들면 펌프나 송풍기를 이용해 파이프와 장치 안으로 유체를 흘려보내거나 그 과정 중에 열교환기를 통해 가열·냉각하거나 한다.

또한 공정의 각 부분에서 온도, 압력, 유량 등을 계측·제어하고 그것들을 중앙의 제어실에서 집중 관리함으로써 화학공정을 안전하고 최적한 조작조건하에서 운전시키고 있다. 이러한 반응조작과 단위조작을 위한 장치나 기계에 의해 구성된 공업규모의 설비를 화학 플랜트 또는 플랜트라고 한다.

## 1.2 화학공정의 개발은 어떻게 이루어지는가

현재 화학공정의 개발은, 그림 1.3과 같은 순서로 이루어지고 있다.

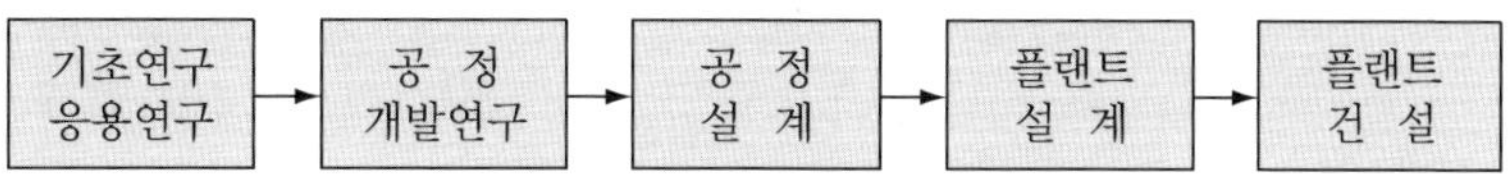


그림 1.3 화학공정의 개발

(1) **기초연구·응용연구** : 기존의 기술이나 최신의 특설정보를 조사하여 반응 경로와 촉매에 대한 기초연구가 시작된다. 주로 화학자가 유리제(製)의 도구나 소형 실험장치를 사용해서 연구한다. 이어서 제품의 신규성, 품질, 비용, 생산성, 시장성 등을 포함한 응용연구 단계로 넘어간다.

(2) **공정개발연구** : 공정개발연구 단계에서 플랜트의 건설·운전까지는 화학기술자가 중심적인 역할을 한다. 우선 테스트용으로 연속식의 소형시험장치(벤치 플랜트라고 불린다)를 조립하여 운전시켜 실제 플랜트 설계에 필요한 데이터를 채취해, 공업화시키는데 있어 문제점을 추출해 그 원인을 규명하고 대책을 세운다. 그것과 병행하여 공정의 전체적인 구상을 굳혀간다. 반응장치나 각종 분리장치 등을 결합시킨 간단한

플로우시트(flow sheet; 공정의 흐름)를 작성하여 각 장치의 조작조건과 성능을 추측해 원료부터 제품에 이르기까지의 물질의 흐름과 양(물질수지)을 계산한다. 벤치 플랜트가 종료된 단계에서 단번에 상업 플랜트의 설계・건설로 이어지는 경우도 있지만 안전을 기해서 실제 플랜트와 가까운 파일럿 플랜트를 건설하는 경우가 많다. 이 파일럿 플랜트를 통해 스케일 업에 따른 변화 예측이 옳은가를 확인하고 문제점을 철저하게 검토하고 해결하도록 한다. 파일럿 플랜트의 또 다른 역할은, 어느 정도 완성된 제품 견본을 생산하고 그것을 시장조사나 시장개척에 활용하는 것이다.

(3) **공정 설계** : 지금까지의 성과를 기반으로 최종적으로 원료의 선정, 플로우시트의 결정, 장치 선정과 설계, 물질・열수지의 계산, 계장(計裝)과 제어방식의 결정, 제품비용 설계, 등이 포함된다.

(4) **플랜트 설계와 건설** : 이어서 플랜트 설계 단계로 들어간다. 각각 장치의 상세한 기계적 설계를 하고 메이커에 발주하여 플랜트의 건설이 시작된다. 플랜트 건설은 수년간에 걸치는 복잡한 일이며 면밀한 공정스케줄을 따라 공사가 진행된다. 플랜트가 완성되고 시험운전을 반복한 후 생산에 들어간다. 이 단계에서는 화학기술자뿐만 아니라 기계, 전기, 토목 등의 넓은 분야의 기술자들이 팀을 이루어 일을 진행시키는데 화학기술자가 리더를 맡는 경우가 많다.

이와 같이 실험실에서의 플라스크를 이용한 연구에서부터 실제 화학제품이 생산되기까지는 긴 시간이 필요하다. 이 과정에서 화학기술자가 중요한 역할을 한다는 것을 알 수 있을 것이다. 화학기술자는 화학을 이해하고 그 성과를 공업화해서 유용한 제품을 생산하고 사회에 제공한다는 책무를 가지고 있다. 그를 위해 필요한 기초지식이 앞으로 배워갈 화학공학이라는 학문인 것이다.

**칼럼**

**화학공학이 많은 목숨을 구했다.**

**- 페니실린의 개발과 화학공학 -**

페니실린은 가장 위대한 의약품 중 하나이다. 1929년에 영국 세균학자 플래밍이 포도구균을 배양하던 중에 우연히 섞인 푸른곰팡이에 의해 포도구균 콜로니가 파괴되어 그 주변이 투명한 액으로 변한 것을 발견했다. 그는 이 푸른곰팡이의 배양액 속에 항균작용(균을 죽이는 작용)을 가지는 물질이 있다는 것을 확인하고 그 물질을 페니실린이라 이름 지었다.

그 후, 이 연구는 방치되어 있었지만 1940년에 옥스퍼드대학의 플로리에 의해 폐렴이나 화농증 등의 감염증에 뛰어난 효과를 발휘한다는 것이 증명되어 항생물질 시대의 막이 열렸다. 때마침 제 2차 세계대전이 발발하여 감염증이나 부상자의 치료약으로써 상업생산이 필요해졌다. 당시에는 푸른곰팡이를 배양하는 것에 플라스크를 수천 개 늘어놓는 등 실험실의 연장상의 비효율적인 방법으로 밖에 생산하고 있지 않았다. 하지만 당시 영국에서는 독일의 공습을 받아 페니실린의 대량생산에 힘쓸 여유는 없었다.
그래서 플로리는 1941년에 미국으로 건너가 페니실린을 대량생산 할 수 있도록 협력을 구했다. 미국에서는 화학기술자가 중심이 되어 발효탱크에 공기를 불어넣는 배양법을 개발하여 더욱이 대량의 공기 살균법, 배양액에서 페니실린을 추출 분리하는 방법, 농축액을 동결·감압상태로 만들어 수분을 승화시켜 안전한 고체형 페니실린으로 만드는 방법 등의 개발연구가 화학공학의 지식을 활용해 정력적으로 행해졌다.
그 결과, 페니실린의 대량생산이 현실로 이어져 많은 목숨을 구할 수 있었다. 화학공학의 거대한 성과의 하나라고 할 수 있다.

**One Point**

**파일럿 플랜트(pilot plant)**

상업플랜트의 10분의 1 정도 크기의 장치를 통해 장치규모의 확대를 재검증하거나 제품 샘플을 만들어 이용자에게 배포하기 위한 플랜트. 파일럿 플랜트 다음은 본 플랜트인 설계·건설로 넘어가게 된다.

**One Point**

**스케일 업(Scale Up)**

화학 장치 또는 공정규모를 크게 하는 것 및 그에 동반하는 기술·수법을 말한다. 장치의 스케일 업은 기하학적 상사(相似)나 레이놀즈수(제 8장 참고)등의 현상을 지배하는 무차원수를 동일하게 유지하는 수법이 이용된다.

## 1.3 화학공학은 어떤 분야인가

앞서 설명한 바와 같이 많은 화학공정을 요소로 분해하여 공정, 장치, 조작법의 관점에서 횡단적으로 바라보면 서로 공통된 부분이 적지 않다. 화학공학은 화학공정을 공업화시킬 때 필요한 기술이 무엇인가를 분명하게 하여 그것들의 기초를 정리·체계화하여 화학공업을 비롯한 광범위한 분야에 적용시킬 수 있도록 하는 공학이다. 현재, 화학공학은 아래와 같은 체계로 정리되어 있다.

(1) **물질수지와 에너지수지** : 공정의 물질과 에너지의 흐름을 정량적으로 파악하는 분야이다. 그를 위해서는 화학반응 성분간의 양적 관계를 분명히 해 반응열이나 물성 값

등의 실측치 또는 추산치가 필요해진다.

(2) **이동현상** : 유체의 흐름, 열의 이동 및 물질의 이동의 해명은 단위조작이나 반응공학의 기초이다. 그것들 사이에는 상이적인 관계가 있어 이동현상으로써 정리되어있다.

(3) **분리공학** : 물질분리를 총괄한 분야이다. 물질분리는 평균상태에서의 이상간(異相間)의 조성차(組成差), 또는 물질이동의 속도차를 이용해서 이루어진다. 구체적으로는 증류, 가스흡수, 추출, 흡착, 정출(晶出), 막 분리 등이 있다.

(4) **반응공학** : 반응속도를 측정하여, 더욱이 유체・열・물질의 이동현상의 지식을 더해 반응장치를 합리적으로 설계하고 조작하기 위한 공학이다.

(5) **공정제어와 공정시스템 공학** : 공정전체를 살피며 공정 구성, 각각 기계부품의 선정・설계・조작을 최적의 상태로 설정해 제어하고 안전하게 운전시키기 위한 공학이다.

이 책에서는 위에 표기된 화학공학의 분야 중에서 물질・에너지수지, 반응공학, 분리공학, 유체의 흐름과 열의 이동에 대해서 다음 장부터 순서대로 해설해 갈 것이다.

## 1.4 화학공학의 적용범위는 화학공업뿐만이 아니다.

현재까지 화학공학은 화학공업을 중심으로 해왔는데 화학공학의 방법론은 지구환경, 에너지, 신소재, 바이오테크놀로지 등의 분야에도 적용되어 성공했다. 여기서는 환경문제에 대해 화학공학이 공헌한 한 가지 예로써 산성비 문제에 대해서 살펴보자.

산성비란 주로 발전소, 공장, 자동차등의 화석연료를 연소시켰을 때 발생하는 유황산화물($SO_x$)이나 질소산화물($NO_x$)이 대기 중에 비나 눈에 녹아 황산이나 질산이 되어 내리는 것을 말한다. 어떤 나라에서 석탄을 연소했을 때 발생한 이산화유황이 계절풍을 타고 다른 나라로 이동하여 거기서 비나 눈에 용해돼 지상에 내려 삼림을 파괴하거나 호수와 늪을 산성화시키거나 농작물에 피해를 주거나 한다.

연소가스에 포함되어있는 유황화합물($SO_x$)을 제거하는 방법 중 하나는 배출되는 이산화유황($SO_2$)을 CaO 또는 $CaCO_3$ 수용액에 흡수・반응시켜 제거해 더욱이 흡수액을 공기로 산화시켜 석고($CaSO_4 \cdot 2H_2O$)로 만들어 흡수시키는 방법이다. 이 반응자체는 중학교 과학실험에서도 할 수 있는 간단한 반응이다.

과학 실험에서는 비터 안의 용액을 저어서 거기에 $SO_2$를 넣으면 되지만 공업적으로는 연소배기가스의 이산화유황($SO_2$)을 잘 흡수하는 용액을 선택해 대량의 배기가스와 용액을 효율 좋게 접촉시키는 장치 구조를 연구하여 그 크기를 정해야 한다. 더욱이 반응으로 생성된 고체 석고를 장치 밖으로 배출하는 방법에 대해서도 고려할 필요가 있다. 그것들을 해결하는 데는 분리공학 중 하나인 가스흡수(제 5장)의 지식을 활용할 수 있다.

현재 많은 발전소에서는 그림 1.4에 나타냈듯이 배연・탈황 공정이 이용되고 있다. 격자모양의 충전물을 넣은 흡수탑에 배기가스와 흡수액($CaO$ 또는 $CaCO_3$)을 제공하여 각자 같은 흐름으로 접촉시켜서 이산화유황을 용액에 흡수시켜 아황산칼슘($CaSO_3 \cdot 1/2H_2O$)의 현탁액(懸濁液)으로 만든다. 이어서 그 생성액에 공기를 불어넣어 산화시켜 석고($CaSO_4 \cdot 2H_2O$)를 얻는다. 이 공정으로 대기중의 $SO_2$농도를 하루 평균 0.04 ppm 이하로 유지시킬 수 있게 되었다.

하지만 이 배연・탈황 공정은 고온의 배기가스(수백℃)의 온도를 50℃ 정도까지 낮춰야 하기 때문에 열에너지의 손실이 생겨난다. 그래서 최근엔 석탄 등을 연소시킬 때 연소로에서 석고를 빼내는 방식이 검토되고 있다. 그렇게 하면 생성가스의 온도를 낮출 필요가 없어질 뿐만 아니라 가스흡수장치도 필요 없게 된다.

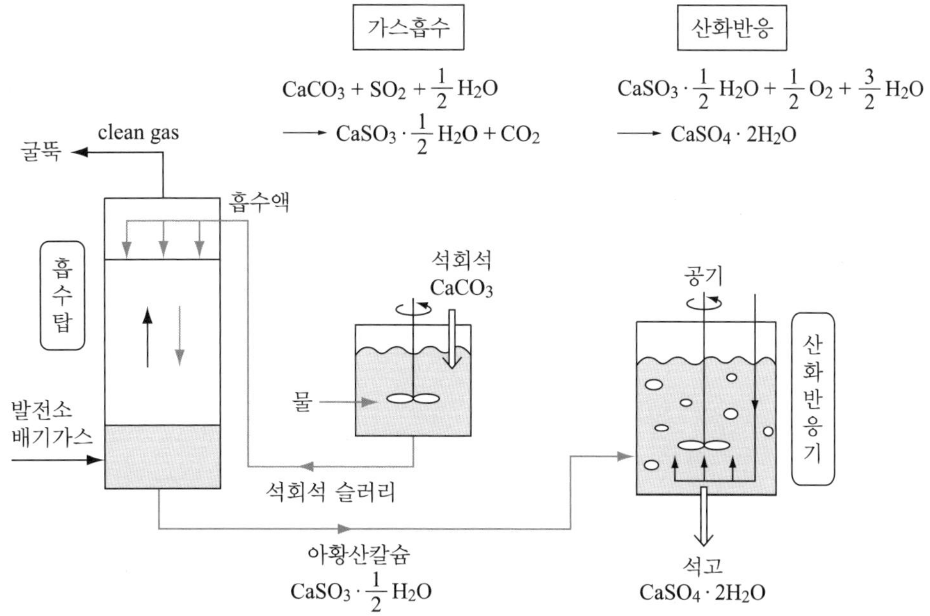


그림 1.4 배연・탈황 공정

이처럼 한 가지 조작을 행하는데도 언제, 어디서, 어떤 식으로 조작하고 제어하는가에 따라서 효율이나 환경부하 정도가 크게 변한다. 이것을 논리적으로 명확히 해가는 것이 화학공학인 것이다.

***One Point***

ppm

part per milion의 약기호. 백만분율($10^{-6}$)이라고도 불리며, 어떤 양이 전체의 백만분의 얼마인가를 나타내는 무차원수. 일반적으로 기체의 경우는 체적비(ppmv라고 쓴다), 그 외의 경우는 질량비(ppmm)를 나타낸다. ppm 수치에 $10^{-6}$을 곱한 수치가 실제 분율이 된다.

Chapter

# 02

# 물질수지와 에너지수지

화학공정은 몇 개의 장치로 구성되며, 각각 장치에 물질이 출입하여 화학적 또는 물리적 변화를 받는다. 또한 그 때에 외부에서 열이 가해지거나 제거되는 일이 많다.

이 같은 화학공정을 계획하고 장치를 설계하고 운전하기 위해서는 공정의 각 단계에서의 물질이나 에너지의 흐름을 정량적으로 파악할 필요가 있다. 구체적으로는 소정의 생산량을 얻는데 필요한 원료의 공급량이나 각 장치에서의 변화량을 추정해서 장치의 입구와 출구에서의 물질의 흐름을 계산해야 한다. 또한 동시에 장치의 열 제공·제거량에 대한 정보를 얻을 필요도 있다. (단, 이 단계에서는 화학장치의 크기나 성능은 아직 모르기 때문에 물질과 열의 정확한 흐름은 나중에 다시 계산하지만 일단 공정의 주요 단계에서의 물질과 열의 흐름을 계산해두어야 한다.)

이 장에서는 화학공정의 물질수지와 에너지수지에 대해서 배울 것이다. 화학공학에서의 물질·에너지수지를 이해하는 것은 몹시 중요하다.

물질·에너지수지의 계산에서는 유량, 압력, 온도, 농도, 열량, 물질의 양 등 여러 가지 양을 다룬다. 이들 양은 우선 기준이 되는 단위를 정해서 그 몇 배의 수치에 의해 표기된다. 또한 동일한 양이더라도 몇 개의 단위가 이용되며 단위가 다르면 수치도 달라지기 때문에 단위에 대해서는 주의할 필요가 있다. 현재는 국제적인 SI단위라는 것이 넓게 사용되고 있는데 종래의 관용적인 단위로 표기된 수치는 SI단위로 변환하도록 권장되고 있다.

그럼 우선 단위변환을 배운 후 그 후에 물질·에너지수지에 대해 배워 가도록 하자.

## 2.1 양을 나타내는 데는 단위가 필요하다.

### 2.1.1 물리량의 표기법

길이, 면적, 시간, 속도 등의 물리량의 크기는 기준치의 몇 배인지에 따라서 표기된다. 그 기준이 되는 물리량의 크기를 단위라고 한다. 단위에는 **기준단위**와 **조립단위**(유도단위)가 있다. 기준단위란 길이, 질량, 시간 등의 독립된 물리량의 단위이다. 반면 조립단위는 기준단위의 조합에 의해서 표기되는 단위이며 면적, 속도 등이 이것에 해당된다.

단위계에는 기본단위에 따라서 절대단위계, 중력단위계, 공학단위계가 있고 또한 10진법의 미터제와, 10진법이 아닌 영국제가 병용되어 왔다. 이처럼 분야나 나라에 의해서 다른 단위계가 사용되어 왔는데, 상호 변환이 번잡하고 불편했다. 그것을 해결하기 위해 **국**

**제단위계**(SI)가 1960년에 제정되었다. 이 책에서는 기본적으로는 SI를 사용한다.

## 2.1.2 국제단위계(SI)

SI에는 표 2.1과 같이, 7종류의 기본단위와 2종류의 보조단위가 있다. 길이는 미터[m], 질량은 킬로그램[kg], 시간은 초[s], 온도는 켈빈[K], 물질의 양은 몰[mol]을 각각 단위로 써 사용한다.

표 2.1 SI기본단위와 보조단위

| 양 | 명칭 | 기호 |
|---|---|---|
| 길이 | 미터(meter) | m |
| 질량 | 킬로그램(kilogram) | kg |
| 시간 | 초(second) | s |
| 전류 | 암페어(ampere) | A |
| 열역학온도 | 켈빈(Kelvin) | K |
| 광도 | 칸델라(candela) | cd |
| 물질의 양 | 몰(mol) | mol |
| 평면각 | 라디안(radian) | rad |
| 입체각 | 스테라디안(Steradian) | sr |

여기서 원자량・분자량에 대해서 살펴보자. 탄소원자 $^{12}C$의 12 g을 1 mol이라고 정의하고 그 상대질량을 12라 하면 다른 원자나 분자의 상대질량인 원자량과 분자량이 각각 정해진다. 이처럼 원자량이나 분자량은 상대치이기 때문에 단위를 가지지 않는 무차원수이다. 이들의 값에 [g・$mol^{-1}$]의 단위를 붙인 값은 몰 질량이라고 하는데 엄밀하게는 다르지만 화학공학에서는 예전부터 그 두 개를 원자량・분자량이라고 부르며 구별해왔다. 이 책은 그 관례를 따른다.

SI에서는 g이 아닌 kg을 사용하기 때문에 분자량에서는 [kg・$mol^{-1}$]의 단위로 표기한 값을 대입해야 한다. 예를 들면 이산화탄소 $CO_2$의 분자량은 $12+16\times2=44$인데 SI에서는 $44\times10^{-3}$ kg・$mol^{-1}$이라고 표기하게 된다.

조립단위 중에서 고유의 명칭이 주어진 단위는 17개있는데 표 2.2에 이 책에서 자주 사용하는 조립단위 명칭과 SI 기본명칭 및 조립단위에 의한 정의가 나와 있다. 예를 들면 정량 1 kg의 물질에 1 m · $s^{-2}$의 가속도를 발생시키는 힘이 1 N(뉴턴)이다. 그리고 1 N의 힘이 작용해서 물체를 1 m 이동시키는 일의 양(에너지)이 1 J(줄)이다. 또한 1 J의 일률이 1 W(와트)이다. 이들 단위를 SI기본단위의 kg, m, s로 표기했을 때의 정의와 조립단위의 상호관계도가 표 2.2에 나와 있다.

표 2.2 고유 명칭을 가진 조립단위

| 양 | 명칭 | 기호 | 정의 |
|---|---|---|---|
| 힘 | 뉴턴(Newton) | N | $kg \cdot m \cdot s^{-2} = J \cdot m^{-1}$ |
| 압력 | 파스칼(Pascal) | Pa | $kg \cdot m^{-1} \cdot s^{-2} = N \cdot m^{-2} = J \cdot m^{-3}$ |
| 에너지 | 줄(Joule) | J | $kg \cdot m^2 \cdot s^{-2} = N \cdot m = Pa \cdot m^3$ |
| 일률 | 와트(Watt) | W | $kg \cdot m^2 \cdot s^{-3} = J \cdot s^{-1}$ |

표 2.1의 기본단위를 사용해서 도출된 조립단위가 실용적으로 편리한 크기의 값이 된다고는 할 수 없다. 그 때문에 표 2.3과 같은 **접두어** 사용이 인정된다. 예를 들면 표준대기압 1 atm = $1.013 \times 10^5$ Pa는 $10^6$ = 1 mega = 1 M이기 때문에 0.1013 MPa라고 적을 수 있다. 단, 접두어는 조립단위의 최초 단위기호에만 붙일 수 있다(단, kg의 k는 예외). 예를 들면 몰 농도를 나타내는데 kmol · $m^{-3}$이라고 하는 것은 괜찮지만 이차반응속도 정수 $k$를 표기하는데 $m^3$ · $kmol^{-1}$ · $s^{-1}$이라 하는 것은 위의 원칙에 어긋난다.

표 2.3 주된 접두어

| 크기 | 명칭 | 기호 |
|---|---|---|
| $10^3$ | 킬로(kilo) | k |
| $10^6$ | 메가(mega) | M |
| $10^{-1}$ | 데시(deci) | d |
| $10^{-2}$ | 센티(centi) | c |
| $10^{-3}$ | 밀리(milli) | m |
| $10^{-6}$ | 마이크로(micro) | μ |
| $10^{-9}$ | 나노(nano) | n |
| $10^{-12}$ | 피코(pico) | p |

### 2.1.3 SI 외의 단위계

현재, SI 사용이 법률로 의무화 되어있지만 종래부터 사용되던 단위도 계속 사용되고 있다.

그 한 가지 예가 바로 중력단위계이다. 공업 분야에서는 힘을 기본단위의 하나로 하는 중력단위계가 사용되어왔다. 중력단위계에서는 질량 1 kg의 물체에 작용해서 9.807 m · s$^{-2}$의 가속도를 발생시키는 힘, 즉 중력을 단위로 삼아 그것을 1 kgf(또는 1 Kg)로 나타내며 1중량킬로그램이라고 읽는다.

뉴턴의 운동의 법칙에 의하면, 힘은 질량과 가속도를 곱한 것이기 때문에 1 kgf의 힘을 SI로 표기하면 다음과 같아진다.

$$(1\ \text{kg}) \times (9.807\ \text{m} \cdot \text{s}^{-2}) = 9.807\ \text{kg} \cdot \text{m} \cdot \text{s}^{-2} = 9.807\ \text{N}$$

즉, SI와의 사이에 다음과 같은 관계가 성립된다.

$$1\ \text{kgf} = 9.807\ \text{N}$$

이 외에도 예를 들면 길이 yd(야드)나, ft(피트), 질량단위인 lb(파운드)를 사용하는 야드 · 파운드 법도 나라에 따라서 아직 사용되고 있다.

이 책에서는 원칙으로써 SI를 사용하지만 atm과 같이 SI가 아닌 것도 일부 사용한다. 따라서 단위의 변환이 필요해지는 경우가 있기 때문에 부록으로써 단위변환표를 첨부한다.

### 2.1.4 단위변환을 예제로 배운다.

SI가 아닌 단위로 표기되어 있는 양과 식을 SI로 변환하는 방법을 예제를 통해 배워 보자.

**예제 2.1**

부록 단위변환표를 참고하며, 다음의 양을 SI로 표기하라.

(1) 1.2 g · cm$^{-3}$  (2) 4.3 cal · g$^{-1}$ · °F$^{-1}$

(3) 25 kgf · cm$^{-2}$  (4) 기체정수 $R$ = 0.08205 atm · L · mol$^{-1}$ · K$^{-1}$

**해답**

(1) $1\ \mathrm{g}=10^{-3}\ \mathrm{kg}$, $1\ \mathrm{cm}=10^{-2}\ \mathrm{m}$이기 때문에 값과 단위를 함께 대입하면

$$1.2\ \frac{\mathrm{g}}{\mathrm{cm}^3} = 1.2\ \frac{1\ \mathrm{g}}{(1\ \mathrm{cm})^3} = 1.2\ \frac{10^{-3}\ \mathrm{kg}}{(10^{-2}\ \mathrm{m})^3} = 1.2\times 10^3\ \mathrm{kg}\cdot\mathrm{m}^{-3} = 1200\ \mathrm{kg}\cdot\mathrm{m}^{-3}$$

(2) $\mathrm{cal}\cdot\mathrm{g}^{-1}\cdot{}^\circ\mathrm{F}^{-1}$은 비열용량의 단위를 나타내는 것으로 물질 1 g의 온도를 1°F 상승시키는 데 필요한 열량 cal을 나타내고 있다. 여기서 주의할 점은 $^\circ\mathrm{F}^{-1}=1/^\circ\mathrm{F}$의 취급이다. 이 분모에 오는 °F는 온도 그 자체가 아닌 온도차의 단위를 의미한다. 그것을 온도 °F와는 구별해서 $\Delta$°F라고 적는다.

그리고 화씨 $T$[°F], 섭씨 $T$[℃], 절대온도 $T$[K] 사이에는 다음과 같은 관계가 성립된다.

$$T[^\circ\mathrm{F}] = 1.8T[℃]+32 \qquad T[\mathrm{K}] = T[℃]+273.2$$

따라서 $\Delta T$[℃]=1℃의 온도변화에 대한 K 또는 °F의 온도변화 사이에는

1℃의 온도변화 = 1 K의 온도변화 = 1.8°F의 온도변화

의 관계식이 성립되며, 그것을 기호로 적으면

$$1\Delta℃ = 1\Delta\mathrm{K} = 1.8\Delta^\circ\mathrm{F}$$

가 된다. 따라서

$$1\Delta^\circ\mathrm{F} = \left(\frac{1}{1.8}\right)\Delta℃ = \left(\frac{1}{1.8}\right) = \Delta\mathrm{K}$$

의 관계가 성립된다. 이 관계와 부록 표의 1 cal=4.186 J, $1\ \mathrm{g}=10^{-3}\ \mathrm{kg}$의 관계를 대입하면

$$4.3\frac{\mathrm{cal}}{\mathrm{g}\cdot{}^\circ\mathrm{F}} = 4.3\frac{4.186\ \mathrm{J}}{(10^{-3}\ \mathrm{kg})\left(\frac{1}{1.8}\ \mathrm{K}\right)} = 32.4\times 10^3\ \mathrm{J}\cdot\mathrm{kg}^{-1}\cdot\mathrm{K}^{-1}$$
$$= 32.4\ \mathrm{kJ}\cdot\mathrm{kg}^{-1}\cdot\mathrm{K}^{-1}$$

(3) 1 kgf=9.807 N, $1\ \mathrm{N}\cdot\mathrm{m}^{-2}=1\ \mathrm{Pa}$, $1\ \mathrm{cm}=10^{-2}\ \mathrm{m}$, $1\times10^6\ \mathrm{Pa}=1\ \mathrm{MPa}$의 관계를 대입하면

$$25\frac{\mathrm{kgf}}{\mathrm{cm}^2} = 25\frac{9.807\ \mathrm{N}}{(10^{-2}\ \mathrm{m})^2} = 2.45\times 10^6\ \mathrm{N}\cdot\mathrm{m}^{-2}$$
$$= 2.45\times 10^6\ \mathrm{Pa} = 2.45\ \mathrm{MPa}$$

덧붙여 이것을 atm으로 변환시키면 $1\ \mathrm{atm}=1.01325\times10^5\ \mathrm{Pa}$이기 때문에

$$25\ \mathrm{kgf}\cdot\mathrm{cm}^{-2} = 2.45\times 10^6\ \mathrm{Pa}/1.01325\times 10^5\ \mathrm{Pa}\cdot\mathrm{atm}^{-1} = 24.2\ \mathrm{atm}$$

(4) $1\ \mathrm{atm}=1.01325\times10^5\ \mathrm{Pa}$, $1\ \mathrm{L}=10^{-3}\ \mathrm{m}^3$이며 이들을 $R$에 대입하면

$$R = 0.08205\times(1.01325\times 10^5\ \mathrm{Pa})\times(10^{-3}\ \mathrm{m}^3)\cdot\mathrm{mol}^{-1}\cdot\mathrm{K}^{-1}$$
$$= 8.314\ \mathrm{Pa}\cdot\mathrm{m}^3\cdot\mathrm{mol}^{-1}\cdot\mathrm{K}^{-1}$$

을 얻을 수 있다. 더욱이 표 1.2의 $1\ \mathrm{Pa}=1\ \mathrm{J}\cdot\mathrm{m}^{-3}$의 관계를 이용하면

$$R = 8.314\ \mathrm{J \cdot mol^{-1} \cdot K^{-1}}$$

로 바꿔 쓸 수 있다. 기체정수 $R$의 값은 압력과 부피에 따라서 여러 가지 수치가 사용되어왔는데 SI에서는 $8.314\ \mathrm{J \cdot mol^{-1} \cdot K^{-1}}$의 값이 된다.

## 2.2 물질수지를 계산한다.

화학장치에는 여러 가지 종류의 물질이 출입하여 여러 가지 물질적·화학적 변화가 일어나 성질과 상태, 조성, 유량 등이 변화한다. 그러한 변화를 정량적으로 다루어 장치에 출입하는 물질의 흐름을 분명하게 하는 것이 **물질수지**(Material balance) 계산이다.

### 2.2.1 물질수지의 기초가 되는 식

물질수지 계산을 하는 데는 우선 계산 대상이 공정 전체인지 공정 중의 장치인지 또는 장치내의 작은 공간인지를 명확하게 할 필요가 있다. 그것들은 각각 닫혀있는 공간으로 보고 일반적으로는 계(System)라고 불린다. 계를 무엇으로 하느냐에 따라서 계산이 쉬워지거나 어려워지기도 한다.

다음으로 특정시간 간격(예를 들어 1년, 1시간, 1초, 혹은 매우 작은 시간)을 지정해서 계에 출입하는 물질의 수지관계를 생각한다.

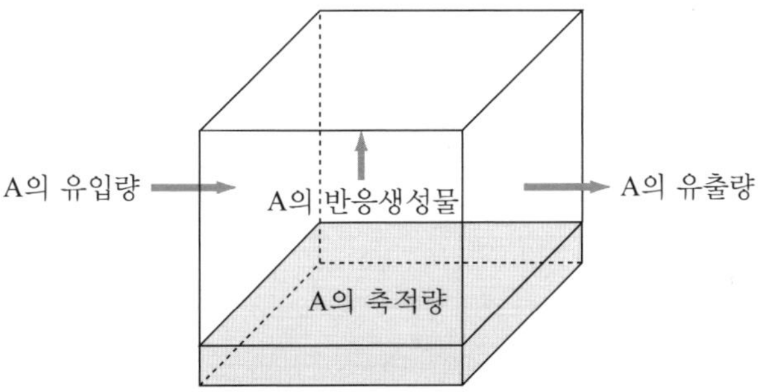


그림 2.1 물질수지의 예

그 때 주목할 물질은 ① 각각 물질, ② 존재하는 물질 전체, ③ 물질을 구성하는 원소들이다. 또한 화학반응에 의해서 분자 구조가 바뀌는 경우와 반응이 없는 경우가 있다. 더욱이 정상상태인지 비정상상태인지도 구별해야 한다.

그림 2.1에서 나타나는 듯이 계에 대해서 생각해보자. 어떤 물질 A를 볼 때 「계 안으로 유입」, 「계에서 유출」, 「계 안에서 일어나는 반응에 의한 생성」 결과, 계 안에 존재하는 물질 A의 양에 변화가 일어났다고 생각하면 시간 간격에 대해서 다음 관계가 성립한다.

(A의 유입량) − (A의 유출량) + (반응에 의한 A의 순수 생성량) = (A의 축적량) (2.1)

반응 결과, 물질이 생성될 때도 소멸될 때도 있는데 식(2.1)의 좌변 제 3항(반응에 의한 A의 순수 생성량)은 순수 생성량을 나타낸다. 물질의 출입이 없는 **회분조작**(Batch operation)에서는 위 식의 좌변의 제 1항(A의 유입량)과 제 2항(A의 유출량)이 0이 되기 때문에 장치 안의 상태는 시간과 함께 변화한다. **연속조작**(Continuous operation)으로 시간과 상관없이 정상상태로 진행시키는 경우에는 식(2.1)의 좌변은 0으로 둔다. 또한 식(2.1)은 동일성분에 대한 수지식이기 때문에 질량[kg]을 기준으로 하던 물질량[mol]을 기준으로 하든 성립한다.

다음은 각각 성분이 아닌 물질전체의 질량에 주목해보자. 반응이 일어나도 물질전체 질량은 변화하지 않기 때문에 식(2.1)의 좌변의 제 3항이 0이 되며 다음식이 성립된다.

(전체물질의 유입질량) − (전체물질의 유출질량) = (전체물질의 축적질량) (2.2)

반응을 포함할 경우에도 어떤 원소 E(예를 들어 탄소원자나 수소원자)를 주목해보면 식(2.2)와 마찬가지로 식(2.3)이 성립한다. 이것은 화학반응이 일어나도 원자가 늘어나거나 줄어들지는 않기 때문이다.

(원소 E의 유입량) − (원소 E의 유출량) = (원소 E의 축적량) (2.3)

또한, 반응을 포함할 경우에도 각각의 물질에 대해서 식(2.1)이 적용되지만 화학 양론식으로 물질량의 증감을 간단하게 표현할 수 있기 때문에 수지계산은 기준물질보다도 기준물질량 쪽이 더 간단해진다.

**One Point**

**회분조작(回分操作)과 연속조작(連續操作)**

회분조작은 반응원료를 모두 반응기에 넣어서 반응을 시작하고 적당한 시간이 경과한 후에 반응혼합물을 꺼내는 조작법이다. 주로 교반탱크반응기가 사용된다. 연속조작은 유통식이라고도 불리며 반응원료를 연속적으로 반응기에 넣어 제공하여 출구에서 연속적으로 꺼내는 조작법이다. 연속조작에는 교반탱크반응기 및 관형반응기가 사용된다.

## 2.2.2 물질수지의 계산 순서

물질수지의 계산은, 다음과 같은 순서로 진행된다.

(1) 공정의 간단한 약도를 그려 주어진 데이터를 기입한다. 화학반응이 일어나는 경우는 화학반응식을 적어둔다.

(2) 계산을 위해 적당한 기준을 고른다. 문제에 기준이 주어져 있는 경우도 있지만, 그것이 문제를 풀 때 가장 편하다고는 할 수 없다. 다른 기준으로 계산해서 얻은 기준으로 변환하는 편이 더 간편해 지는 경우도 많다.

(3) 각 성분에 대해 물질수지식을 세우는데 미지수가 많아지면 계산이 복잡해진다. 이럴 때에는 계에 유입되는 물질 중 계내에서는 변화하지 않고 유출되는 물질에 주목하면 좋다. 예를 들면 연소반응에서 공기 중의 $N_2$ 같은 물질이 그것에 해당된다. 또한 수용액의 증발조작에서는 물의 양은 변하지만 용질의 양은 변하지 않는다. 이처럼 계내에서 그 양이 변하지 않는 물질을 대응물질이라고 한다. 이 대응물질에 주목하면 수지계산이 간단해지는 경우가 많다.

**One Point**

**wt%**

중량퍼센트라고 읽는다. 혼합물에서 특정 성분의 중량을 전체 성분의 합계물질로 나눠서, 100을 곱한 값이다. 수치적으로는 질량을 이용한 질량 퍼센트와 비슷하다.

구체적인 계산방법은 아래의 예제를 보며 익히길 바란다.

## 2.2.3 물리적 조작의 물질수지

반응을 포함하지 않은 물리적 조건에서는 식(2.1)이 좌변 제3항을 0으로 둘 수 있다. 정상상태에서는 다음의 우변 축적항도 없게 된다. 따라서 정상상태에서의 물리적 조건에서는 일반적으로 기준을 정해서 미지수를 선정하고 물질수지를 세우면, 연립방정식이 얻어지기 때문에 그들을 풀면 좋다. 만약 단서가 되는 물질이 있는 경우는 산술적으로 푸는 것이 가능하다. 다음의 예제에서 실제로 풀어보자.

**예제 2.2**

10 wt%의 식염수를 100 kg · $h^{-1}$의 유량으로 증발장치에 연속적으로 보내어, 가열농축시켜 28 wt%의 식염수를 얻고 싶다. 증발수의 유량 $W$[kg · $h^{-1}$] 또는 농축액의 배출유량 $D$[kg · $h^{-1}$]을 (1) 대수방정식 풀이 (2) 대응물질을 사용한 풀이 각각의 방법으로 구하라.

**해답**

(1) 증발장치는 원액을 가열하여 물을 증발시켜 농축액을 얻는 장치이다. 증발장치 전체를 계로 하고 계에 출입하는 물질의 흐름과 주어진 데이터를 기입하면 그림 2.2와 같아진다.

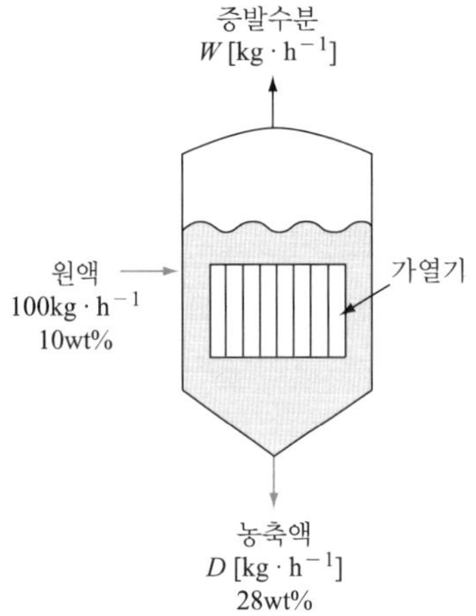


그림 2.2 증발장치 전체를 계로 했을 때의 데이터

전체물질(식염수)에 대해서 식(2.2)가 식염과 물에 대해서는 식(2.1)로 반응항을 무시한 식을 각 각 적용할 수 있다. 어느 쪽의 식이든 정상상태이기 때문에 좌변의 축적항이 0이다. 따라서 시간간격을 1시간으로 하면 아래와 같은 물질수지식이 된다.

전체물질 $100-(D+W)=0$ ①

NaCl $100\times 0.1-D\times 0.28=0$ ②

물 $100\times(1-0.1)-[W+D\times(1-0.28)]=0$ ③

미지수는 $W$와 $D$ 두 개인데 방정식은 세 개 쓸 수 있다. 그 중 두 개를 선택해서 풀면 된다. 예를 들면 식②에서 식④까지 얻을 수 있기 때문에 그것을 식①에 대입하면 식⑤를 구할 수 있다.

$$D = 35.7\ \text{kg} \cdot \text{h}^{-1} \quad ④$$

$$W = 100 - 35.7 = 64.3\ \text{kg} \cdot \text{h}^{-1} \quad ⑤$$

(2) 용질인 NaCl의 양이 증발장치의 입구와 출구에서 변하지 않는 것에 주목한다. 즉, NaCl이 대응물질이 된다. 증발장치 입구의 물과 NaCl의 양은

$$\text{물의 유입량} = 100 \times (1 - 0.1) = 90\ \text{kg} \cdot \text{h}^{-1}$$

$$\text{NaCl의 유입량} = 100 - 90 = 10\ \text{kg} \cdot \text{h}^{-1}$$

이 NaCl의 유입량 $10\ \text{kg} \cdot \text{h}^{-1}$이 장치 출구에서는 28%에 해당하며 농축식염수의 유량은 100%에 해당하기 때문에

$$\text{농축식염수의 유량} = 10\ \text{kg} \cdot \text{h}^{-1} \times \frac{100\%}{28\%} = 35.7\ \text{kg} \cdot \text{h}^{-1}$$

$$\therefore \text{농축수용액 중의 물의 유량} = 35.7 - 10 = 25.7\ \text{kg} \cdot \text{h}^{-1}$$

장치 입구에서의 물의 유량은 $90\ \text{kg} \cdot \text{h}^{-1}$이고 그것이 출구에서는 $25.7\ \text{kg} \cdot \text{h}^{-1}$이 되기 때문에 증발한 물의 양 $W$는

$$W = 90 - 25.7 = 64.3\ \text{kg} \cdot \text{h}^{-1}$$

이 된다. (1)과 (2)의 풀이에 의한 답은 일치한다.

### 예제 2.3

수로에 흐르는 물의 유량을 측정하기 위해 트레이서(추적물질)로써 15 wt%의 식염수를 $1.2\ \text{kg} \cdot \text{min}^{-1}$의 질량유량으로 연속적으로 수로에 첨가했다. 하류의 수로단면의 물이 잘 혼합된 지점에서 측정한 NaCl의 농도는 0.24 wt%였다. 이때, 물의 체적유량 $v\,[\text{m}^3 \cdot \text{h}^{-1}]$을 구하라.

**해답**

수로에 첨가된 식염수가 수로단면에 균일적으로 분산되어 흐른다고 생각하면 된다. 그림 2.3에 나타나듯이 수로에 흐르는 물의 질량유량을 $w\,[\text{kg} \cdot \text{min}^{-1}]$, 수로출구에 있는 NaCl도 포함된 물의 질량유량을 $m\,[\text{kg} \cdot \text{min}^{-1}]$로 한다. 트레이서의 투입지점에서 측정지점 사이의 수로를 계로 하고, 흐름이 정상상태가 된 후에, 시간간격을 1 min로 했을 때의 물질수지를 구하면,

$$\text{전체 성분에 대한 물질수지}\ (w + 1.2) - m = 0 \quad ①$$

$$\text{NaCl의 물질수지}\ 1.2 \times 0.15 - m \times 0.0024 = 0 \quad ②$$

$$\text{식②에 의하여,}\ m = 1.2 \times \frac{0.15}{0.0024} = 75\ \text{kg} \cdot \text{min}^{-1} \quad ③$$

이 $m$의 값을 식①에 대입하면, 수로에 흐르는 물의 질량유량 $w\,[\text{kg} \cdot \text{min}^{-1}]$은

$$w = 75 - 1.2 = 73.8\ \text{kg} \cdot \text{min}^{-1} \quad ④$$

가 된다. 수로에 첨가된 식염수의 질량유량은 $1.2\ \text{kg} \cdot \text{min}^{-1}$이기 때문에, 그 영향은 1.6% 정도 밖에 안되며, 수로의 흐름에 끼치는 영향은 무시할 수 있다.
따라서, 물의 밀도를 $1{,}000\ \text{kg} \cdot \text{m}^{-3}$이라고 하면, 물의 체적유량 $v\,[\text{m}^3 \cdot \text{h}^{-1}]$은

$$v = \frac{73.8}{1000} \times 60 = 4.43\ \text{m}^3 \cdot \text{h}^{-1}$$

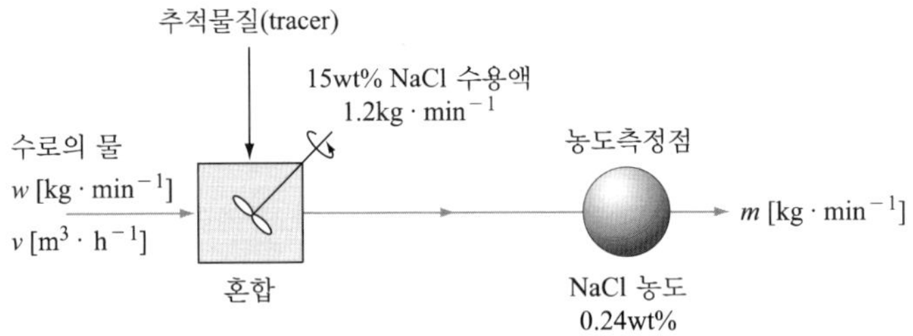


그림 2.3 수로에 흐르는 물의 유량 측정

**One Point**

**트레이서(tracer)**

원소 또는 물질의 동작을 알기 위해 첨가된 물질. 트레이서를 첨가해도 물의 흐름은 변하지 않고 그 농도를 검출함으로써 수로의 유량을 계산할 수 있는 물질이 트레이서로써 사용된다.

## 2.2.4 반응조작의 물질수지

반응을 포함하는 공정의 물질수지를 생각할 경우에는 화학반응식이 출발점이 된다. 반응식은 반응에 관여하는 성분(반응성분) 간의 양적 상호관계를 나타내고 있다. 예를 들면 반응식이

$$a\text{A} + b\text{B} \rightarrow c\text{C} \tag{2.4}$$

의 반응에서는 성분 A의 $a$[mol]과 성분 B의 $b$[mol]이 반응해서 성분 C가 $c$[mol] 생성되는 것을 나타낸다.

화학공학에서는 화학반응 성분 간의 양적 관계를 중시하기 때문에 화학반응식을 **화학양론식** 또는 **양론식**이라고 한다. 그리고 계수 $a$, $b$, $c$를 **양론계수**라고 한다.

실제 반응에서는 각 성분이 양론계수의 비율에 맞게 부여되는 것이 아니라 어느 한쪽의 원료성분이 과잉되게 제공된다. 이때 과잉되지 않은 반응원료를 **한정반응성분(Limiting reactant)**라고 한다. 또한 한정반응성분도 전부 반응하는 일은 드물고 그 일부는 반응하지 않은 채로 반응기에서 나온다.

식(2.4)에서 한정반응성분을 A로 하고 양변을 $a$로 나누면

$$\mathrm{A} + \frac{b}{a}\mathrm{B} \ \rightarrow \ \frac{c}{a}\mathrm{C} \tag{2.5}$$

가 된다. 이렇게 표현하면 한정반응성분 A가 1 mol 반응했을 때 다른 성분이 반응 진행에 따라 얼마나 증감하는가를 직관적으로 파악할 수 있기 때문에 편리하다.

여기서 반응 진행상태를 표현하기 위해 한정반응성분 A에 대한 반응전환율 $x_\mathrm{A}$를 도입한다. 이것은 한정반응성분 A의 공급량에 대해 A가 얼마나 반응했는지를 나타내는 수치이기도 하다. 성분 A의 공급량을 $F_\mathrm{A0}$[mol · $\mathrm{s^{-1}}$], 반응기에서 배출되는 A의 양을 $F_\mathrm{A}$[mol · $\mathrm{s^{-1}}$]로 하면 반응전환율 $x_\mathrm{A}$는 다음 식(2.6)으로 나타낼 수 있다.

$$x_\mathrm{A} = \frac{\text{성분 A의 반응량}}{\text{성분 A의 제공량}} = \frac{F_\mathrm{A0} - F_\mathrm{A}}{F_\mathrm{A0}} \tag{2.6}$$

식(2.6)에서 반응전환율 $x_\mathrm{A}$는 성분 A의 공급량을 1로 했을 때의 반응량이라는 걸 알 수 있다. 따라서 공급량이 $F_\mathrm{A0}$일 때의 반응량은 $F_\mathrm{A0}x_\mathrm{A}$가 된다. 더욱이 성분 B의 반응량은 식(2.5)의 양론관계에서 $(b/a)F_\mathrm{A0}x_\mathrm{A}$가 되고 또한 성분 C의 생성량은 $(c/a)F_\mathrm{A0}x_\mathrm{A}$로 표기할 수 있다. 따라서 반응기 출구와 입구 사이에서의 각 성분의 변화량과 반응기 출구의 각 성분의 물질량 유량은 표 2.4와 같다.

표 2.4 반응기 입구 · 출구에서의 물질량 유량

| 성분 | 반응기 입구 [mol · $\mathrm{s^{-1}}$] | 변화량 [mol · $\mathrm{s^{-1}}$] | 반응기 출구 [mol · $\mathrm{s^{-1}}$] |
|---|---|---|---|
| A | $F_\mathrm{A0}$ | $-F_\mathrm{A0}x_\mathrm{A}$ | $F_\mathrm{A0}-F_\mathrm{A0}x_\mathrm{A}$ |
| B | $F_\mathrm{B0}$ | $-(b/a)F_\mathrm{A0}x_\mathrm{A}$ | $F_\mathrm{B0}-(b/a)F_\mathrm{A0}x_\mathrm{A}$ |
| C | $F_\mathrm{C0}$ | $+(c/a)F_\mathrm{A0}x_\mathrm{A}$ | $F_\mathrm{C0}+(c/a)F_\mathrm{A0}x_\mathrm{A}$ |

### 예제 2.4

$2SO_2 + O_2 \rightarrow 2SO_3$ ①

이러한 반응이 있다. 이 반응은 반응기 입구에 $SO_2$와 공기를 연속적으로 제공하여 $SO_3$를 생산하는 반응이다.

(1) 유통반응기 입구에 $SO_2$를 100 mol · h$^{-1}$로 제공하고 더욱이 산소가 양론비의 2배가 되도록 공기를 제공한다. 반응전환율을 70% 얻을 경우 반응기 출구에서의 각 성분의 물질량유량[mol · h$^{-1}$]을 구하라. (단, 공기는 산소 21%와 질소 79%로 한다.)

(2) $SO_3$를 한 달에 10톤 생산하려 한다. 1일 24시간 조작하고 한 달은 30일로 한다. 또한 원료 공급과 반응전환율은 (1)과 똑같이 설정한다. 이때, $SO_3$와 공기 제공속도[kg · h$^{-1}$]을 구하라.

**해답**

이 경우, 확실하게 한정반응성분은 $SO_2$이다. 이 양론계수가 1이 되도록 반응식을 다시 적으면

$$SO_2 + \frac{1}{2}O_2 \rightarrow SO_3 \qquad \left(A + \frac{1}{2}B \rightarrow C\right) \qquad ②$$

(1) 반응기 입구에는 $SO_2$가 100 mol · h$^{-1}$ 제공되어 $O_2$는 양론비의 2배 즉 (100/2)×2 = 100 mol · h$^{-1}$가 제공된다. 그것에 대응하는 질소 $N_2$는

$$N_2\text{의 물질량유량} = 100\ \text{mol} \cdot \text{h}^{-1} \times (79\%/21\%) = 376.2\ \text{mol} \cdot \text{h}^{-1}$$

이렇게 하여 반응기 입구에서의 $SO_2$, $O_2$, $N_2$의 물질량유량을 정할 수 있다. 반응전환율 $x_A$가 70%이기 때문에 표 2.4와 같이 변화량과 반응기 출구에서의 각 성분의 물질량 유량을 계산할 수 있다. 그것을 표 2.5로 정리했다.

이처럼 반응 공정의 물질수지는 물질량단위(몰 단위)로 하면 간단해진다.

표 2.5 각 성분 계산

| 성분 | 반응기 입구 [mol · h$^{-1}$] | 변화량 [mol · h$^{-1}$] | 출구 [mol · h$^{-1}$] |
|---|---|---|---|
| $SO_2$ | 100 | − 100 × 0.7 = − 70 | 100 − 70 = 30 |
| $O_2$ | 100 | − (1/2) × 100 × 0.7 = − 35 | 100 − 35 = 65 |
| $SO_3$ | 0 | + 100 × 0.7 = 70 | 0 + 70 = 70 |
| $N_2$ | 376.2 | 0 | 376.2 |
| 합계 | 576.2 | | 541.2 |

(2) (1)의 물질량단위에서의 계산결과를 질량단위로 변환한다. 우선 각 성분의 분자량은

$$SO_2\text{의 분자량} = (32.1 + 16 \times 2) \times 10^{-3} = 64.1 \times 10^{-3}\ \text{kg} \cdot \text{mol}^{-1}$$

$$SO_3\text{의 분자량} = (32.1 + 16 \times 3) \times 10^{-3} = 80.1 \times 10^{-3}\ \text{kg} \cdot \text{mol}^{-1}$$

$$공기의\ 분자량 = (0.21 \times 32 + 0.79 \times 28) \times 10^{-3} = 28.8 \times 10^{-3}\ \mathrm{kg \cdot mol^{-1}}$$

이 된다. 이들 값을 활용해서 표 2.5에서 $SO_2$의 양론관계를 질량기준으로 고치면,

$$SO_2의\ 공급량 = 100 \times (64.1 \times 10^{-3}) = 6.41\ \mathrm{kg \cdot h^{-1}} \quad ①$$

$$공기의\ 공급량 = (100 + 376.2) \times (28.8 \times 10^{-3}) = 13.7\ \mathrm{kg \cdot h^{-1}} \quad ②$$

$$SO_3의\ 생산량 = 70 \times (80.1 \times 10^{-3}) = 5.61\ \mathrm{kg \cdot h^{-1}} \quad ③$$

이 1시간당 $SO_3$ 생산량을 월 단위로 변환하면

$$SO_3의\ 월\ 생산량 = (5.61\ \mathrm{kg \cdot h^{-1}}) \times 24 \times 30 = 4.04 \times 10^{-3}\ \mathrm{kg}/월$$
$$= 4.04\ \mathrm{t}/월$$

이 된다. 이것을 월 생산 10 t으로 변환하기 위해서는 각 원료성분의 공급량을 각각 10/4.04 =2.48배로 하면 된다. 즉, ①, ②, ③의 값의 2.48배가 원하는 값이 된다. 따라서

$$SO_2의\ 공급량 = (6.41\ \mathrm{kg \cdot h^{-1}}) \times 2.48 = 15.9\ \mathrm{kg \cdot h^{-1}}$$

$$공기의\ 공급량 = 13.7\ \mathrm{kg \cdot h^{-1}} \times 2.48 = 34.1\ \mathrm{kg \cdot h^{-1}}$$

이 문제에서 $SO_3$의 질량단위의 생산속도에서 원료 공급속도를 역산하여 계산하면 복잡해진다. 이런 반응 공정 물질수지는 반응기 입구에서 물질량기준으로 계산을 시작해서 그 후에 질량기준으로 변환하는 편이 간단한 경우가 많다.

**One Point**

**유통반응기(流通反応器)**

반응물을 반응기 입구에서 연속적으로 제공하며 출구에서 생산물을 연속적으로 꺼내는 형식의 반응기이다. 연속반응기라고도 불린다. 반응물이 유체인 경우엔 교반탱크반응기와 관형반응기가 사용된다.

## 2.3 에너지수지의 계산방법

화학공정에서는 물질과 마찬가지로 에너지의 흐름도 생겨난다. 예를 들어 화학장치로 물질이 들어갔다 나오는 것이나 외부에서의 가열・냉각등과 함께 에너지도 출입한다. 그것을 정량적으로 다루는 것이 **에너지수지**이다.

### 2.3.1 엔탈피(enthalpy)수지 (열수지)

에너지는 여러 가지 형태를 가진다. 물질의 분자구조와 온도에 따라 정해지는 내부에너지, 물체가 위치하는 높이에 따른 위치에너지, 운동하는 물체가 가지는 운동에너지 또한 열에너지, 일에너지 등이 있다.

**열역학 제 1법칙**은 이들 에너지의 합은 항상 보존된다는 것을 나타낸다. 하지만 일반적인 화학공정에서는 위치에너지나 운동에너지의 변화는 적고 또한 기계적 일의 기여도 적다. 이런 경우 일반적인 에너지수지식은 내부에너지 $U$와 유체의 압력에너지 $PV$의 합인 **엔탈피** $H = U + PV$에만 주목한 엔탈피수지(열수지식)로 간략화 시킬 수 있다. 또한 유체를 파이프로 수송할 경우 에너지수지에서는 열의 효과는 적고 위치에너지, 운동에너지, 기계적 일, 마찰 등에 의한 에너지 변화가 중요해진다. 이러한 경우에 대해서는 제 7장에서 설명할 것이다.

**One Point**

**열역학 제 1법칙**

에너지는 여러 가지 형태를 취하는데 어떤 계와 그 주위와의 총 에너지 양은 항상 일정하게 유지된다는 법칙. 에너지 양을 나타내는 내부에너지 $U$가 정의되어 물질 출입이 없는 폐쇄계에서는 외부에서 계에 가해지는 열량을 $Q$, 외부에서 계에 가해지는 일을 $W$로 하고 열역학 제 1법칙은 $\Delta U = Q + W$의 형태로 표현된다.

**One Point**

**흐름의 일 (압력에너지)**

유체가 장치입구에 밀려들어올 때 뒤의 유체가 계에 대해 단위시간당 $P_1 v_{m1}$의 일을 하고 계 밖에 유출되는 유체에 의해 단위시간당 $P_2 v_{m2}$의 일을 외부에 당한다. 이 $Pv_m$으로 표기되는 일을 압력에너지라고 한다.

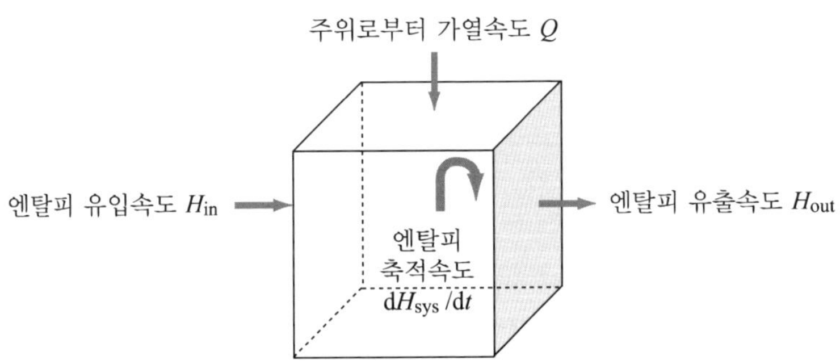


그림 2.4 유통계 엔탈피수지

그림 2.4에 나타난 듯이 유통계를 생각해서 단위시간에 대한 엔탈피수지를 구하면

$$H_{\mathrm{in}} - H_{\mathrm{out}} + Q = \mathrm{d}H_{\mathrm{sys}}/\mathrm{d}t \tag{2.7}$$

가 성립된다. 식(2.7)에서 $H_{\mathrm{in}}$은 계에 유입하는 유체에 의해서 계 안으로 들어오는 엔탈피 수지의 유입속도[$\mathrm{J \cdot s^{-1}}$]이며 $H_{\mathrm{out}}$은 유출되는 유체에 의해서 없어지는 엔탈피 유출속도이다. $Q$는 계의 주위에서 가열속도[$\mathrm{J \cdot s^{-1}}$]를 나타내고 있으며 가열할 때엔 플러스 값을 제열할 때엔 마이너스 값을 취한다. 또한 $H_{\mathrm{sys}}$는 계의 엔탈피 양[J]이다.

또한 유체가 많은 성분이 섞인 혼합물일 때엔 엔탈피유량 $H$[$\mathrm{J \cdot s^{-1}}$]은 각 성분의 엔탈피유량의 합으로 주어진다. 즉, 성분 j의 물질량유량을 $F_{\mathrm{j}}$[$\mathrm{mol \cdot s^{-1}}$], 엔탈피를 $H_{\mathrm{j}}$[$\mathrm{J \cdot mol^{-1}}$]로 두면 다음과 같아진다.

$$H = \Sigma F_{\mathrm{j}} H_{\mathrm{j}} \tag{2.8}$$

마찬가지로, 계의 엔탈피 양 $H_{\mathrm{sys}}$[J]는 계내의 각 성분의 물질량을 $n_{\mathrm{j}}$[mol]로 나타내면

$$H_{sys} = \Sigma n_{\mathrm{j}} H_{\mathrm{j}} \tag{2.9}$$

이와 같이 쓸 수 있다.

회분조작에서는 식(2.7)의 물질의 흐름과 함께 엔탈피의 유입과 유출 항이 없어지기 때문에 계의 엔탈피 변화 $\Delta H_{\mathrm{sys}}$와 계에 가해진 열량 $Q$ 사이에는 다음과 같은 식이 성립된다.

$$\frac{\mathrm{d}H_{\mathrm{sys}}}{\mathrm{d}t} = Q \tag{2.10}$$

또한, 정상상태에서는 식(2.7)의 좌변이 0이기 때문에

$$H_{\mathrm{in}} - H_{\mathrm{out}} + Q = 0 \tag{2.11}$$

이와 같이 변형할 수 있다. 이것은 정상상태에서는 계내로 유체가 출입하는 것에 의한 엔탈피 유량의 변화량은 주위에서의 가열속도 $Q$와 같다는 것을 나타내고 있다.

또한 단열조작에서는 위 식(2.7)~(2.11)로 $Q$를 0으로 할 수 있다.

이하의 항에서 위의 엔탈피수지식의 사용법을 「물리적 과정」과 「화학반응을 포함하는 과정」으로 나눠서 배워가자.

> **One Point**
>
> **Σ**
>
> Σ는 혼합물의 각 성분에 대한 총 합계를 나타낸다.

> **One Point**
>
> **단열조작**
>
> 반응기를 단열제로 감싸서 반응기 내와 주위와의 열 이동을 차단하는 조작.

## 2.3.2 물리적 과정의 엔탈피 변화

물질을 가열 또는 냉각하면 온도 변화가 일어나는데 온도가 변화하지 않고 상변화가 일어나기도 한다. 예를 들면 고체를 가열하면 고체 상태를 유지하면서 온도가 상승하는데 특정온도에 달하면 고체가 융해되기 시작하며 액체 상태가 되며 고체와 공존하게 된다. 그리고 고체가 완전히 융해될 때까지 온도는 변화하지 않는다.

상변화가 없이 물질의 온도가 변화할 때의 열을 **현열**(顯熱)이라고 하며 반대로 물질의 온도변화가 없이 상태가 변하며 흡수되는 열에너지를 **잠열**(潛熱)라고 한다. 화학반응이 일어나지 않는 물리적 과정의 엔탈피 변화는 현열변화와 잠열변화의 합이다.

> **One Point**
>
> **상변화**
>
> 온도, 압력 등의 변화에 의해서 하나의 상태에서 다른 상태로 변하는 것으로 상전이라고도 한다. 예를 들어 물을 100℃로 가열하면 액체에서 기체로 상태가 변하고 0℃의 물을 냉각하면 얼음(고체)로 상태가 변한다. 이들 변화는 액체에서 기체로 액체에서 고체로의 상변화이다.

### (1) 비열용량과 몰열용량(mole熱容量)

어느 물질의 일정량의 온도를 1 K(1℃) 상승시키는데 필요한 열량을 열용량이라고 한다. 그리고 어느 물질의 단위질량(이 경우 1 kg)의 온도를 1 K 상승시키는데 필요한 열량이 **비열용량**[$J \cdot kg^{-1} \cdot K^{-1}$], 어느 물질 1 mol 의 온도를 1 K 상승시키는데 필요한 열량이 **몰열용량**[$J \cdot mol^{-1} \cdot K^{-1}$]이다. 더욱이 비열용량에는 계의 압력이 일정 경우의 **정압비열용량** $c_p$와, 계의 체적이 일정할 경우의 **정용비열용량** $c_v$가 있다. 마찬가지로 **정압몰열용량**을 $C_p$, **정용몰열용량**을 $C_v$로 각각 표기한다.

이 정압몰열용량과 정용몰열용량 사이에는 다음과 같은 관계가 성립한다.

$$\text{액체와 고체} : C_p \fallingdotseq C_v \tag{2.12a}$$

$$\text{이상기체} : C_p - C_v = R \tag{2.12b}$$

여기서, $R$은 기체상수($8.314\ \mathrm{J \cdot mol^{-1} \cdot K^{-1}}$)이다.

또한, 기체의 정압몰열용량은 다음과 같이 온도 $T$[K]의 다항식의 형태로 쓴다.

$$C_\mathrm{p} = a + bT + cT^2 \tag{2.13}$$

여기서 $a$, $b$, $c$는 정수이다. 이 경우 온도 $T_1 \sim T_2$[K]사이의 평균 몰열용량 $\overline{C_\mathrm{p}}$

$$\overline{C_\mathrm{p}} = \int_{T_1}^{T_2} \frac{C_\mathrm{p}\mathrm{d}T}{T_2 - T_1}$$

$$= a + \frac{b}{2}(T_2 + T_1) + \frac{c}{3}({T_2}^2 + T_2 T_1 + {T_1}^2) \tag{2.14}$$

상변화가 없이 온도가 $T_1$에서 $T_2$로 상승할 때의 단위물질량에 대한 엔탈피 변화 $\Delta H$ [$\mathrm{J \cdot mol^{-1}}$]은 다음 식으로 계산할 수 있다.

$$\Delta H = \int_{T_1}^{T_2} C_\mathrm{p}\mathrm{d}T = \overline{C_\mathrm{p}}(T_2 - T_1) = \overline{C_\mathrm{p}}\Delta T \tag{2.15}$$

### (2) 상전이를 동반하는 물리과정의 전체 엔탈피 변화

고체에서 액체로 변화할 때의 엔탈피 변화를 융해열, 액체에서 기체로 변화할 경우를 증발열, 고체에서 직접 기체로 변할 경우를 승화열이라고 한다.

상태전이를 동반하는 물리과정에서의 단위물질량당 전체 엔탈피 변화 $\Delta H$[$\mathrm{J \cdot mol^{-1}}$]은 현열과 잠열의 총합이기 때문에 잠열을 $L$[$\mathrm{J \cdot mol^{-1}}$]로 하면 다음과 같이 나타낼 수 있다.

$$\Delta H = \sum \overline{C_\mathrm{p}}\Delta T + \sum L \tag{2.16a}$$

한편, 단위질량당 엔탈피 변화 $\Delta H_\mathrm{m}$[$\mathrm{J \cdot kg^{-1}}$]는

$$\Delta H_\mathrm{m} = \sum \overline{c_\mathrm{p}}\Delta T + \sum L_\mathrm{m} \tag{2.16b}$$

이들 식의 사용법을 다음 예제를 통해 배워보자.

**One Point**

$\Delta H_m$

단위질량당 엔탈피 변화를 나타내는 기호에는 몰 단위당 엔탈피 변화 $\Delta H$[J · mol$^{-1}$]과 구별하기 위해 첨자 m을 덧 붙여서 $\Delta H_m$[J · mol$^{-1}$]과 같이 나타내기로 한다. 잠열의 경우도 $L_m$[J · kg$^{-1}$]로 표기한다.

**예제 2.5**

1 atm, 0℃의 얼음 5 kg을 127℃의 과열수증기로 만드는데 필요한 열량을 계산하라. (단, 물, 수증기의 비열용량은 각각 4.187, 1.89 kJ · kg$^{-1}$ · K$^{-1}$, 얼음의 융해열은 335 kJ · kg$^{-1}$, 100℃의 물의 증발열은 2,257 kJ · kg$^{-1}$이다.)

**해답**

우선 얼음 1 kg에 대해 계산한다. 현열은 물 1 kg을 0℃에서 100℃로 가열하는데 필요한 열량과 수증기를 100℃에서 127℃까지 가열하는데 필요한 열량의 합이기 때문에

$$\Sigma \overline{c_p} \Delta T = 4.187 \times (100-0) + 1.89 \times (127-100) = 418.7 + 51.03$$

$$= 469.73 \text{ kJ} \cdot \text{kg}^{-1} \qquad ①$$

한편, 잠열은 얼음의 융해열과 물의 증발열이기 때문에

$$\Sigma L = 335 + 2{,}257 = 2{,}592 \text{ kJ} \cdot \text{kg}^{-1} \qquad ②$$

따라서 전체 변화에 동반되는 엔탈피 변화 $\Delta H_m$은 식(2.16b)에서 식①과 ②의 합이 되기 때문에

$$\Delta H_m = 469.73 + 2592 = 3061.7 \text{ kJ} \cdot \text{kg}^{-1}$$

이것은 1 kg의 값이고 구하고자 하는 값은 $m = 5$ kg의 값이기 때문에

$$\Delta H_m \cdot m = 3061.7 \times 5 = 1.531 \times 10^4 \text{ kJ}$$

## 2.3.3 화학반응을 포함하는 경우의 엔탈피 변화

### (1) 표준반응열

화학반응에 의해서 원자의 조직이 변하면 엔탈피 변화가 일어난다. 이것을 **반응열**이라

고 한다. 예를 들어

$$\mathrm{A} + \frac{b}{a}\mathrm{B} \longrightarrow \frac{c}{a}\mathrm{C} + \frac{d}{a}\mathrm{D} \tag{2.17}$$

으로 나타나는 화학 반응의 반응열 $\Delta H_{\mathrm{R}}$이란 온도가 $T$, 압력이 $P$의 상태인 1 mol의 A와 $b/a$[mol]의 B가 완전히 반응해서 $c/a$[mol]의 C와 $d/a$[mol]의 D가 생성되며 그 온도와 압력이 각각 $T$와 $P$일 때의 엔탈피 변화라고 정의할 수 있다.

반응열이 음수가 될 때에는 계의 엔탈피가 감소되었기에 그 감소한 만큼의 에너지를 외부에 방출한 것이 되기 때문에 발열반응(發熱反應)이다. 반대로, 반응열이 양수일 때엔 흡열반응(吸熱反應)이다.

그렇다면, 어느 정도의 온도와 압력을 기준으로 하면 좋을까. 압력은 0.1013 MPa(1 atm)온도가 298.2 K일 때의 반응열을 **표준반응열** $\Delta H_{\mathrm{R}}{}^{0}$이라고 한다. 표준반응열 $\Delta H_{\mathrm{R}}{}^{0}$은 각 성분의 **표준생성열** $\Delta H_{\mathrm{T}}{}^{0}$를 사용하여 식(2.18)로 계산할 수 있다.

$$\Delta H_{\mathrm{R}}{}^{0} = \left(\frac{c}{a}\Delta H_{\mathrm{f,C}}{}^{0} + \frac{d}{a}\Delta H_{\mathrm{f,D}}{}^{0}\right) - \left(\Delta H_{\mathrm{f,A}}{}^{0} + \frac{b}{a}\Delta H_{\mathrm{f,B}}{}^{0}\right) \tag{2.18}$$

또한 반응열은 양론식을 규정하고 처음으로 계산할 수 있는 값으로 그 수치는 양론식의 표기법에 따라서 달라지기 때문에 주의하자. 예를 들어 양론식이 식(2.17) 대신 식(2.4)로 표기되었을 때의 반응열은 $a\Delta H_{\mathrm{R}}{}^{0}$이 된다.

**One Point**

**표준생성열**

물질 A의 표준생성열 $\Delta H_{\mathrm{f,A}}{}^{0}$는 물질 A가 원소에서 생성될 때의 엔탈피 변화이다. 보통은 A를 구성하는 원소와 생성물이 함께 1.1013 MPa, 298.2 K의 조건으로 가정해 계산된 가상의 엔탈피 변화를 가리킨다. 또한 표준생성열 $\Delta H_{\mathrm{f}}{}^{0}$의 값은 물리화학이나 화학열역학의 교과서에 실려 있으니 참고하길 바란다.

### (2) 화학반응을 동반하는 경우의 엔탈피변화의 계산

화학반응을 동반하는 엔탈피 변화를 계산하기 위해서는 반응열과 현열변화를 모두 고려할 필요가 있다. 반응기 입구에서의 온도를 $T_{\mathrm{in}}$[K], 출구에서의 온도를 $T_{\mathrm{out}}$[K], 각 성분 평균 몰열용량을 $\overline{C_{\mathrm{pj}}}$[J · mol$^{-1}$ · K$^{-1}$]로 엔탈피의 기준온도를 $T^{0}$ = 298.2 K이라고 하고 반응기에 유입하는 유체의 엔탈피 유량 $H_{in}$[J·s$^{-1}$]은 식(2.8)과 식(2.15)에 의해

$$H_{in} = \Sigma F_{j0} H_{j0} = \Sigma F_{j0} \overline{C_{pj}} (T_{in} - T^0) \tag{2.19}$$

으로 적을 수 있다. 한편 반응기 출구에서 유출되는 유체의 엔탈피 유량 $H_{out}$은 반응열과 현열변화의 합이 된다. 이 중 표준상태에서의 반응열은 성분 A의 단위시간당 반응량을 $(-\Delta F_A)$[mol·s$^{-1}$]로 하면, $\Delta H_R{}^0(-\Delta F_A)$[J·s$^{-1}$]로 나타낸다. 이것에 현열변화(표준상태에서 출구온도까지의 반응생성물의 현열변화)를 더한 값이 출구의 유체 엔탈피 유량 $H_{out}$이기 때문에

$$H_{out} = \Delta H_R{}^0(-\Delta F_A) + \Sigma F_j \overline{C_{pj}} (T_{out} - T^0) \tag{2.20}$$

식(2.19)와 식(2.20)을 식(2.11)에 대입하면

$$\Sigma F_{j0} \overline{C_{pj}} (T_{in} - T^0) - \left[\Delta H_R{}^0(-\Delta F_A) + \Sigma F_j \overline{C_{pj}} (T_{out} - T^0)\right] + Q = 0 \tag{2.21}$$

을 얻을 수 있다. 이 식이 화학반응을 포함하는 경우의 정상상태에서의 엔탈피수지식이 된다. 또한 평균 몰열용량 $\overline{C_{pj}}$의 값은 변화하는 온도범위에 따라 다르며 위 식의 제 1항과 제 3항에서의 값은 엄밀히는 구별할 필요가 있다. 다음 예제에서 이 식의 사용법에 대해 배워보자.

**One Point**

**표준상태**

열역학에서는 표준상태를 압력이 1 atm(1.01325×10$^5$ Pa)로 하는 것이 관례이다. 온도에 대해서는 정해져있지 않지만 0℃ 또는 25℃(298.15 K)가 채용되는 경우가 많다. 1982년 이후는 압력으로써 1 atm 이 아닌 10$^5$ Pa가 채용되게 되었다. 하지만 양쪽의 차이는 적고, 많은 열역학적 데이터가 1 atm, 25℃으로 이미 측정되어있기 때문에 이 책에서는 표준상태로써 1 atm, 25℃를 사용하기로 하겠다.

### 예제 2.6

$SO_2$를 공기로 산화시켜 $SO_3$를 제조하는 유통식의 촉매반응기가 있다. 반응식은 다음과 같다.

$$SO_2 + \frac{1}{2}O_2 \rightarrow SO_3 \qquad ①$$

$SO_2$를 10 mol% 포함하는 공기를 100 mol·h$^{-1}$로 반응기 입구에 제공하고 $SO_2$의 반응전환율을 80%로 하고 싶다. 반응원료의 온도는 400℃, 반응기 내의 온도와 생성물의 온도는 450℃라고 한

다. 이때, 반응기 외부에서 가해지는 열량 $Q$[kJ · h$^{-1}$]을 구하라. (단, 298.2 K, 1 atm의 표준생성률 $\Delta H_f^0$, 평균 몰열용량 $\overline{C_p}$[J · mol$^{-1}$ · K$^{-1}$]은 다음 표 대로 한다. 또한 $\overline{C_p}$의 온도변화는 무시한다.)

| 성 분 | $SO_2$ | $O_2$ | $SO_3$ | $N_2$ |
|---|---|---|---|---|
| $\Delta H_f^0$[kJ · mol$^{-1}$] | −297.0 | 0 | −395.2 | 0 |
| $\overline{C_p}$[J · mol$^{-1}$ · K$^{-1}$] | 46.4 | 31.3 | 65.0 | 29.0 |

**해답**

물질수지의 기준 : 원료 $F_t = 100$ mol · h$^{-1}$

(1) 반응기 입구 : 각 성분의 물질량 유량 $F_{j0}$은

$SO_2$ : $100 \times 0.1 = 10$ mol · h$^{-1}$

$O_2$ : $(100-10) \times 0.21 = 18.9$ mol · h$^{-1}$

$N_2$ : $90 \times 0.79 = 71.1$ mol · h$^{-1}$

(2) 반응기 출구 : $SO_2$의 단위시간당 반응량은 10 mol · h$^{-1}$×0.80 = 8.0 mol · h$^{-1}$이기 때문에, 반응기 출구에서의 각 물질의 물질량유량은

$$SO_2 : 10 - 8.0 = 2.0, \quad O_2 : 18.9 - \frac{8.0}{2} = 14.9, \quad SO_3 : 8.0, \quad N_2 : 71.1 \text{ mol} \cdot \text{h}^{-1}$$

(3) 표준반응열 $\Delta H_R^0(T^0)$의 계산 : 식(2.18)으로부터

$$\Delta H_R^0(T^0) = \Delta H_{f,SO_3}^0 - \Delta H_{f,SO_2}^0 - \frac{1}{2}\Delta H_{f,O_2}^0$$

$$= (-395.2) - (-297.0) - 0 = -98.2 \text{ kJ} \cdot \text{mol}^{-1} \qquad ①$$

(4) 엔탈피수지의 계산 : 에너지수지의 계산경로가 그림 2.5와 같다. 계산 기준을 온도 $T_{in}$ = 400℃ = 673.2 K, 반응생성물의 온도 $T_{out}$ = 450℃ = 723.2 K이기 때문에, 입구 온도 $T_{in}$ = 673.2 K에서의 반응원료의 엔탈피 유입속도 $H_{in}$은 식(2.19)에 따라서

$$H_{in} = \Sigma F_{j0}\overline{C_{pj}}(673.2 - 298.2)$$

$$= (10 \times 46.4 + 18.9 \times 31.3 + 71.1 \times 29.9) \times 375$$

$$= 1.193 \times 10^6 \text{ J} \cdot \text{h}^{-1} = 1193 \text{ kJ} \cdot \text{h}^{-1} \qquad ②$$

반응기 출구에서의 반응생성물의 엔탈피 유출속도 $H_{out}$은 식(2.20)을 적용하면

$$H_{out} = \Delta H_R^0 \times (SO_2\text{의 반응량}) + \Sigma F_j\overline{C_{pj}}(723.2 - 298.2) \qquad ③$$

가 되며, $\Delta H_R^0 = -98.2$ kJ · mol$^{-1}$, ($SO_2$의 반응량) = 8.0 mol · h$^{-1}$이므로

$$H_{out} = -98.2 \times 10^3 \times 8.0 + (2 \times 46.4 + 14.9 \times 31.3 + 8 \times 65 + 71.1 \times 29.9) \times (723.2 - 298.2)$$

$$= -785.6 \times 10^3 + 1362 \times 10^3 = 576.4 \times 10^3 \text{ J} \cdot \text{h}^{-1} = 576.4 \text{ kJ} \cdot \text{h}^{-1} \qquad ④$$

반응기의 입구와 출구에서의 엔탈피의 값(식②와 ④)을 식(2.21)에 대입하면

$$1193 - 576.4 + Q = 0$$

$$\therefore \; Q = -616.6 \text{ kJ} \cdot \text{h}^{-1}$$

이 반응은 반응열 $\Delta H_R{}^0$이 음수가 되는 발열반응이기 때문에 반응의 진행과 함께 반응기 내의 온도가 상승한다. 따라서 반응온도를 특정 값으로 보존하기 위해서는 외부에서 열을 제거할 필요가 있다. 이처럼 $Q$의 부호가 마이너스일 때엔 반응기 외부에서 가열하는게 아니라 제열할 필요가 있다는 것을 의미한다.

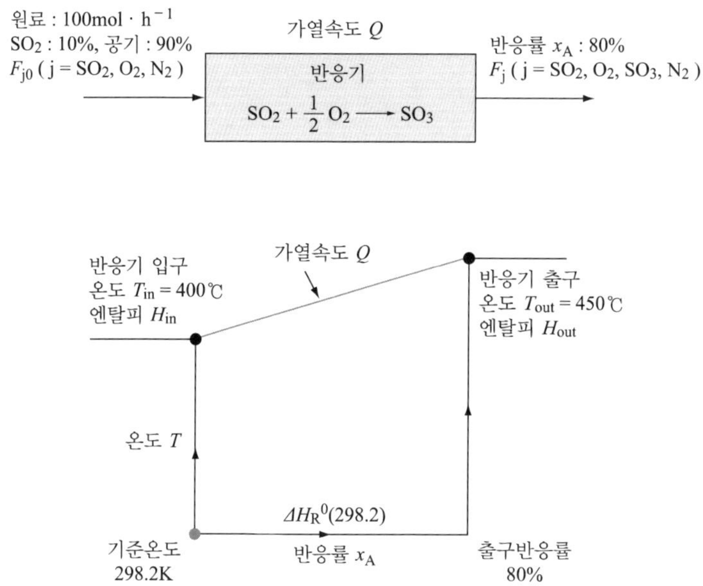


그림 2.5 반응기의 열수지

**One Point**

**유통식(流通式)**

화학장치 입구에 원료를 연속적으로 제공하고 장치 안에서 화학적 · 물리적 변화를 거친 생성물을 장치 출구에서 연속적으로 꺼내는 조작이며 연속식이라고도 한다. 반면 원료를 최초 장치 안으로 넣어 반응 종료 후에 꺼내는 조작법을 회분식이라고 한다.

**One Point**

**mol%**

몰 퍼센트라고 읽는다. 혼합물의 각 성분량을 물질량(몰)로 나타내며 특정 성분의 물질량을 혼합물의 전체 물질량으로 나눠 100을 곱한 값이다.

## 연습문제

**01.** 다음의 값을, SI로 변환하라.

(1) 1,500 $cm^2$ (2) 1.25 $g \cdot cm^{-3}$ (3) 800 $L \cdot min^{-1}$

(4) 60 $km \cdot h^{-1}$ (5) 7,200 $kcal \cdot h^{-1}$ (6) 5 atm

(7) 2,000 mmHg (8) 12 $kgf \cdot cm^{-2}$

(9) 100 $lb \cdot ft^{-3}$ (10) 12.4 $Btu \cdot lb^{-1} \cdot {}^\circ F^{-1}$

**02.** 5.0 wt%의 식염수 100 kg을 증발시켜서 20 wt%용액으로 만들고 싶다. 증발수분 및 농축액의 양 [kg]을 구하라.

**03.** 수분 15 wt%를 포함하는 재료 100 kg을, 수분 7 wt%까지 건조시키고 싶다. 재료에서 수분을 얼마나 증발시켜야 하는가?

**04.** 몰분율로 0.25의 공기와 0.75의 $NH_3$로 구성된 혼합가스를 산성 수용액을 이용하여 $NH_3$를 흡수시키자, 출구 가스 중 $NH_3$의 몰분율은 0.375가 되었다. 입구 가스 중의 $NH_3$에 대한 흡수된 $NH_3$의 비율을 구하라. (단, 공기의 흡수와 수용액의 증발은 생각하지 않아도 좋다.)

**05.** 어떤 수로 속에 흐르는 물의 유량을 조사하기 위해서 10 wt%의 황산나트륨 $Na_2SO_4$를 2.50 $kg \cdot min^{-1}$의 유량으로 수로에 가하였더니 하류에서의 $Na_2SO_4$의 농도는 0.35 wt%였다. 이때, 물의 유량 [$m^3 \cdot h^{-1}$]을 구하라.

**06.** 관 속을 일정한 유량으로 흐르고 있는 공기의 유량을 구하기 위해서 암모니아($NH_3$)를 3.57 $kg \cdot h^{-1}$의 속도로 정상적으로 가해 혼합이 충분한 하류에서 암모니아 농도를 측정하자 0.6 vol%였다. 이때 공기 체적유량[$m^3 \cdot h^{-1}$]을 구하라. (단, 관 속의 온도는 25℃, 압력은 $1.05 \times 10^5$ Pa로 한다.)

**07.** 1.2 kg의 탄소 C를 8.0 kg의 산소 $O_2$로 완전히 연소시켰다. 이때 생산되는 가스의 각 물질량[kg]과 질량분율을 구하라.

**08.** 3 mol의 $C_2H_6$와 12 mol의 $O_2$를 혼합하여 가열했을 때, $C_2H_6$의 80%가 연소했다.

(1) 생성 가스 중 $C_2H_6$, $O_2$, $H_2O$, 및 $CO_2$의 몰분율은 얼마인가?

(2) 산소의 과잉량[mol]과 과잉률은 얼마인가?

**09.** 염화수소가스(HCl)의 몰열용량은 다음식과 같다. (단, $C_p$의 단위는 [$cal \cdot mol^{-1} \cdot ℃^{-1}$], $T$의 단위는 [℃]이다.)

$$C_p = 6.86 + 0.960 \times 10^{-3} T$$

(1) 위 식에서 단위를 $C_p$ : [J · mol$^{-1}$ · K$^{-1}$], $T$ : [K]로 할 경우의 식으로 바꿔 보아라.

(2) 염화수소 1 kg을 300 K에서 400 K까지 가열하는데 필요한 열량 $Q_m$[kJ · kg$^{-1}$]을 구하라.

**10.** −10℃의 얼음 100 mol을 120℃의 과열수증기로 만드는데 필요한 열량을 계산하라. (단, 얼음, 물, 증기의 비열용량은 각각 2.09, 4.19, 1.89 kJ · kg$^{-1}$ · K$^{-1}$이며, 얼음의 융해열은 335 kJ · kg$^{-1}$, 100℃일 때의 물 증발열은 2,257 kJ · kg$^{-1}$이다.)

**11.** 100℃의 수증기를 응축시켜서 15℃의 물 1 kmol을 90℃까지 가열하고 싶다. 이때 필요한 수증기의 양을 계산하라. (단, 물의 비율용량은 4.187 kJ · kg$^{-1}$ · K$^{-1}$, 100℃의 물 증발열은 2,257 kJ · kg$^{-1}$으로 한다.)

**12.** $C_6H_6 + 3H_2 \rightarrow C_6H_{12}$ $(A + 3B \rightarrow C)$로 나타낼 수 있는 기체 상태 반응이 있다. 다음 질문에 대답하라.

(1) 표준 반응열 $\Delta H_R{}^0(298.2)$의 값을 구하라. 단, 각 성분의 표준생성열 $\Delta H_f{}^0$은 다음과 같다.

$$\Delta H_{f,A}^0 = 82.93\ \text{kJ}\cdot\text{mol}^{-1},\ \ \Delta H_{f,B}^0 = 0,\ \ \Delta H_{f,C}^0 = -123.13\ \text{kJ}\cdot\text{mol}^{-1}$$

(2) 이 반응은 발열반응인가, 흡열반응인가?

(3) 양론식이 $(1/3)C_6H_6 + H_2 \rightarrow (1/3)C_6H_{12}$처럼 되는 경우의 표준반응열을 구하라.

(4) $C_6H_{12}$가 0.8 mol 생성되었을 때, 25℃에서의 반응생성물과 원료의 엔탈피차를 구하라.

**13.** [예제 2.6]에서 반응기 외벽을 단열재로 감싸 열을 외부로 흘러보내지 않게 하기 위한 조작(단열조작)을 했을 경우, 반응기 출구에서의 온도 $T_{out}$을 구하라.

Chapter

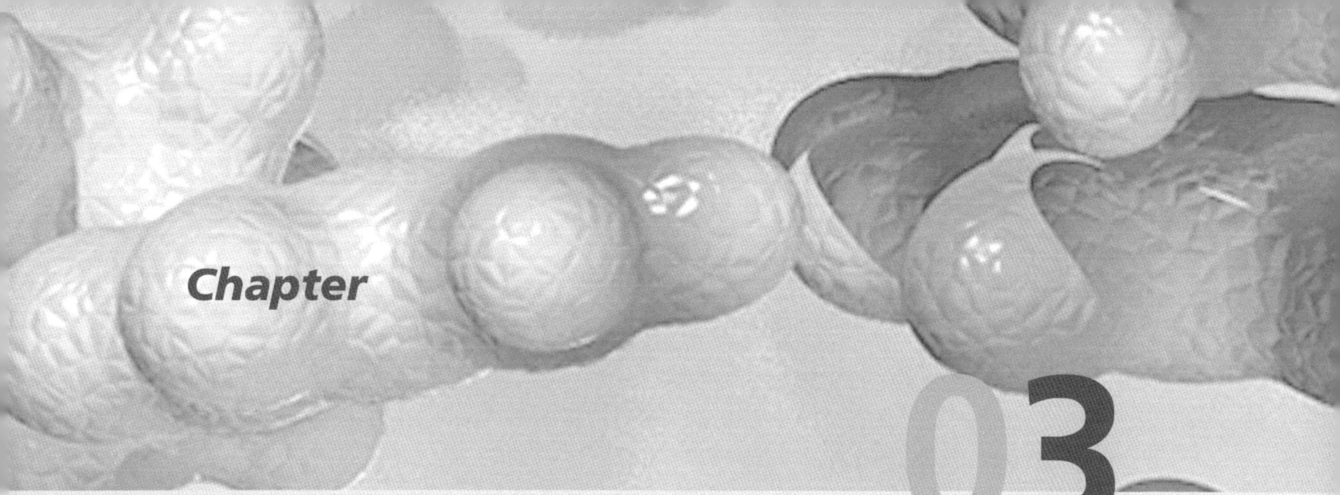

# 03

# 반응속도와 반응기

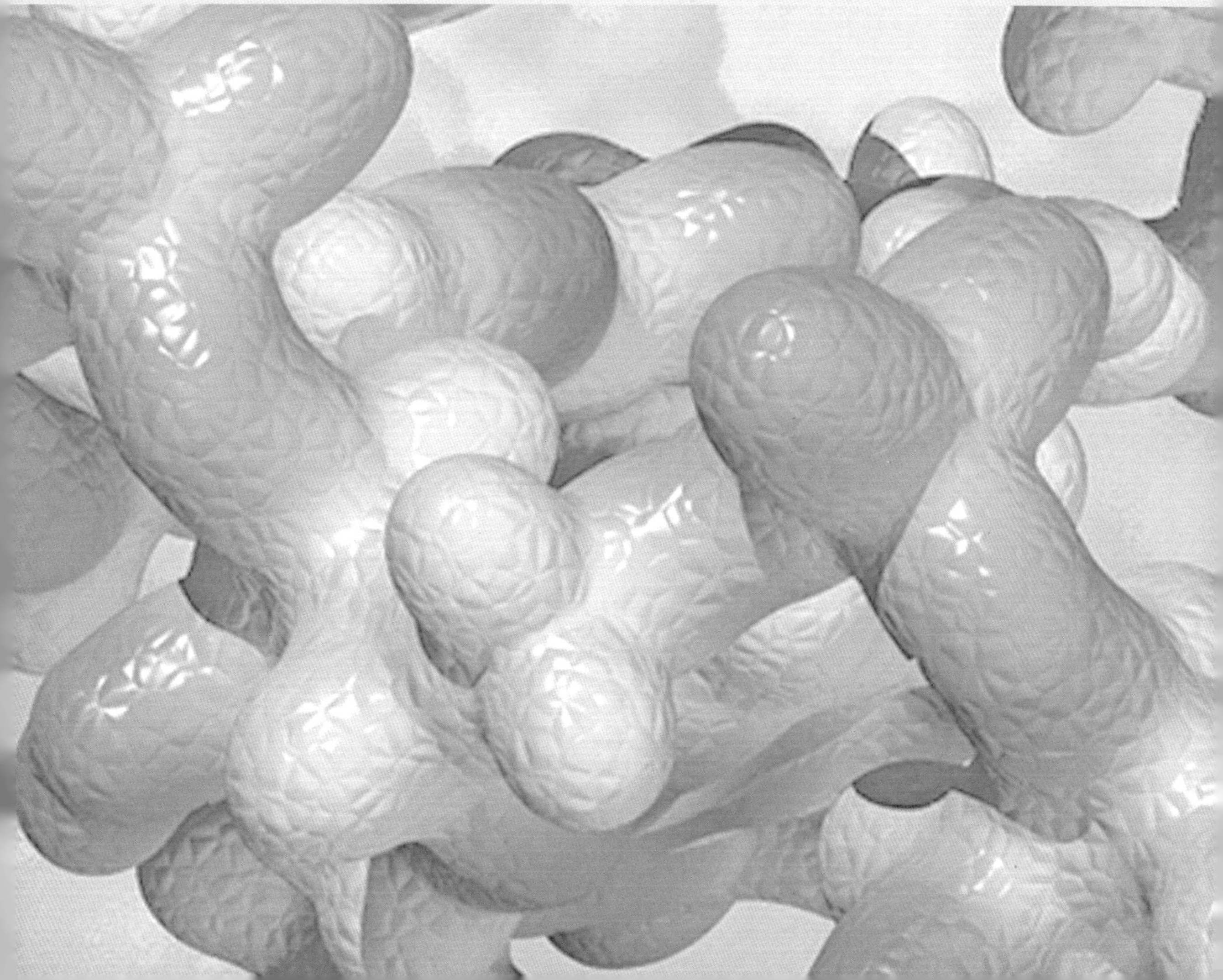

화학공정에서 반응기는 심장부에 해당하는 중요한 화학장치이다. 이 장에서는 반응기를 어떻게 설계하는가에 대해서 배운다. 단, 반응기를 설계하는 데는 반응이 진행되는 속도, 즉 반응속도에 대한 지식이 필요하기 때문에 우선 반응속도에 대해서 설명할 것이다. 반응속도는 반응성분의 농도, 반응온도, 촉매의 농도 등의 함수이며, 그것이 어떤 식으로 나타나는지 실험을 통해 구해야 한다.

또한 제 2장에서 배운 물질수지에 대한 내용을 반응기에 적용해서 반응기 설계의 기초식을 도출한다. 반응기에는 여러 가지 형상과 운전법이 있는데, 그것들을 선정하면, 반응기 내의 반응성분의 농도 변화를 계산할 수 있다. 이러한 반응속도의 해석과 반응기의 설계를 다루는 화학공학 분야를 반응공학이라고 한다.

또한 이 장에서는 반응기 내는 같은 온도로 유지되고, 온도분포가 없다고 가정한다.

## 3.1 화학반응을 어떻게 분류하는가

현재, 공업적으로 행해지는 화학반응의 종류는 몹시 많다. 이 책에서는 다음과 같이 화학반응을 분류한다.

### (1) 단일반응과 복합반응

양론식이 단수일 때를 단일반응, 복수일 때를 복합반응이라고 분류한다.

### (2) 균일반응과 불균일반응

반응이 균질한 단일의 상태로 일어나는 경우를 균일반응, 두 개 이상의 상태가 관계되는 경우를 불균일반응이라고 분류한다.

이들의 분류에 대해서 자세히 살펴보자.

**One Point**

**화학반응의 분류**

화학에서는 반응기구에 기반하여 반응을 분류한다. 하지만 반응기를 설계하고 조작하는 입장에 서면, 양론식의 수가 단일한지 복수인지, 또한 반응이 단일한 균일상태에서 일어나는지, 복수의 상태에서 일어나는지에 따라서 분류하는 편이 편리하다.
단일반응의 경우는 반응의 진행 상태는 반응전환율만으로 나타내, 설계방정식도 하나로 충분하지만, 복합반응에서는 반응진행을 나타내는 복수의 파라미터가 도입되어 설계방정식도 다수의 식이 필요해지는 등, 서로 다루는 법이 다르다. 또한 복수의 상태로 반응이 일어나는 불균일반응의 경우엔 상태 조합이 같다면, 반응기의 형식, 조작법도 비슷하여 일반화시키기 쉽다는 이점이 있다.
이같이 화학과 반응공학에서는 반응의 분류법이 다르다.

### 3.1.1 단일반응과 복합반응

반응에 관계되는 각 성분의 물질량[mol]의 상대관계를 일반적으로 **양론관계**라고 한다. 이 양론관계를 나타내는데 필요한 화학양론식의 수가 한 개일 경우를 단일반응, 복수일 경우를 복합반응이라고 한다.

단일반응의 경우엔 각 성분 사이의 양론적 관계는 반응전환율 $x_A$에 의해서 통일적으로 표현할 수 있어 물질수지도 한 가지 방정식에 의해서 나타낼 수 있다. 그에 반해 복합반응의 경우엔 다수의 방정식이 필요해진다. 복합반응의 기본적인 형식은 다음과 같은 병렬반응, 연계반응 또는 서로를 합친 연계 병렬반응이다.

병렬반응 : $A \longrightarrow R, \quad A \longrightarrow S$

연계반응 : $A \longrightarrow R \longrightarrow S$

연계 병렬반응 : $A + B \longrightarrow R, \quad R + B \longrightarrow S$

### 3.1.2 균일반응과 불균일반응

예를 들어, 알코올과 산이 반응해서 에스테르가 생성되는 반응은 균일액상반응이다. 균일반응에는 액상반응과 기상반응이 있다.

불균일반응은 기체상, 액체상, 고체상의 조합에 의해서 기고반응, 기액반응, 액액반응 등으로 분류된다. 또한 고체상이 촉매로써 작용되는 경우에는, 기고촉매반응, 기액고반응 등으로도 불린다. 공업적으로 중요한 반응은 불균일반응의 경우가 많다.

## 3.2 반응기를 조작법과 형태로 분류한다.

### 3.2.1 3종류의 조작법

공업적으로 이용되는 반응장치의 구조와 조작법은 여러 가지로 변화가 많다. 여기에서는 반응기의 기본적인 특성을 이해하기 위해서 실제 반응장치를 단순화시켜 조작법과 형상 관점에서 분류해보자.

반응기의 조작법은 (1) 회분조작 (2) 연속조작(유통조작이라고도 한다) (3) 반회분식 조작 세 가지로 분류된다. 다음에 각각에 대해서 간단히 설명하겠다.

**회분조작**(Batch operation)은 반응원료를 전부 반응기 안에 넣은 후 반응을 개시해 적당 시간 후에 반응생성물 전체를 꺼내는 조작법이며 교반탱크반응기(다음 항에서 설명하겠다)가 사용된다.

한편 **연속조작**(Continuous operation)은 반응원료를 연속적으로 반응기에 제공하여 반응을 일으켜 생성물을 반응기에서 연속적으로 꺼내는 조작법이며 유통조작이라고도 한다. 이 연속조작에는 교반탱크반응기와 관형반응기가 함께 사용된다.

이에 반해 **반회분식 조작**(Semibatch operation)은 예를 들면 성분 B를 반응기에 넣어두고 거기에 성분 A를 연속적으로 유입시키면서 반응을 진행시키는 조작법이다.

석유화학공업 같은 대량생산에는 연속조작이 유리한데 다품종 소량생산의 파인케미컬스 공업이나 잡균오염이 우려되는 발효공업에는 회분조작이나 반회분식 조작이 알맞다.

### 3.2.2 반응기 형상에 의한 분류

그림 3.1에 나타난 듯이 반응장치는 그 형태에서 (a) 교반탱크 (b) 관형(또는 탑형)으로 크게 나누어진다. 각각 차례대로 살펴보자.

교반탱크반응기에는 교반날개가 달려있어서 반응기 내의 반응 유체는 충분히 혼합되어 그 농도와 온도는 반응기 내의 각 점에서 균일하다고 간주한다. 교반탱크반응기는 회분조작, 연속조작, 반회분식 조작에도 적용할 수 있다. 교반탱크반응기를 회분조작할 때엔 **회분반응기**(Batch reactor)라고 하며 BR이라고 줄여 쓴다. 마찬가지로, 반회분식 조작 시에는 **반회분식 반응기**(Semibatch reactor)라고 한다. 연속조작할 때엔 **연속교반탱크반응기**(Continuous stirred tank reactor)라고 하며 CSTR이라고 줄여 쓴다.

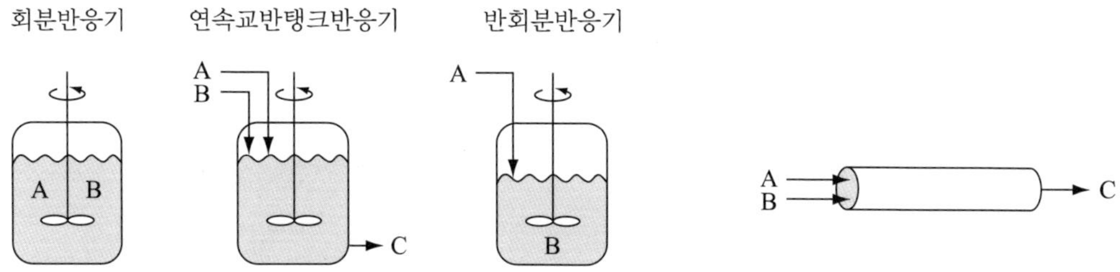


(a) 교반탱크반응기 (b) 관형반응기

**그림 3.1** 반응기의 형상과 조작법에 의한 분류

### 3.2.3 유통반응기 내의 반응물질의 흐름

그림 3.2에 세 종류의 유통반응기에 대해서 원료성분 A의 농도분포를 나타냈다. 그림 3.2(a)에 나타냈듯이 연속교반탱크반응기에 들어가는 반응원료는 바로 반응기 내의 유체와 혼합되어 반응기 내에 균일하게 분산된 반응이 진행된다. 그리고 반응기 내의 농도와 온도가 같은 상태로 반응기 밖으로 배출된다. 이러한 반응유체의 흐름을 **완전혼합흐름**(Perfectly mixed flow **또는** Mixed flow)이라고 한다.

한편, 관형반응기 내의 유체는 관 단면에서는 균일하게 혼합되어 반응유체의 농도와 온도는 균일하지만, 유체가 흐르는 방향에는 혼합되지 않고 흡사 피스톤으로 밀어내는 것처럼 흐른다. 따라서 관의 축 방향은 그림 3.2(c)와 같은 농도분포가 된다. 이러한 관형반응기 내의 유동상태를 **피스톤흐름**(Piston flow)이라고 한다. 이것에서 관형조형기를 **압출흐름 반응기**(Piston flow reactor)라고 하며 PFR이라고 줄여 쓴다.

그림 3.2(b)는 반응기 체적을 사등분으로 나눈 소형의 교반탱크반응기를 직렬로 이은 연속교반탱크반응기 내의 성분 A의 농도분포를 나타내고 있다. 계단모양의 농도분포가 되어, 반응기 수를 늘려가면 관형반응기의 농도분포(c)에 가까워지는 것을 알 수 있을 것이다.

여기까지 설명한 연속교반탱크반응기와 관형반응기의 반응유체의 유동상태는 모두 이상적인 것이다. 완전혼합흐름과 피스톤흐름은 대조적이고, 반응기 내의 유동상태의 양극단을 나타내고 있다. 실제 반응장치 내의 흐름은 이 양극단의 중간적인 성격을 가지고 있다.

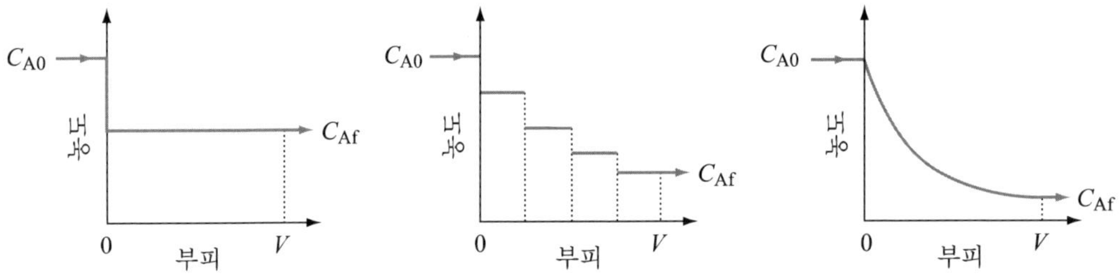


(a) 교반탱크반응기 (b) 직렬연속교반탱크반응기(4개) (c) 관형반응기

그림 3.2 유통반응기 내의 원료성분 A의 농도분포

## 3.3 반응속도식을 이해한다.

### 3.3.1 반응속도의 정의

반응속도는 화학반응이 진행되는 속도를 나타내는 값이다. 다음과 같은 단일반응을 살펴보자.

$$aA + bB \longrightarrow cC + dD \tag{3.1}$$

성분 A에 주목하여, 반응혼합물의 단위체적 및 단위시간에 생성되는 A의 물질량을 A의 **반응속도**라고 하고 $r_A$라고 쓴다. $r_A$의 단위는 [mol · m$^{-3}$ · s$^{-1}$]이다. 성분 B, C, D에 대해서도 반응속도 $r_B$, $r_C$, $r_D$를 정의할 수 있다. 반응 진행과 함께 원료성분 A와 B의 양은 감소하기 때문에 $r_A$와 $r_B$는 음수가 된다. 반대로 생성물 성분인 C와 D의 양은 늘어나기 때문에 $r_C$와 $r_D$는 양수가 된다.

각 성분의 양론계수의 값이 다르면 대응하는 반응속도의 절대치도 달라진다. 하지만 다음 식에서 정의되는 반응속도 $r$은 양론식(3.1)에 대해 고유의 값이 된다. 이 $r$을 양론식(3.1)에 대한 반응속도라고 부른다.

$$r = \frac{r_A}{-a} = \frac{r_B}{-b} = \frac{r_C}{c} = \frac{r_D}{d} \tag{3.2}$$

이 식은 다음과 같이 바꿔 쓸 수 있다.

$$r_A = (-a)r, \quad r_B = (-b)r, \quad r_C = (c)r, \quad r_D = (d)r \tag{3.3}$$

즉, 각각의 반응성분의 반응속도 $r_j$(j = A, B, C, D)는 양론식에 대한 반응속도 $r$에 그 성분의 양론계수를 곱하면 된다는 것을 알 수 있다. 단, 원료성분인 경우엔 양론계수에 마이너스 등호를 생성물 성분인 경우엔 플러스 등호를 각각 붙일 필요가 있다.

이처럼, 반응속도에는 특정 반응성분에 주목한 반응속도와 양론식에 근거한 반응속도의 두 종류의 정의가 존재한다는 것에 주의하자.

**예제 3.1**

2A + B ⟶ 2C의 양론식에 대한 반응속도 $r$이 10 [mol · m$^{-3}$ · s$^{-1}$]일 때 각 성분의 반응속도 $r_A$, $r_B$, $r_C$를 구하시오.

**해답**

식(3.3)을 적용하면, 각 성분의 반응속도를 다음과 같이 산출할 수 있다.

$$r_A = -2 \times r = -2 \times 10 = -20 \text{ mol} \cdot \text{m}^{-3} \cdot \text{s}^{-1}$$

$$r_B = -1 \times r = -1 \times 10 = -10 \text{ mol} \cdot \text{m}^{-3} \cdot \text{s}^{-1}$$

$$r_C = 2 \times r = 2 \times 10 = 20 \text{ mol} \cdot \text{m}^{-3} \cdot \text{s}^{-1}$$

## 3.3.2 복합반응의 반응속도

두 개 이상의 양론식으로 표기되는 복합반응에서도 위와 같이 두 가지 반응속도를 정의할 수 있다. 복합반응에서는 예를 들어 성분 A에 주목하면 각 반응의 성분 A의 반응속도의 총 합이 복합반응에서의 성분 A의 반응속도가 된다. 각 반응의 양론식에 대한 반응속도에서 각 반응의 성분 A의 반응속도를 식(3.3)으로 계산할 수 있는데 그들의 합계가 복합반응의 반응속도가 된다. 다음 예제로 구체적으로 익혀보자.

**예제 3.2**

다음 식에서 나타나는 복합반응이 있다.

$$A + B \longrightarrow 2R \qquad ①$$

$$2A + R \longrightarrow S \qquad ②$$

이 양론식에 대한 반응속도를 $r_1$과 $r_2$라 할 때, 각 반응성분의 반응속도를 $r_1$, $r_2$를 사용해서 나타내라.

**해답**

양론식①과 ②의 반응에, 식(3.3)을 적용하면

$$r_{1A} = -r_1, \quad r_{1B} = -r_1, \quad r_{1R} = 2r_1 \qquad ③$$

$$r_{2A} = -2r_2, \quad r_{2B} = 0, \quad r_{2R} = -r_2, \quad r_{2S} = r_2 \qquad ④$$

성분 A의 반응속도 $r_A$는 $r_{1A}$와 $r_{2A}$의 합이기 때문에

$$r_A = r_{1A} + r_{2A} = -r_1 - 2r_2 \qquad ⑤$$

가 된다. 마찬가지로, 다른 성분의 반응속도도 다음과 같이 쓸 수 있다.

$$r_B = r_{1B} + r_{2B} = -r_1$$

$$r_R = r_{1R} + r_{2R} = 2r_1 - r_2$$

$$r_S = r_{2s} = r_2$$

### 3.3.3 반응속도식의 기본형

반응속도 $r$은 일반적으로 반응속도의 농도 $C_j$(j = A, B, ⋯), 온도 $T$, 또는 촉매농도 등의 함수가 된다. 그들의 함수관계를 식으로 표현한 것을 **반응속도식**이라고 한다.

반응속도 $r$은 식(3.4)와 같이 반응성분 농도의 멱수의 곱으로 표현하는 경우가 많다. 또한 반응속도식에서는 반응차수도 정의된다. 예를 들면 식(3.1)에 대해

$$r = kC_A{}^m C_B{}^n \qquad (3.4)$$

와 같을 때, 성분 A에 대해서 $m$차, 성분 B에 대해서 $n$차, 전체로써 $(m+n)$차의 반응이라는 것이다. 또한 $k$는 반응속도상수라고 불리며, 온도의 함수이다. 반응차수는 꼭 정수

일 필요는 없다. 예를 들면 기체 상태의 아세트알데하이드의 분해반응의 반응속도식은 다음과 같다.

$$CH_3CHO \longrightarrow CH_4 + CO \quad (r = k[CH_3CHO]^{\frac{1}{2}})$$

반응속도식은 반드시 식(3.4)와 같은 형태가 되는게 아니고, 더 복잡해지는 경우가 많다. 그 원인은 대부분의 반응은 양론식으로 나타나는 분자간의 충돌에 의해 직접 일어나는 것이 아니라, 몇 개의 소반응으로부터 일어나는 복잡한 반응과정을 가지고 있기 때문이다.

**One Point**

**반응속도식이 복잡한 이유**

반응의 진행과정은 그럴 듯한 양론식과는 달리, 몇 개의 소반응(素反應)으로부터 일어나는 복잡한 과정을 거치는 경우가 많아, 반응차수가 양론식으로 예측한 값과는 다르거나 반응속도식이 식(3.4)와 같은 형태가 아닌 분수식이 되거나 하는 등 복잡해진다. 그러한 반응을 비(非)소반응이라고 부른다. 비소반응의 반응속도식의 형태를 예측하는 유력한 방법이 정상상태 근사와 율속단계 근사법이 있다. 그에 대해서는 「반응공학」(하시모토 겐지 저, 배풍관(倍風館) 발행) p.14~33을 참고하기 바란다.

**One Point**

**반응차수를 구하는 법**

반응차수인 $m$이나 $n$의 값은 양론식과는 관계가 없는 값이다. 따라서 반응속도를 측정해 그 농도 의존성으로 실험적으로 구해야 한다.

## 3.3.4 반응속도와 온도에 의존한다

대부분의 화학반응속도는 온도변화에 몹시 민감하며 반응속도 온도에 의한 변화를 다음의 아레니우스(Arrhenius)식으로 나타낸다.

$$k = k_0 e^{-E/RT} \tag{3.5}$$

여기서 $k_0$를 **빈도인자**, $E$를 **활성화에너지**라고 한다. 또한 $R$은 기체정수(8.314 J · mol$^{-1}$ · K$^{-1}$), $T$는 온도[K]를 나타낸다.

화학반응을 진행하는 데는 반응원료보다 높은 에너지 상태의 활성중간체가 형성될 필요가 있다. 이때의 중간체와 원료와의 에너지 차가 활성화에너지 $E$이다. 이 값이 클수록 반응이 일어나기 어렵고 반응속도는 늦다. 화학반응속도를 촉진시키는 촉매의 큰 역할이 이 $E$의 값을 작게 만드는 것이다.

식(3.5)의 양 변의 자연대수를 빼면, 식(3.6)을 얻을 수 있다.

$$\ln k = \ln k_0 - \frac{E}{R} \times \frac{1}{T} \tag{3.6}$$

다음 [예제3.3]에 있는 듯이, $\ln x$를 $1/T$에 대해 플로트하면 직선을 얻을 수 있는데 그 기울기가 $-E/R$이 되므로 활성화에너지 $E$의 값을 구할 수 있다. $k_0$의 값은 직선상의 점 $T_1$에 식(3.6)을 적용하면 산출할 수 있다.

**One Point**

**log와 ln**

수학에서 자연대수를 $\log x$라고 적는데 상용대수 $\log_{10} x$와 헷갈리기 때문에 공학에서는 자연대수를 $\ln x$, 상용대수를 $\log x$라고 적는다.

### 예제 3.3

부텐의 열분해반응은 일차반응으로 나타나고, 그 반응속도계수 $k[s^{-1}]$가 온도 $T$[℃]에 대해 측정되었다. 그 결과가 표 3.1과 같다. 이 데이터에 아레니우스식이 적용되는 것을 설명하고, 활성화에너지 $E$와 빈도인자 $k_0$의 값을 구하라. 또한 계산치의 실제 측정값에 대한 대상오차[%]를 계산하라.

표 3.1 부텐의 열분해 반응속도정수 $k$와 온도 측정치

| $T$[℃] | 493 | 522 | 541 | 555 |
|---|---|---|---|---|
| $k \times 10^5[s^{-1}]$ 실제 측정치 | 8.40 | 38.1 | 90.2 | 172 |
| $k \times 10^5[s^{-1}]$ 계산치 | 8.50 | 36.9 | 91.1 | 173 |
| 오차[%] | 1.19 | −3.15 | 1.00 | 0.58 |

**해답**

표 3.1의 실제 측정치에서 절대온도의 역수 $1/T$와 $\ln k$를 계산한 결과가 표 3.2와 같다. 세로축에 $\ln k$를, 가로축에 $1/T$를 입력한 그래프는 그림 3.3에 나타나듯이 직선이 되며 Arrhenius 식이 성립한다는 것을 알 수 있다.

표 3.2 $1/T$와 $\ln k$의 관계

| $(1/T) \times 10^3$ | 1.305 | 1.258 | 1.228 | 1.207 |
|---|---|---|---|---|
| $\ln k$ | −9.385 | −7.873 | −7.011 | −6.365 |

그림 3.3에서, 가로 축 $1/T = 1.28\times10^{-3}$과 $1.22\times10^{-3}$의 점을 연결하면, 대응하는 세로 축 값은 −8.60과 −6.75라는 것을 알 수 있다. 이 두 개의 점에 대해 직선의 기울기를 계산할 때 그 값이 $-E/R$이기 때문에

$$\text{기울기} = \frac{-E}{R} = \frac{-6.75-(-8.60)}{(1.22-1.28)\times10^{-3}} = -30.83\times10^{3}\ \mathrm{K}$$

활성화에너지 $E$의 값은 (기울기)×$R$로 주어지기 때문에 $R = 8.314\ \mathrm{J\cdot mol^{-1}\cdot K^{-1}}$을 대입하면,

$$E = (30.83\times10^{3})\ \mathrm{K}\times8.314\ \mathrm{J\cdot mol^{-1}\cdot K^{-1}} = 256.3\times10^{3}\ \mathrm{J\cdot mol^{-1}}$$

한편, 그래프 위의 한 점($1.28\times10^{-3}$, −8.60)은 식(3.6)을 충족하기 때문에

$$\begin{aligned}\ln k_0 &= \ln k + (E/R)(1/T) = -8.60 + (30.83\times10^{3})\times(1.28\times10^{-3})\\ &= 30.86\end{aligned}$$

$$\therefore\ k_0 = e^{30.86} = 2.53\times10^{13}\ \mathrm{s^{-1}}$$

이러하여, 속도정수 $k$는 다음과 같다.

$$k = 2.53\times10^{13}\exp(-256.3\times10^{3}/RT)$$

이 식에서 속도정수 $k$의 계산치를 구할 수 있고 측정치에 대한 오차를 계산할 수 있다. 그 결과는 표 3.1의 3행과 4행에 나와 있다. 두 개는 거의 일치한다.

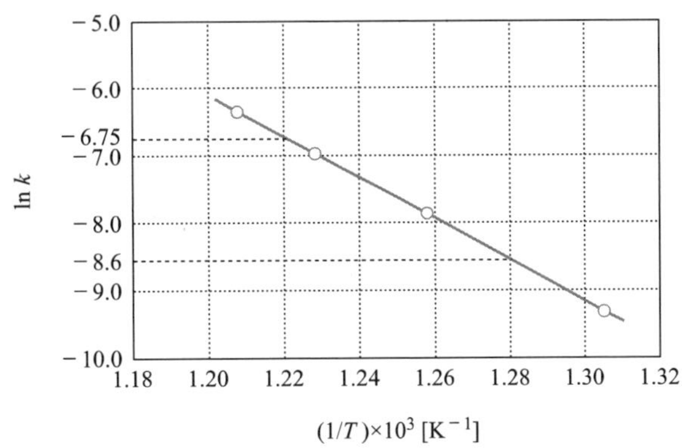


그림 3.3 Arrhenius식의 그래프

**One Point**

**exp**

Arrhenius식에는 지수함수 $e^x$가 포함되는데, 지수($x$부분)가 복수가 되면 보기 어려워진다. 그래서 $e$ 대신에 exp를 적어 지수를 ( ) 안에 적는다. 즉, $e^x = \exp(x)$이다. Arrhenius식은 $k_0 \exp(-E/RT)$와 같이 적는다.

## 3.4 반응전환율로 양론관계를 나타낸다.

원료성분의 한정반응성분 A에 대해, 식(3.9) 또는 식(3.10)에 정의된 반응전환율 $x_A$를 도입하면 반응의 진행상황을 명확히 파악할 수 있고, 또한 각 성분 물질량과 농도의 상호관계를 반응전환율 $x_A$를 통해 표현할 수 있고, 각종 반응기 설계의 기초식도 통일적으로 나타낼 수 있다. 이처럼 단일반응에서는 반응전환율이 기본변수로써 몹시 유용하다. 이 단원에서는 양론식의 관계에 대해서 배워갈 것이다.

### 3.4.1 반응전환율과 반응량

제 2장의 2.2.4에서 말한 것처럼 일반적으로 다음 식과 같은 단일반응

$$aA + bB \longrightarrow cC + dD \tag{3.7}$$

을 한정반응성분 A의 양론계수가 1이 되도록 다음과 같이 바꿔 쓴다.

$$A + \frac{b}{a}B \longrightarrow \frac{c}{a}C + \frac{d}{a}D \tag{3.8}$$

식(3.8)의 양론식에 대해, 유통공정과 마찬가지로 회분반응기와 유통반응기에 대한 반응의 진행을 나타내기 위해서, 성분 A에 주목하여 **반응전환율** $x_A$를 정의한다.

$$x_A = \frac{\text{A의 반응량}}{\text{A의 유입량}} = \frac{n_{A0} - n_A}{n_{A0}} \quad (\text{회분반응기}) \tag{3.9}$$

$$x_A = \frac{\text{A의 반응량}}{\text{A의 공급량}} = \frac{F_{A0} - F_A}{F_{A0}} \quad (\text{유통반응기}) \tag{3.10}$$

여기서, $n_{A0}$는 반응개시시간($t=0$)에 회분반응기 내에 존재하는 A의 물질량[mol], $n_A$는 시간 $t$에서의 A의 잔존량을 각각 나타낸다. 한편, $F_{A0}$와 $F_A$는 유통반응기 입구 및 내부에서의 A의 물질량유량[mol·s$^{-1}$]을 나타낸다. 또한 반응기 출구에서의 값이라는 것을 명시할 때에는 첨자 f를 덧붙여서 $x_{Af}$, $F_{Af}$처럼 적는다.

반응전환율 $x_A$란 원료 A에 넣는 1 mol에 대한 반응량이기 때문에 $n_{A0}$[mol]에 대한 반응량은 $n_{A0}x_A$가 된다. 각 성분의 반응량은 양론계수에 비례하기 때문에 성분 B의 반응

량은 $(b/a)n_{A0}x_A$이다. 마찬가지로 성분 C와 성분 D의 생성량은 $(c/a)n_{A0}x_A$와 $(d/a)n_{A0}x_A$가 된다. 따라서 시간 $t$에서의 회분반응기 내의 각 성분의 물질량[mol]은

$$\left.\begin{aligned} n_A &= n_{A0} - n_{A0}x_A = n_{A0}(1-x_A) \\ n_B &= n_{B0} - (b/a)n_{A0}x_A = n_{A0}[\theta_B - (b/a)x_A] \\ n_C &= n_{C0} + (c/a)n_{A0}x_A = n_{A0}[\theta_C + (c/a)x_A] \\ n_D &= n_{D0} + (d/a)n_{A0}x_A = n_{A0}[\theta_D + (d/a)x_A] \\ n_I &= n_{I0} = n_{A0}\theta_I \end{aligned}\right\} \tag{3.11}$$

와 같다. 단, $\theta_j$는 다음 식으로 정의되며, 또한 I는 불활성 성분을 가리킨다.

$$\theta_j = n_{j0}/n_{A0} \quad (j = B,\ C,\ D,\ I) \tag{3.12}$$

식(3.11)의 각 식의 좌변과 중변을 각각 더하면, 시간 $t$에서의 전체 성분의 물질량 $n_t$를 구할 수 있다.

$$\begin{aligned} n_t &= n_{t0} + \frac{-a-b+c+d}{a}n_{A0}x_A = n_{t0}(1+\delta_A y_{A0}x_A) \\ &= n_{t0}(1+\epsilon_A x_A) \end{aligned} \tag{3.13}$$

단, $\delta_A$, $y_{A0}$, $\epsilon_A$는 다음과 같이 정의된다.

$$\delta_A = (-a-b+c+d)/a \tag{3.14}$$

$$y_{A0} = n_{A0}/n_{t0} = \text{반응개시 때의 A몰분율} \tag{3.15}$$

$$\epsilon_A = \delta_A y_{A0} \tag{3.16}$$

유통반응기에 대해서는, 위의 식들의 $n$을 $F$로 바꾼 관계식이 성립된다. 각 성분의 농도 $C_j$는 회분반응기 및 유통반응기에 대해 각각

$$C_j = \frac{n_j}{V} \tag{3.17}$$

$$C_j = \frac{F_j}{v} \tag{3.18}$$

가 된다. 여기서 $V$는 반응성분 전체의 체적[$m^3$], $v$는 전체성분의 체적유량[$m^3 \cdot s^{-1}$]로 나타낸다.

**One Point**

**$\delta_A$과 $\epsilon_A$의 의미**

$\delta_A$은 양론식(3.7) 또는 식(3.8)의 반응이 100% 진행되었을 때 반응혼합물의 물질량 또는 용적의 변화량을 성분 A의 단위물질량당 구한 값이다. $\epsilon_A$는 반응원료가 100% 반응했을 때의 생성물의 체적증가율을 가리킨다. 이들 변수를 도입시킴으로써 반응계의 전체 물질량을 나타내는 식(3.13)을 간결하게 표기할 수 있다는 이점이 있다. 또한 이 식은 농도를 나타내는 식에도 활용할 수 있다.

## 3.4.2 정용계에서의 농도와 반응전환율

이상기체에서는 분압 $p_j$는 농도 $C_j$, 기체정수 $R$, 온도 $T$[K]를 사용해서 식(3.19)와 같이 계산할 수 있다.

$$p_j = RTC_j \tag{3.19}$$

반응이 진행되면서 반응성분 혼합물의 밀도가 변화하지 않는 경우를 **정용계**라고 하며 액상반응은 정용계와 근사할 수 있다.

정용계의 경우 $V$와 $v$는 불변하기 때문에 식(3.11)의 관계식을 식(3.17)에 대입하면 다음과 같은 식이 된다.

$$\begin{aligned} C_A &= C_{A0}(1-x_A) & C_B &= C_{A0}[\theta_B-(b/a)x_A] \\ C_C &= C_{A0}[\theta_C+(c/a)x_A] & C_D &= C_{A0}[\theta_D+(d/a)x_A] \\ C_I &= C_{A0}\theta_I \end{aligned} \tag{3.20}$$

이 관계는 정용계의 회분반응기 및 유통반응기 어느 쪽이든 성립한다.

**One Point**

**기상반응일 경우**

유통반응기로 기상반응을 할 때 반응과 함께 물질량이 변화될 경우($\delta_A \neq 0$), 반응유체의 밀도는 변화하기 때문에 비정용계가 된다. 대부분 유통반응기의 압력은 일정하게 유지되며 그 경우엔 정압계로써 사용할 수 있다.

### 3.4.3 정압계에서의 반응의 농도

다음으로, 유통반응기로 기상반응을 할 경우에 대해서 생각해보자. 반응기 입구에 제공되는 전체 성분의 체적유량을 $v_0$[m$^3$ · s$^{-1}$], 물질량유량을 $F_{t0}$[mol · s$^{-1}$]로 나타내면 1 s 간에 반응기 입구에 유입되는 기체량은 $v_0$[m$^3$]이고, 그 중에 $F_{t0}$[mol] 반응물질이 포함되어 있는 것이 된다. 그 기체 양에 대해서 상태방정식을 쓰면 반응기 입구에 있어 다음과 같은 식이 성립된다.

$$P_0 v_0 = F_{t0} R T_0 \tag{3.21a}$$

마찬가지로, 반응기 내부의 한 점에 대해서도 다음의 상태방정식이 성립한다.

$$Pv = F_t RT \tag{3.21b}$$

여기서, $P$는 기압, $R$은 기체정수, $T$는 온도이며, 첨자 0은 반응기 입구의 값이다.

식(3.21b)를 식(3.21a)로 나누어 그것에 식(3.13)을 유통반응기에 대해 다시 적은 식을 대입하면, 다음과 같은 관계를 얻을 수 있다.

$$\frac{v}{v_0} = \left(\frac{P_0}{P}\right)\left(\frac{T}{T_0}\right)(1 + \epsilon_A x_A) \tag{3.22}$$

보통 길이의 관형반응기로 기상반응을 할 경우 관축방향의 압력변화는 무시할 수 있기 때문에 $P/P_0 = 1$이 된다. 이러한 상태의 계를 **정압계**라고 한다. 또한 반응기 안이 같은 온도일 경우에는 $T_0/T = 1$로 할 수 있다. 이러한 등온 · 정압조건에서는 식(3.22)는 다음 식과 같이 간단해진다.

$$\frac{v}{v_0} = 1 + \epsilon_A x_A \tag{3.23}$$

여기서 식(3.11)의 $n$을 $F$로 바꾼 식과 식(3.23)을 (3.18)에 대입하면 성분 A에 대한 식 (3.24)가 된다. 정압계에서는 정용계의 농도 식(3.20)을 $(1 + \epsilon_A x_A)$로 나누는 형태가 된다.

$$C_A = \frac{C_{A0}(1 - x_A)}{1 + \epsilon_A x_A} \tag{3.24}$$

다른 성분에 대해서도 식(3.20)의 우변을 $(1 + \epsilon_A x_A)$으로 나눈 식으로 농도를 나타낼 수 있다.

## 3.5 여러 가지 반응기의 설계방정식

### 3.5.1 반응기의 물질수지식

반응기의 크기를 정하고 필요한 생산량을 얻기 위해서 반응기를 어떻게 운전할지를 정하는 것이 반응기의 설계이며 그것을 위해 세우는 기초식을 **설계방정식**이라고 부른다. 설계방정식은 반응기의 물질수지식에서 도출할 수 있다. 그 때 미리 정의한 반응전환율 $x_A$를 이용하면 물질수지식을 간결하게 표현할 수 있다.

그림 3.4와 같이 반응기 안에 적당한 닫힌 공간을 생각해서 한정반응성분 A에 대해 물질량기준의 물질수지를 구한다. 임의적으로 계를 정하는 것이지만 계 내부에서의 반응성분의 농도가 거의 균일하도록 계를 설정하면 물질수지가 간단해진다.

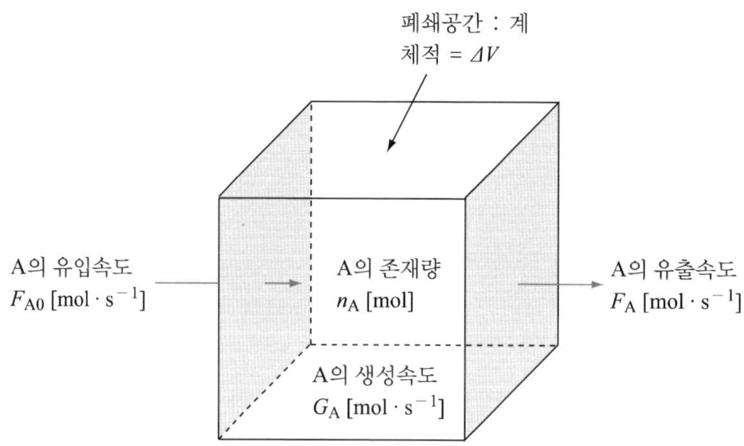


그림 3.4 성분 A의 물질수지

교반탱크반응기에서는 반응기 내의 농도는 균일하기 때문에 그림 3.5나 그림 3.6과 같이 반응기전체를 계로 설정할 수 있다. 그에 비해 관형반응기에서는 농도나 관의 단면은 균일하지만 축 방향은 연속적으로 변화하고 있다. 그래서 그림 3.7과 같이 축 방향에 수직인 두 개의 단면에 싸인 미소체적요소 $\Delta V$를 계로 선택하면 $\Delta V$내부의 농도는 거의 균일하다.

또한, 그림 3.4의 체적 $\Delta V$에서 미소시간 $\Delta t$ 사이에 $\Delta V$내에 존재하는 성분 A의 물질량의 변화 $\Delta n_A$는 다음과 같다.

(유입량) − (유출량) + (반응에 의한 생성량) = (축적량)

$$F_{A0}\Delta t - F_A \Delta t + G_A \Delta t = \Delta n_A \tag{3.25}$$

여기서 $F_{A0}$는 계 내로 유입되는 성분 A의 유입속도[mol · $s^{-1}$], $F_A$는 계 밖으로의 유출속도, $G_A$는 계 내에서의 반응에 의한 A의 생성속도[mol · $s^{-1}$]이다. 이 식의 양변을 $\Delta t$로 나눠 $\Delta t \to 0$의 극한을 생각하면 다음 미분방정식이 된다.

$$F_{A0} - F_A + G_A = \mathrm{d}n_A/\mathrm{d}t \tag{3.26}$$

여기서 $\mathrm{d}n_A/\mathrm{d}t$는 계 내의 성분 A의 축적속도이다. 이 식이 반응기설계의 기본식이 된다.

### 3.5.2 회분반응기(BR)의 설계방정식

위에서도 설명한 듯이, 회분반응기에서는 반응기전체를 계로 설정할 수 있다(그림 3.5). 회분반응기에서는

$$F_{A0} = F_A = 0, \qquad G_A = r_A V \tag{3.27}$$

가 성립되기 때문에 식(3.26)은 다음과 같이 바꿀 수 있다.

$$\frac{\mathrm{d}n_A}{\mathrm{d}t} = r_A V \tag{3.28}$$

여기서 $V$는 반응기 안의 혼합물의 체적으로 일반적으로 간단히 반응기 체적이라고 한다.

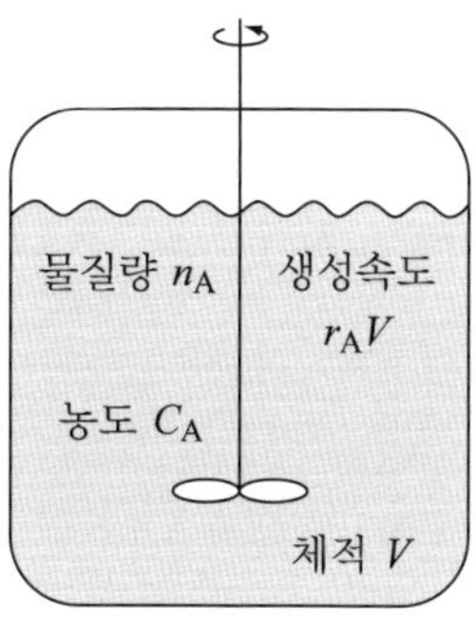


그림 3.5 회분반응기의 물질수지

회분반응기는 주로 액상반응에 사용되며 정용계로 간주되어 식(3.11)의 제 1식을 사용하면 식(3.28)은 반응전환율 $x_{\rm A}$를 종속변수로 한 다음 식이 된다.

$$C_{\rm A0}\frac{{\rm d}x_{\rm A}}{{\rm d}t} = -r_{\rm A} \tag{3.29}$$

위의 식을 d$t$에 대해 풀어 $t=0$이고 $x_{\rm A}=0$의 초기조작을 사용해 양변을 적분하면

$$\int_0^t {\rm d}t = t = C_{\rm A0}\int_0^{x_{\rm A}} \frac{{\rm d}x_{\rm A}}{-r_{\rm A}(x_{\rm A})} \tag{3.30}$$

이 된다. 이 식이 회분반응기에 대한 설계방정식이다. 식(3.30)의 적분을 하는 데는, 식(3.20)을 사용해서 반응속도식을 $x_{\rm A}$의 함수로써 나타낼 필요가 있다.

식(3.20)에 반응속도식을 대입해서 적분하면 특정 반응전환율 또는 농도에 도달하는데 필요한 반응시간 $t$를 구할 수 있는 관계식을 구할 수 있다. 표 3.3에 비교적 간단한 반응에 대해서 정용회분반응기의 반응전환율 또는 농도와 반응시간의 관계식이 나와 있다.

**One Point**

**종속변수**

예를 들어, $y=x^2+3x$나 $dy/dx=-kx$에서의 $x$는 독립되어 변화하는 변수이기 때문에 독립변수라고 한다. 그에 비해, $y$는 $x$의 변화에 응해 변화하는 수이기 때문에 종속변수라고 한다.

표 3.3 정용회분반응기에 대한 기초식 적분형

| 양론식 | 반응속도식 | 적분형 |
|---|---|---|
| 임의 양론식 | $-r_A=kC_A$ | $-\ln(C_A/C_{A0})=-\ln(1-x_A)=kt$ |
| | $-r_A=kC_A^{\ n}$ | $C_A^{\ 1-n}-C_{A0}^{\ 1-n}=C_{A0}^{\ 1-n}[(1-x_A)^{1-n}-1]=(n-1)kt$ |
| $\rm A+\mathit{b}B\rightarrow C$ | $-r_A=kC_AC_B$ | $\ln(C_{A0}C_B/C_{B0}C_A)=\ln[(\theta_B-bx_A)/(\theta_B(1-x_A)]$ $=C_{A0}(\theta_B-b)kt \quad (\theta_B=C_{B0}/C_{A0}\neq b)$ |

## 3.5.3 연속교반탱크반응기(CSTR)의 설계방정식

그림 3.6에 나온 듯이, 정상상태에서 조작되는 CSTR(체적 $V_{\rm m}$)의 성분 A에 대한 물질

수지식은 식(3.26)의 좌변을 0으로 한 다음과 같은 대수방정식으로 쓸 수 있다.

$$F_{A0} - F_A + r_A V_m = 0 \tag{3.31}$$

이 식을 $r_A$에 대해 풀면 다음 식이 된다.

$$r_A = \frac{F_A - F_{A0}}{V_m} \tag{3.32}$$

또한 식(3.10)에서 $F_A - F_{A0} = -F_{A0} x_A$를 구할 수 있다. 여기에 $F_{A0} = v_0 C_{A0}$의 관계를 이용하면 식(3.32)는 다음과 같이 쓸 수 있다.

$$\tau_m = \frac{V_m}{v_0} = \frac{C_{A0} x_A}{-r_A(x_A)} = \frac{C_{A0}}{-r_A(x_A)} \cdot (x_A - 0) \tag{3.33}$$

여기에서 $-r_A(x_A)$는 반응기 출구의 반응속도를 가리킨다. 이 $\tau_m = V_m / v_0$는 시간의 단위를 가진 조작변수로 **공간시간**(space time)이라고 한다.

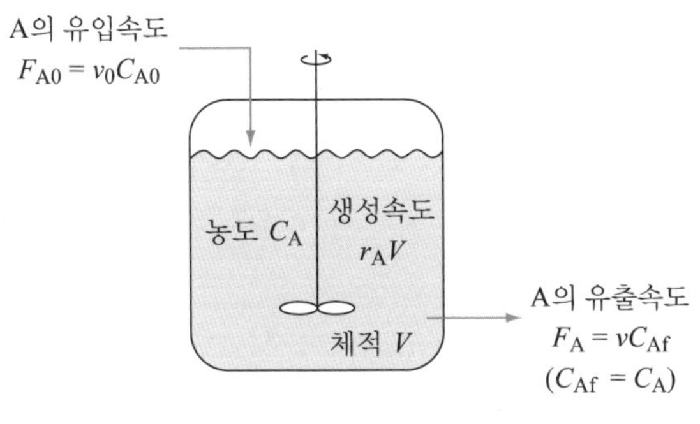


그림 3.6 연속교반탱크반응기의 물질수지

> **One Point**
>
> **조작변수**
>
> 화학장치를 조작할 때, 자유롭게 설정할 수 있는 변수를 조작변수라고 한다. 예를 들어, 반응기의 온도와 압력을 설정할 수 있을 때, 이들은 조작변수이다. 한편, 반응전환율은 자유롭게 변화시킬 수 없기 때문에 조작변수가 아니다.

CSTR은 주로 액상반응에 사용되며 정용계로 간주하기 때문에 농도기준의 설계방정식도 사용할 수 있다. 따라서 식(3.31)에서 $F_{A0} = v_0 C_{A0}$, $F_A = v_0 C_A$로 둘 수 있어서

$$v_0 C_{A0} - v_0 C_A + r_A V_m = 0 \tag{3.34}$$

가 된다. 이것을 변형시키면 다음과 같다.

$$\tau_m = \frac{V_m}{v_0} = \frac{C_{A0} - C_A}{-r_A} \tag{3.35}$$

식(3.33) 또는 식(3.35)에 의해서 CSTR 설계가 가능해진다.

### 3.5.4 관형반응기(PFR)의 설계방정식

그림 3.7과 같이, 반응기 입구에서 체적 $V$만 떨어진 위치에 있는 미소체적요소 $\Delta V$에서의 물질수지식을 생각해 보자. 성분 A의 물질량유량 $F_A$는 반응이 진행되면서 변화하기 때문에 반응기 입구에서의 반응기 체적 A의 함수라고 볼 수 있다.

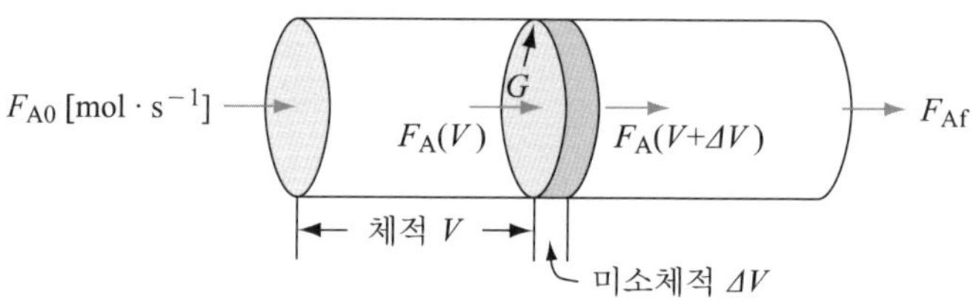


그림 3.7 관형반응기의 물질수지

즉, 미소체적요소의 입구에서는 $F_A(V)$, 출구에서는 $F_A(V+\Delta V)$와 같이 쓸 수 있다. 또한 미소체적요소 내에서 반응속도는 일정하다고 보고 $r_A \Delta V$로 표기한다. 따라서 미소체적요소에 대한 성분 A의 물질수지식은 정상상태에서 다음과 같이 쓸 수 있다.

$$F_A(V) - F_A(V+\Delta V) + r_A \Delta V = 0 \tag{3.36}$$

이 식의 양변을 $\Delta V$로 나눠 $\Delta V \to 0$으로 만들면 다음 미분방정식이 된다.

$$-\frac{dF_A}{dV} + r_A = 0 \tag{3.37}$$

이 식으로 식(3.10)의 관계를 사용해 $F_A$를 $x_A$로 나타내면 다음 식이 된다.

$$F_{A0}\frac{dx_A}{dV} = -r_A(x_A) \tag{3.38}$$

위의 식을 d$V$에 대해 풀어 양변을 적분한다. 또한 그렇게 구한 식을 $F_{A0}=v_0C_{A0}$에 주의해서 다음 식을 구할 수 있다.

$$\tau_p = \frac{V_p}{v_0} = C_{A0}\int_0^{x_A}\frac{dx_A}{-r_A(x_A)} \tag{3.39}$$

여기서, $V_p$는 반응기의 체적을, $\tau_p$는 관형반응기의 공간시간을 가리킨다.

이상으로 회분반응기, 연속교반탱크반응기, 관형반응기를 설계하기 위한 일반식 즉 설계방정식이 각각의 식(3.30), 식(3.33), 식(3.39)와 같이 되었다. 이러한 식 중에서 반응속도를 반응전환율 $x_A$를 사용한 식으로 표현하여 그것을 설계방정식에 대입해서 적분하거나 대수적으로 풀면 반응기설계의 기초식을 얻을 수 있다. 다음 예제 3.4로 액상 일차반응일 경우를 구체적인 예로 설계식을 도출해보자.

**예제 3.4**

다음 반응에서 나타나는 액상반응을 (ⅰ) 회분반응기(BR), (ⅱ) 연속교반탱크반응기(CSTR), (ⅲ) 관형반응기(PFR)로 각각 한다.

$$A \longrightarrow C \quad (-r_A = kC_A) \qquad ①$$

이때, (ⅰ)~(ⅲ)에 대해서 다음 문제에 대답하라.

(1) 각 반응기의 반응전환율 및 농도를 반응시간 또는 공간시간의 함수로 나타내는 식을 도출하라.

(2) 반응전환율 $x_A$를 60%로 했을 경우, 각 반응기의 반응시간 및 공간시간을 구하라. (단, 반응속도정수 $k=2\times10^{-4}\ s^{-1}$로 한다.)

**해답**

(1) 액상반응이기 때문에 정용계라고 본다. 따라서 성분 A에 대한 반응속도 $r_A$를 $x_A$를 사용해 나타내면

$$-r_A = kC_A = kC_{A0}(1-x_A) \qquad ②$$

(ⅰ) 회분반응기

식(3.30) 에 식②를 대입해 적분하면

$$t = C_{A0}\int_0^{x_A}\frac{dx_A}{kC_{A0}(1-x_A)} = \frac{1}{k}\left[-\ln(1-x_A)\right]_0^{x_A} = \frac{1}{k}\left[-\ln(1-x_A)\right] \qquad ③$$

이 식을 $x_A$에 대해 풀면

$$1-x_A = C_A/C_{A0} = \exp(-kt) \qquad ④$$

(ii) 연속교반탱크반응기

식(3.33)에 반응속도식②를 대입하면

$$\tau_m = \frac{C_{A0}x_A}{kC_{A0}(1-x_A)} = \frac{x_A}{k(1-x_A)} \qquad ⑤$$

가 되어 이것을 $x_A$에 대해 풀면

$$1-x_A = \frac{C_A}{C_{A0}} = \frac{1}{1+k\tau_m} \qquad ⑥$$

(iii) 관형반응기

식(3.39)에 식②를 대입하여 적분하면, 회분반응기와 완전히 똑같이 적분하여 풀어 반응시간 $t$ 대신 공간시간 $\tau_p$를 사용한 다음 식을 얻게 된다.

$$\tau_p = \frac{1}{k}[-\ln(1-x_A)] \qquad ⑦$$

$$1-x_A = C_A/C_{A0} = \exp(-k\tau_p) \qquad ⑧$$

정용계에서는 회분반응기와 관형반응기는 서로 비슷한 설계방정식이 된다는 것을 알 수 있다.

(2) $k=2\times10^{-4}\,\text{s}^{-1}$과 $x_A=0.6$을 식③, ⑤, ⑦에 대입하면

$$\text{BR} \ : t = \frac{1}{k}[-\ln(1-x_A)] = \frac{1}{2\times10^{-4}}[-\ln(1-0.6)] = 4582\ \text{s} = 1.27\ \text{h}$$

$$\text{CSTR} \ : \tau_m = \frac{x_A}{k(1-x_A)} = \frac{0.6}{(2\times10^{-4})\times(1-0.6)} = 7{,}500\ \text{s} = 2.08\ \text{h}$$

$$\text{PFR} \ : \tau_p = t = 1.27\ \text{h}$$

이 예제에서 일차반응에서는 처음 농도 $C_{A0}$는 반응시간과는 관계가 없다는 것을 알 수 있다. 또한 BR과 PFR의 반응시간과 공간시간은 같다는 것을 알 수 있다. 또한 CSTR의 공간시간은 PFR의 그것보다 상당히 크다는 것이 명확하다.

### 예제 3.5

다음 식의 기상반응을 관형반응기로 행한다. 반응기 출구의 반응전환율 $x_{Af}$가 주어질 때 필요한 공간시간 $\tau_p$를 구하는 식을 도출하라.

$$\mathrm{A} \longrightarrow c\mathrm{C} \quad [-r_\mathrm{A}=kC_\mathrm{A}(c \neq 1)] \qquad ①$$

**해답**

$\delta_\mathrm{A} \neq 0$이기 때문에 정용계가 아닌 정압계이며 농도는 식(3.24)에 의해서 반응전환율 $x_\mathrm{A}$를 사용해 나타내면

$$-r_\mathrm{A}=\frac{kC_\mathrm{A0}(1-x_\mathrm{A})}{1+\epsilon_\mathrm{A}x_\mathrm{A}} \qquad ②$$

가 된다. 이것을 식(3.39)에 대입해서 적분하면 다음과 같아진다.

$$\begin{aligned}\tau_\mathrm{p} &= \frac{1}{k}\int_0^{x_\mathrm{A}}\frac{1+\epsilon_\mathrm{A}x_\mathrm{A}}{1-x_\mathrm{A}}\mathrm{d}x_\mathrm{A}=\frac{1}{k}\int_0^{x_\mathrm{A}}\frac{-\epsilon_\mathrm{A}(1-x_\mathrm{A})+(1+\epsilon_\mathrm{A})}{1-x_\mathrm{A}}\mathrm{d}x_\mathrm{A} \\ &= \frac{1}{k}\int_0^{x_\mathrm{A}}\left[-\epsilon_\mathrm{A}+\frac{1+\epsilon_\mathrm{A}}{1-x_\mathrm{A}}\right]\mathrm{d}x_\mathrm{A} \\ &= \frac{1}{k}[-\epsilon_\mathrm{A}x_\mathrm{A}-(1+\epsilon_\mathrm{A})\ln(1-x_\mathrm{A})] \qquad ③\end{aligned}$$

이 예제는 정압계이기 때문에 관형반응기의 설계방정식과 회분반응기의 그것과는 다르다는 것에 주의하길 바란다.

## 3.5.5 CSTR과 PFR의 성능비교

반응속도식이 복잡해지며 설계방정식의 정적분이 복잡해질 때엔 수치적분법을 사용할 필요가 있다. 또한 정적분의 값은 피적분함수와 가로축 사이의 면적과 같기 때문에, 각 반응기의 반응시간 또는 공간시간을 그림으로 나타낼 수 있다. 그것들의 면적의 크기로 반응기의 성능을 비교할 수 있다.

$x_\mathrm{A}$를 가로축 $C_\mathrm{A0}/(-r_\mathrm{A})$를 세로축으로 하고 반응속도가 $x_\mathrm{A}$에 대해 감소함수일 경우에는 그림 3.8과 같은 증가함수 곡선을 얻을 수 있다. 식(3.30)에서 그 곡선과 $x$축 사이의 부분(그림 3.8의 진한 부분)의 면적이 BR의 반응시간 $t$가 된다. 마찬가지로 식(3.39)에서 PFR의 공간시간 $\tau_\mathrm{p}$를 얻을 수 있다.

한편, CSTR의 공간시간 $\tau_\mathrm{m}$은 식(3.33)의 가장 오른쪽 식으로 $C_\mathrm{A0}/-r_\mathrm{A}(x_\mathrm{A})$는 출구 반응전환율에서의 세로축의 높이, $(x_\mathrm{A}-0)$은 가로축의 길이를 나타내며 두 개의 곱은 그림 3.8에서 선을 그은 부분의 사각형의 면적이 된다.

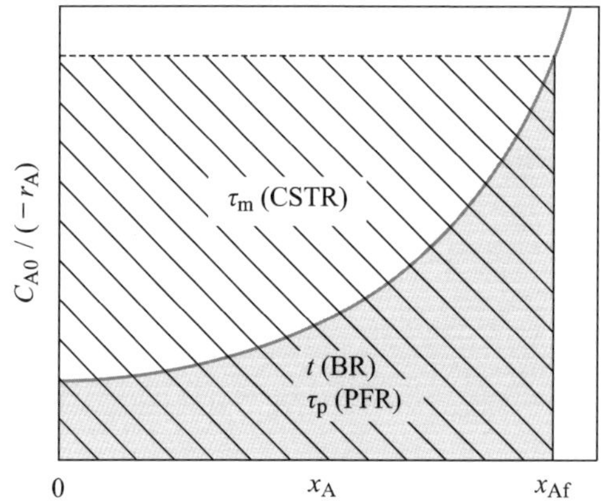


그림 3.8 반응기의 성능비교

따라서 PFR과 CSTR의 공간시간을 비교하면, 이 경우에는

$$\tau_p \leq \tau_m \tag{3.40}$$

이 된다. 공간시간이 작을수록 반응기 성능이 좋다는 것을 의미하기 때문에

$$(\text{PFR의 성능}) \geq (\text{CSTR의 성능}) \tag{3.41}$$

가 된다. 하지만 이 관계는 반응속도가 반응전환율에 대해 감소하는 함수일 때만 성립한다는 것을 주의해야 한다. 만약 $-r_A$가 $x_A$에 대해 복잡하게 변화할 때에는 위의 관계는 반드시 성립하는 것은 아니다.

## 3.6 반응속도의 해석과 반응기의 설계 · 조작

앞의 내용에서 도출한 반응기의 물질수지식은 반응속도의 해석과 반응기의 조작 · 설계에도 적용할 수 있다. 주로 예제를 통해 계산법을 배워보자.

### 3.6.1 회분반응기에 의한 반응속도 해석

액상계에서 반응속도 해석은 주로 회분반응기를 사용해서 이루어진다. 반응온도를 일정하게 유지해서 적당한 시간간격으로 농도를 측정해, 반응성분의 농도의존성을 조사한다. 다음으로 반응온도를 변화시켜서 반응속도의 온도의존성을 검토한다. 두 개를 정리하면 반응속도식을 정식화 시킬 수 있다. 다음 예제를 통해 구체적으로 배워보자.

### 예제 3.6

회분반응기를 사용하여 식①의 메틸아세테이트(A)와 가성소다(B)와의 감화반응이 25℃에서 이루어졌다.

$$CH_3COOC_2H_5 + OH^- \rightarrow CH_3COO^- + C_2H_5OH \quad ①$$
$$(A + B \rightarrow C + D)$$

이 반응에서 적정법으로 $OH^-$의 농도 $C_B$[mol · m$^{-3}$]가 측정되었다. 그 결과가 표 3.4다. 이때, 반응이 성분 A와 B에 대해 각각 일차적이라고 했을 때 반응속도정수 $k$의 값을 구하라. (단, 반응개시 시의 원료성분 A와 B의 농도는 모두 10 mol · m$^{-3}$이라고 한다.)

표 3.4 $OH^-$의 농도 측정결과

| 반응시간 $t$[s] | 0 | 180 | 300 | 420 | 600 | 900 |
|---|---|---|---|---|---|---|
| $OH^-$ 농도 $C_B$[mol · m$^{-3}$] | 10 | 7.4 | 6.34 | 5.5 | 4.64 | 3.63 |

**해답**

주어진 측정결과를 성분 A의 반응전환율 $x_A$를 사용해서 다시 쓴다. 반응을 시작할 때 성분 A와 성분 B의 농도는 같고, 또한 식①의 양론비가 1 : 1이기 때문에 두 성분의 농도는 항상 같다. 따라서 성분 A의 반응전환율 $x_A$는 표 3.4의 $C_B$를 $C_A$라고 보고, 다음 식으로 계산할 수 있다.

$$x_A = \frac{C_{A0} - C_A}{C_{A0}} \quad ②$$

반응속도식이 성분 A와 B에 대해 각각 일차반응이기 때문에 반응속도식은 $-r_A = kC_A{}^2$이다. 표 3.3의 정용회분반응기의 설계방정식에서

$$C_{A0}{}^{1-2}[(1-x_A)^{1-2} - 1] = (2-1)kt$$

의 관계가 성립되기 때문에 이것을 정리해서,

$$F(x_A) = \frac{x_A}{1-x_A} = kC_{A0} \cdot t \quad ③$$

또한 표 3.4의 측정결과에서 계산한 반응전환율 $x_A$와 $F(x_A)$의 값은 표 3.5와 같다. 이 $F(x_A)$를 $t$에 대해 그려보면 그림 3.9와 같은 원점을 지나는 직선을 얻을 수 있었다. 이 결과

에 의해서 이차반응의 가정(A, B 각각 일차라는 가정)이 타당하다는 것을 알 수 있다.

표 3.5 표 3.4의 측정결과로 계산한 반응전환율

| 반응시간 $t$[s] | 0 | 180 | 300 | 420 | 600 | 900 |
|---|---|---|---|---|---|---|
| 성분 A의 반응전환율 $x_A$[-] | 0 | 0.26 | 0.366 | 0.45 | 0.536 | 0.637 |
| $F(x_A) = x_A/(1-x_A)$[-] | 0 | 0.351 | 0.577 | 0.818 | 1.16 | 1.75 |

그림 3.9의 가로축 $t = 900$ s에 대한 세로축 값은 1.75이므로 직선의 기울기의 값은

$$kC_{A0} = 1.75/900 = 1.94 \times 10^{-3}\ \mathrm{s}^{-1}$$

이 된다. 여기서, $C_{A0} = 10\ \mathrm{mol \cdot m^{-3}}$이기 때문에,

$$k = 1.94 \times 10^{-3}/10 = 1.94 \times 10^{-4}\ \mathrm{m^3 \cdot mol^{-1} \cdot s^{-1}}$$

에 의해서 이 반응속도식은 다음과 같이 쓸 수 있다.

$$r = 1.94 \times 10^{-4} C_A C_B\ [\mathrm{mol \cdot m^{-3} \cdot s^{-1}}]$$

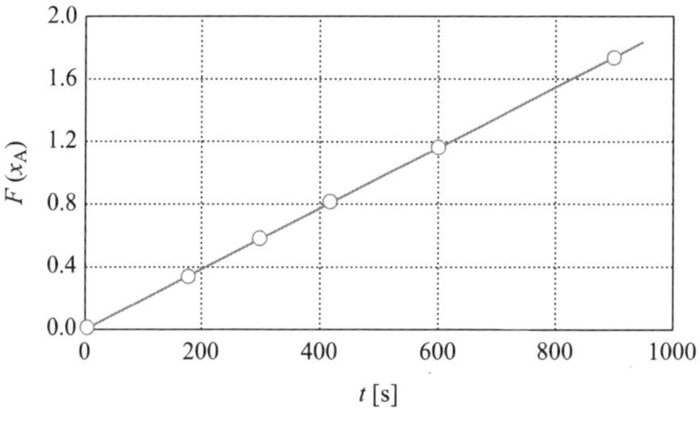


그림 3.9 $F(x_A)$를 $t$에 대해 그린 그래프

## 3.6.2 회분반응기의 설계

「화학공장에서의 회분반응기를 설계한다.」라고 할 때에는 무엇을 정하면 좋을까. 반응기 설계란? 예를 들면 생성물을 한 달에 몇 톤 생산하고 싶다는 요구가 있을 때 그것을 달성하려면 반응기의 크기를 어느 정도로 하면 좋을까를 정하는 것이다.

같은 온도에서 단일반응이 진행될 때의 회분반응기의 설계방정식은 식(3.30)으로 구할 수 있다. 그것에 반응속도식을 대입해서 해석적 또는 수치적으로 적분하면 소정의 반응전환율에 달하는데 필요한 반응시간을 계산할 수 있다. 또한 간단한 반응속도식에 대한 적분식은 표 3.3에 나와 있다.

회분반응기의 조작 순서는 다음과 같다. 우선 원료를 반응기에 넣어 온도와 압력을 소정의 값으로 설정하여 반응을 개시한다. 그리고 반응전환율이 소정의 값이 되면 반응을 멈추고 반응생성물을 꺼내 반응기를 세정하고 다시 원료를 넣어 반응을 시작한다. 이처럼 원료의 주입, 반응 진행, 반응생성물을 꺼낸 후 뒤처리를 한다는 일련의 조작이 반복된다. 따라서 1사이클에 필요한 시간은 순수 반응시간에 반응개시 시와 종료 시의 처리시간을 합한 것이 된다.

1사이클의 반응조작에 의해서 생산된 목적물질의 양을 1사이클에 요한 시간으로 나눈 값이 **생성속도**가 된다. 이 값을 만족시키도록 회분반응기의 크기를 정할 수 있다. 그 구체적인 계산법은 다음 예제를 통해 배워보자.

### 예제 3.7

다음 양론식의 액상반응을 같은 온도의 회분반응기에서 반응시켜, 생성물 C를 $3.0 \times 10^4\ \text{mol} \cdot \text{h}^{-1}$의 속도로 생성하려고 한다.

$$\text{A} \longrightarrow 2\text{C}$$
$$-r_\text{A} = kC_\text{A} \quad (k = 1.2 \times 10^{-4}\ \text{s}^{-1})$$

반응개시 시 A의 농도는 $C_{\text{A0}} = 30 \times 10^3\ \text{mol} \cdot \text{m}^{-3}$이며 C는 포함되어있지 않다. 또한 반응전환율이 80%가 되면 반응을 멈추고 반응 준비에는 30 min이 필요하다. 이때 반응기체적 $V_\text{b}$를 구하라.

**해답**

회분반응기로 일차반응을 할 때의 설계방정식은, 표 3.3에 나와 있다. 이 표를 사용하면 반응전환율이 80%에 달한 반응시간 $t$는 다음과 같이 구할 수 있다.

$$t = -\frac{\ln(1 - x_\text{A})}{k} = -\frac{\ln(1 - 0.80)}{1.2 \times 10^{-4}} = 1.34 \times 10^4\text{s} = 3.73\ \text{h}$$

이 반응시간에, 준비에 필요한 시간인 30 min = 0.5 h를 더한 시간이 1회 회분반응의 조작시간이 된다. 즉,

$$1\text{회 조작시간} = 3.73 + 0.5 = 4.23\ \text{h} \qquad ①$$

회분반응기에 넣은 반응액의 체적을 $V_\text{b}[\text{m}^3]$이라 하고 성분 A의 농도가 $C_{\text{A0}}$라고 하면 반응기

안의 성분 A의 물질량은 $V_b C_{A0}$[mol]로 주어져 성분 C의 생성물[mol]은 양론식에서 성분 A의 반응량의 2배가 되므로 $2V_b C_{A0} x_{Af}$로 적을 수 있다. 즉,

$$\begin{aligned} \text{C의 생성물} &= 2(V_b C_{A0} x_{Af}) = 2 \times V_b (30 \times 10^3) \times 0.80 \\ &= 4.8 \times 10^4 V_b [\text{mol}] \end{aligned} \qquad ②$$

식①과 식②에 의해서 1회 회분조작으로 4.23 h 사이에 $4.8 \times 10^4 V_b$[mol]의 생성물 C가 생산된 것이 된다. 이 값이 구하고자 하는 C의 생성속도 $3.0 \times 10^4$ mol · $s^{-1}$과 같기 때문에 다음 식이 성립한다.

$$\frac{4.8 \times 10^4 V_b}{4.23} = 3.0 \times 10^4$$

$$\therefore \ V_b = 2.64 \text{ m}^3$$

실제 반응기는 2.64 $m^3$의 반응액이 여유롭게 들어갈 수 있는 크기로 설계하여 또한 온도를 같은 온도로 유지할 수 있도록 온도제어기기를 붙여야 한다.

### 3.6.3 연속교반탱크반응기의 설계

여기서는 교반탱크반응기를 직렬로 연결한 직렬교반탱크반응기의 설계 및 교반탱크반응기로 복합반응을 할 경우의 설계에 대해서 예제를 통해 배워보자.

**예제 3.8**

그림 3.10과 같이 체적이 $V$의 교반탱크반응기가 $N$개 직렬로 연결된 직렬교반탱크반응기에 체적유량 $v_0$로 반응원료를 제공하여 액상 일차반응 A → C ($-r_A = kC_A$)를 한다. 반응원료에는 성분 A만 포함되어 있고 그 농도는 $C_{A0}$라고 할 때 설계방정식을 도출하라.

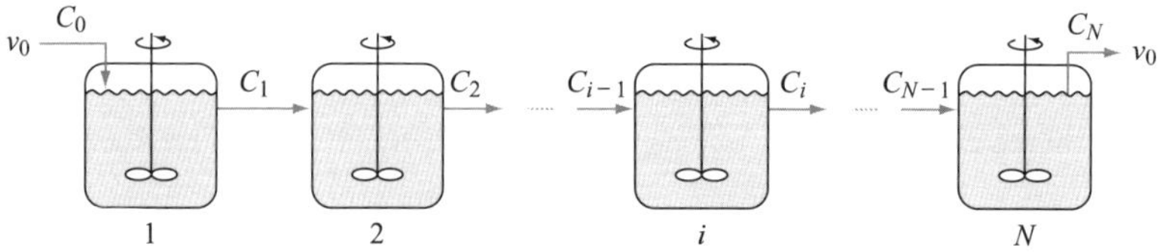


그림 3.10 직렬교반탱크반응기

**해답**

단일연속교반탱크반응기로 일차반응을 할 때 설계방정식은 이미 [예제 3.4]의 (1)에서 식을 도출하였다.

$$\frac{C_A}{C_{A0}} = \frac{1}{1+k\tau_m}, \qquad \tau_m = \frac{V}{v_0} \qquad ①$$

이 함수를 첫 번째 반응기에서 차례대로 적용하면 된다. $i$번째의 반응기 입구에서의 성분 A의 농도 $C_{i-1}$(성분을 나타내는 첨자 A를 생략한다) 에 대한 출구농도 $C_i$의 비

$$\frac{C_i}{C_{i-1}} \quad (i=1,\ 2,\ \cdots,\ N) \qquad ②$$

를 사용하여, $N$개의 반응기 전체의 반응전환율 $x_A$는 다음 식으로 계산할 수 있다.

$$1-x_A = \frac{C_N}{C_0} = \frac{C_1}{C_0} \cdot \frac{C_2}{C_1} \cdot \cdots \cdot \frac{C_{N-1}}{C_{N-2}} \cdot \frac{C_N}{C_{N-1}} \qquad ③$$

각 반응기의 체적이 모두 같고, 또한 성분 A에 대한 일차반응이기 때문에, 식①을 식③에 대입하면, 다음과 같다.

$$1-x_A = \frac{C_{AN}}{C_{A0}} = \frac{1}{(1+k\tau_m)^N} \qquad (3.42)$$

### 예제 3.9

[예제 3.7]의 반응을 (1) 연속교반탱크반응기(단일 CSTR) (2) 반응기가 3개인 직렬연속반응기(직렬 CSTR)로 각각 하고 생성물 C를 회분반응기일 경우와 마찬가지로 $3.0\times10^4$ mol · $h^{-1}$의 속도로 생산하고 싶다. 단, 반응원료 성분 A의 농도는 회분반응기일 경우의 반응개시 시와 같은 $C_{A0}=30\times10^3$ mol · $m^{-3}$으로 하고, 반응온도도 회분반응기와 같게 한다. 이때, 반응기에 제공된 원료의 체적유량 $v_0$[$m^3$ · $h^{-1}$]가 반응기의 체적 $V$[$m^3$]을 구하라.

**해답**

(1) 단일 CSTR : 연속교반탱크반응기 출구에서의 성분 C의 물질량유량은 $v_0C_C$라 하고 그것이 소정의 생산속도[kg · $h^{-1}$]에 상당하기 때문에 다음 식이 성립된다.

$$v_0C_C = v_0(2C_{A0}x_A) = 3.0\times10^4\ \mathrm{mol\cdot h^{-1}} = 3.0\times10^4/3600 = 8.33\ \mathrm{mol\cdot s^{-1}}$$

이 식에 $C_{A0}=30\times10^3$ mol · $m^{-3}$, $x_A=0.8$을 대입하면, 원료 공급유량 $v_0$[$m^3$ · $s^{-1}$]은

$$v_0 = \frac{8.33}{2\times(30\times10^3)\times0.8} = 1.74\times10^{-4}\ \mathrm{m^3\cdot s^{-1}}$$

연속교반탱크반응기의 설계방정식(3.33)에서 $-r_A = kC_A = kC_{A0}(1-x_A)$라 하면

$$\tau = \frac{V}{v_0} = \frac{C_{A0}x_A}{kC_{A0}(1-x_A)} = \frac{x_A}{k(1-x_A)}$$

$$= \frac{0.80}{(1.2\times10^{-4})\times(1-0.80)} = 3.33\times10^4\ \text{s}$$

$$\therefore\ V = \tau v_0 = (3.33\times10^4)\times(1.74\times10^{-4}) = 5.79\ \text{m}^3$$

(2) 식(3.42)의 $(1+k\tau_m)^N$을 좌변에, $(1-x_A)$를 우변에 각각 옮기고 양변의 $1/N$승을 하면

$$1+k\tau_m = \left(\frac{1}{1-x_A}\right)^{1/N}$$

$$\therefore\ \tau_m = \frac{1}{k}\left[\left(\frac{1}{1-x_A}\right)^{1/N} - 1\right] \qquad ①$$

을 얻을 수 있다. 이 식①에 $k=1.2\times10^{-4}\ \text{s}^{-1}$, $x_A=0.8$, $N=3$을 대입하면 한 반응기당 공간시간 $\tau_m$은

$$\therefore\ \tau_m = \frac{1}{1.2\times10^{-4}}\left[\left(\frac{1}{1-0.8}\right)^{1/3} - 1\right] = 5.916\times10^3\ \text{s}$$

가 된다. 하지만 $\tau_m = V/v_0 = V/1.74\times10^{-4} = 5.916\times10^3$ s의 함수식이 성립하고, 원료의 체적유량 $v_0$은 단일 CSTR의 경우와 같이, $v_0 = 1.74\times10^{-4}\ \text{m}^3\cdot\text{s}^{-1}$이 주어지기 때문에 1개의 반응기당 반응기 체적 $V$는

$$V = (5.916\times10^3)\times(1.74\times10^{-4}) = 1.03\ \text{m}^3$$

이 되고, 전체 반응기 체적 $V_t$는

$$V_t = 3\times1.03\ \text{m}^3 = 3.09\ \text{m}^3$$

과 같이 구해진다.

(1)과 (2)의 결과를 회분반응기의 체적 $V_b=2.64\ \text{m}^3$과 비교하면, 단일 CSTR의 체적은 5.79 m$^3$로 몹시 크다. 반응전환율을 80%로 꽤나 크게 잡은 것도 두 개의 차가 크기 때문이다. 하지만 직렬 CSTR의 경우엔 3.09 m$^3$이고 단일 CSTR의 경우와 비교하면 반응기체적은 크게 감소되었다.

## 3.6.4 관형반응기의 설계

기상반응은 관형반응기를 사용하여 행해진다. 기상반응의 반응속도는 관형반응기를 사용해 반응원료의 제공속도를 변화시켜 반응기 출구에서의 반응전환율 $x_A$를 측정하고, 그

것을 공간시간 $\tau$에 대해 작도함으로써 해석할 수 있다. 이것은 회분반응기에서의 반응전환율 $x_A$와 시간 $t$에 대응하며, 회분반응과 같은 해석법을 적용할 수 있다.

한편, 관형반응기는 관벽을 통해 반응열을 제거하는 능력이 낮아, 반응기 내의 온도를 균일하게 유지하는 것이 어렵기 때문에 그림 3.11과 같이, 단일 관이 아닌 다수의 관을 병렬 배열한 구조의 다관형반응기가 사용된다.

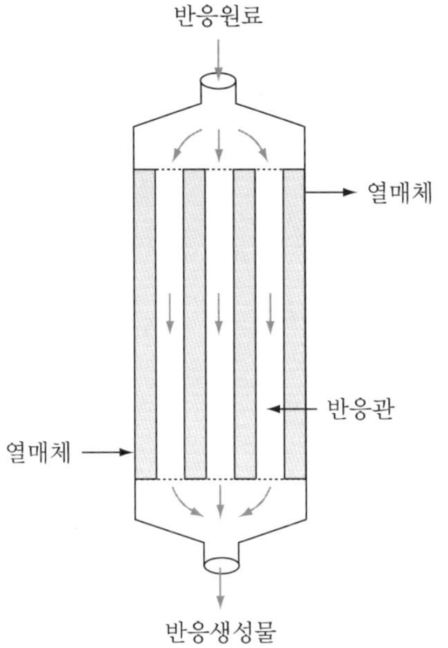


그림 3.11 다관형반응기

**예제 3.10**

다음 식의 기상반응을 5 atm(506.5 kPa), 80℃로 해서 생성물 C를 500 kg · h$^{-1}$의 속도로 생산하고 싶다.

$$A \longrightarrow 2C \quad (-r_A = kC_A \quad k = 0.0258\ s^{-1})$$

반응기로써 관내경이 2.5 cm, 관 길이가 3 m인 반응관을 병렬로 배열한 다관식 관형반응기를 사용한다. A의 반응전환율을 90%로 잡은 경우 반응관을 몇 개 배치해야 할지 구하라. (단, 반응원료에는 A가 80% 포함되어 있고, 나머지는 불활성가스이며 또한 C의 분자량은 29×10$^{-3}$ kg · mol$^{-1}$이다.)

**해답**

반응기에 제공되는 성분 A의 물질량유량을 $F_{A0}$[mol · s$^{-1}$], 출구에서의 반응전환율을 $x_{Af}$라고 하면, 생성되는 성분 C의 물질량유량은 양론식에서 $2F_{A0}x_{Af}$로 주어진다. C의 분자량을 $M_C$라 하면 필요로 하는 생성량[kg · h$^{-1}$]을 얻는 데는 다음의 관계식을 충족시켜야 한다.

$$2F_{A0}x_{Af} \cdot M_C \times 3{,}600\ \mathrm{s \cdot h^{-1}} = 500\ \mathrm{kg \cdot h^{-1}} \qquad ①$$

이 식에서, $x_{Af}=0.9$, $M_C=29\times10^{-3}\ \mathrm{kg \cdot mol^{-1}}$이라 하면

$$F_{A0} = 2.66\ \mathrm{mol \cdot s^{-1}} = 9{,}576\ \mathrm{mol \cdot h^{-1}}$$

관형반응기로 기상 일차반응을 할 때의 설계방정식은 [예제 3.5]로 구할 수 있고 식②가 성립된다.

$$k\tau = [-\epsilon_A x_A - (1+\epsilon_A)\ln(1-x_A)] \qquad ②$$

여기서, 공간시간 $\tau$는 다음 식으로 바꿔 쓸 수 있다.

$$\tau = \frac{V}{v_0} = \frac{VC_{A0}}{v_0 C_{A0}} = \frac{VC_{A0}}{F_{A0}} \qquad ③$$

양론식으로 $\epsilon_A$의 값을 산출할 때 입구에서의 성분 A의 농도 $C_{A0}$도 계산할 수 있다.

$$\epsilon_A = \delta_A y_{A0} = [(-1+2)/1]\times 0.8 = 0.8$$

$$x_{Af} = 0.9$$

$$C_{A0} = \frac{Py_{A0}}{RT} = \frac{(5\times1.013\times10^5)\times0.8}{8.314\times(80+273.2)} = 138\ \mathrm{mol \cdot m^{-3}}$$

이 수치들을 식②에 대입하면

$$\text{좌변} = -0.8\times0.9-(1+0.8)(\ln 0.1) = 3.425$$

$$\text{우변} = k(VC_{A0}/F_{A0}) = 0.0258V\times138/2.66 = 1.338V$$

$$\therefore\ V = 3.425/1.338 = 2.560\ \mathrm{m^3}$$

반응관 1개당 체적은

$$\frac{\pi d^2 L}{4} = \frac{3.14\times(2.5\times10^{-2})^2\times3}{4} = 1.472\times10^{-3}\ \mathrm{m^3}$$

이기 때문에, 필요한 반응관의 개수 $N$은

$$N = 2.560/(1.472\times10^{-3}) = 1{,}739\text{개}$$

이 된다. 이와 같이 1,739개의 반응관을 병렬로 배치한 다관식의 열교환기형의 반응기를 설계하면 된다는 것을 알 수 있다.

# 3.7 반응이 복합반응일 경우의 설계

## 3.7.1 수율과 선택률의 정의

복합반응에서는 복수의 양론식이 나오는데 원료성분들 중의 한정성분 A와 희망성분 R 사이의 총괄적인 양론관계는 다음과 같다.

$$\mathrm{A} \longrightarrow \nu_{\mathrm{R}}\mathrm{R} \tag{3.43}$$

이때, $\nu_R$을 **총괄적인 양론계수**라고 한다.

복합반응에서 중요한 것은 부생성물의 생성을 가능한 한 줄이고 되도록 많은 희망생성물을 얻는 것이다. 이때, 선택성을 정량적으로 표현하는 값으로써 **수율(yield)**, **선택률(selectivity)**이라는 용어를 사용한다. 반응개시 시에 존재한 한정반응성분 A 중 희망생성물 R로 변화한 A의 비율을 R의 A에 대한 수율 $Y_R$이라고 정의한다. 한편, 반응에 의해서 소실된 성분 A 중 희망생성물 R로 변화한 A의 비율이 선택률 $S_R$이다.

회분반응기에서 반응개시 시의 성분 A와 성분 R의 물질량을 $n_{A0}$, $n_{R0}$로 하고, 특정 시점에서 그것들이 $n_A$, $n_R$이 되었다고 하자. 그러면 변화한 성분 A의 양은 $(n_{A0}-n_A)$, 그 중 희망성분으로 변한 성분 A의 양은 $(n_R-n_{R0})/\nu_R$이라고 적는다. 따라서 수율 $Y_R$과 선택률 $S_R$은 다음과 같다.

$$Y_R = \frac{n_R - n_{R0}}{\nu_R n_{A0}} \tag{3.44}$$

$$S_R = \frac{n_R - n_{R0}}{\nu_R (n_{A0} - n_A)} \tag{3.45}$$

$Y_R$ 및 $S_R$의 값은 1을 초과하는 일은 없다.

또한 반응전환율 $x_A = (n_{A0} - n_A)/n_{A0}$의 관계를 이용하면, $Y_R$과 $S_R$ 사이에는 다음과 같은 관계가 성립된다.

$$Y_R = S_R x_A \tag{3.46}$$

유통반응기에서는, 식(3.44)와 식(3.45)의 모든 물질량 $n$을 물질량유량 $F$로 바꿔 쓴 식과 식(3.46)이 성립된다.

**One Point**

**희망성분**

복합반응에서, 목적인 유용한 생성물을 희망성분이라고 한다. 불필요한 생성물은 부생성물이라고 불린다.

## 칼럼

**자동차의 배기가스를 무해화한다.**
**- 작은 촉매반응기 -**

여러 가지 반응을 촉진시키기 위해 여러 가지 고체 촉매가 사용되고 있다. 일반적인 고체 촉매는 크기가 수 밀리 정도의 구멍이 많은 입자이며, 화학공업에서는 그것을 관에 넣은 반응기가 넓게 사용되고 있다.

촉매는 일상생활에서도 활용되고 있는데 그 한 가지 예가 자동차 배기가스를 정화하는 촉매반응기이다. 엔진에서 나오는 연소배기가스에는 일산화탄소(CO), 광화학 스모그가 포함되어있어 주행 중 자동차에서 그것들을 한 번에 제거할 수 있는 촉매를 찾고 있었다. 그 결과 Pt, Pd 및 Rh의 삼원촉매가 개발되었다.

이 촉매를 사용한 반응기는 원통 내부에 많은 미세한 가는 관이 관통한 벌집모양의 세라믹스 허니콤이 운반체가 되어 그 내부의 가는 관 표면에 삼원촉매가 코팅되어 금속용기에 넣어져있는 구조로 되어있다. 그것들이 엔진의 배기가스 출구부분의 바로 아래에 붙어있어 배기가스는 허니콤 안의 가는 관을 통과할 때 촉매작용에 의해 무해화된다. 배기가스의 온도는 800~1000℃이며 그 유량이나 유해성분의 농도가 시시각각 변한다는 가혹한 조건에서 반응기는 각종 센서와 컴퓨터로 제어되고 있다. 자동차 안에서는 눈에 보이지 않는 곳에서 이러한 작은 촉매반응이 일어나고 있는 것이다.

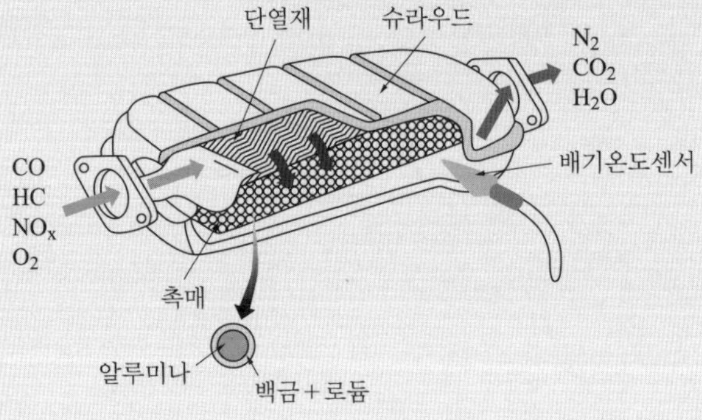


<출처: 에듀넷>

### 3.7.2 복합반응일 경우의 반응기의 선택법

복합반응에서는 희망하는 생성물을 가능한 한 선택적으로 생산해야 한다. 간단한 복합반응에 대해서 어떤 형식의 반응기가 유리한지를 생각해보도록 하자.

#### (1) 병렬반응일 경우

$$\mathrm{A} \longrightarrow \mathrm{R} \quad (r_1 = k_1 C_{\mathrm{A}}{}^{a}) \tag{3.47a}$$

$$\mathrm{A} \longrightarrow \mathrm{S} \quad (r_2 = k_2 C_{\mathrm{A}}{}^{b}) \tag{3.47b}$$

이와 같은 병렬반응에서, R과 S의 생성속도비는

$$\frac{r_{\mathrm{R}}}{r_{\mathrm{S}}} = \frac{r_1}{r_2} = \frac{k_1}{k_2} C_{\mathrm{A}}{}^{(a-b)} \tag{3.48}$$

이며, 일정온도에서의 $C_{\mathrm{A}}$만의 함수가 된다.

희망성분 R의 생성속도를 크게 만들기 위해서는 식(3.48) 우변 값이 커지도록 원료성분 A의 농도분포를 설정해야 한다. 반응차수 $a$와 $b$의 크기에 의해서 다음 세 가지 경우를 생각할 수 있다.

① $a > b$의 경우 : $C_{\mathrm{A}}$의 값이 높을수록 유리하다. 이미 그림 3.2에서 나타난 듯이 연속교반탱크반응기(CSTR)와 관형반응기(PFR)의 반응원료성분 A의 농도분포를 비교하면 PFR이 CSTR보다 더 높은 농도에서 반응이 이루어진다는 것을 알 수 있다. 따라서 이 경우 PFR을 사용하는 것이 좋다. 또한 반응기 입구에서의 A의 농도는 높은 편이 좋다. 따라서 기상반응이라면 반응압력을 높게 하면 좋다.

② $a < b$의 경우 : 이 경우는 ①과는 반대로, 연속교반탱크반응기를 사용하는 편이 유리하다. 반응원료의 불활성성분을 첨가해서 A의 농도를 감소시키거나, 반응압력을 낮게 하는 등의 조작법을 취할 수 있다.

③ $a = b$의 경우 : R과 S의 생성속도비는 $C_{\mathrm{A}}$와 관계가 없어지기 때문에 반응기의 형식과 상관없이 선택률이 정해진다. 보통반응속도일 경우, 반응기체적은 CSTR에 비교해서 PFR이 더 작아지기 때문에 관형반응기를 사용하는 편이 유리하다.

### (2) 연계반응의 경우

$$A \xrightarrow{k_1} R \xrightarrow{k_2} S, \quad r_1 = k_1 C_A, \quad r_2 = k_2 C_R \tag{3.49}$$

으로 나타낼 수 있는 연계반응에서 R과 S의 생성속도비는

$$\frac{r_R}{r_S} = \frac{r_1 - r_2}{r_2} = \frac{k_1 C_A - k_2 C_R}{k_2 C_R} \tag{3.50}$$

과 같은데, 이 식에서는 $C_A$와 $C_R$이 포함되어 있기 때문에 이 식에서 바로 반응기의 형식을 고를 수는 없다. BR, PFR, CSTR에 대해서 선택률이 주어지는 식을 도출해 비교하면, BR과 PFR의 선택률은 CSTR의 그것에 비하여 항상 높다는 것을 알 수 있다.

## 3.7.3 복합반응일 경우의 설계방정식

복합반응의 특정성분에 대한 반응속도는 3.3.2에서 설명한 방법과 [예제 3.2]에서 구할 수 있다. 한편 복합반응계의 물질수지식은 단일반응계에 대한 물질수지식의 반응속도에 복합반응의 반응속도식을 대입하면 그대로 적용할 수 있다. 이에 대해, 다음 예제를 통해 배워보자.

**예제 3.11**

다음 식과 같은 병렬액상반응을 연속교반탱크반응기로 일으킨다.

$$A \longrightarrow 2R \quad (r_1 = k_1 C_A, \quad k_1 = 1.04 \times 10^{-2}\ s^{-1})$$

$$A \longrightarrow S \quad (r_2 = k_2 C_A, \quad k_2 = 6.93 \times 10^{-3}\ s^{-1})$$

반응원료는 A만으로, 반응기 입구에서의 A의 농도는 2,000 mol · $m^{-3}$이다. 성분 A의 반응전환율을 70%로 했을 때, 아래의 값을 각각 구하시오.

(1) 공간시간　　　　(2) 반응기 출구에서의 각 성분 농도

(3) 성분 R의 수율 $Y_R$과 선택률 $S_R$

**해답**

(1) 교반탱크반응기의 물질수지는, 식(3.34)를 각 성분에 적용해서,

$$v_0 C_{A0} - v_0 C_A - (k_1 + k_2) C_A V = 0 \quad ①$$

$$0 - v_0 C_R + 2k_1 C_A V = 0 \quad ②$$

$$0 - v_0 C_S + k_2 C_A V = 0 \qquad ③$$

또한, 반응기 출구에서의 A의 농도 $C_A$는

$$C_A = C_{A0}(1 - x_A) = 2{,}000 \times (1 - 0.7) = 600\ \mathrm{mol \cdot m^{-3}} \qquad ④$$

식①의 좌변을 체적유량 $v_0$로 나누면, $V/v_0 = \tau$는 공간시간이기 때문에

$$C_{A0} - C_A[1 + (k_1 + k_2)\tau] = 0 \qquad ⑤$$

를 얻을 수 있다. 여기서 $k_1 + k_2 = 0.0173\ \mathrm{s^{-1}}$이며, 그 다른 수치를 식⑤에 대입하면 공간시간 $\tau$를 다음과 같이 구할 수 있다.

$$2{,}000 - 600 \times (1 + 0.01733\tau) = 0$$

$$\therefore\ \tau = 134.6\ \mathrm{min}$$

(2) 성분 A의 농도는 식④에서 구한 듯이 $600\ \mathrm{mol \cdot m^{-3}}$이 된다.
또한 식②와 ③에서 성분 R과 S의 농도를 구할 수 있다.

$$C_R = 2k_1 C_A \tau = 2 \times (1.04 \times 10^{-2}) \times 600 \times 134.6 = 1679.8\ \mathrm{mol \cdot m^{-3}}$$

$$C_S = k_2 C_A \tau = (6.93 \times 10^{-3}) \times 600 \times 134.6 = 559.7\ \mathrm{mol \cdot m^{-3}}$$

(3) 양론식의 제 1식에서 $\nu_R = 2$가 된다. 따라서 식(3.44)와 식(3.45)에서 수율 $Y_R$과 선택률 $S_R$은 다음과 같이 구할 수 있다.

수 율 $Y_R = 1679.8/(2 \times 2{,}000) = 0.420 = 42.0\%$

선택률 $S_R = Y_R/x_A = 0.420/0.7 = 0.60 = 60.0\%$

## 연습문제

**01.** $2A+3B \rightarrow 4C$로 나타나는 반응에서, 양론식에 대한 반응속도 $r$이 $2\ mol \cdot m^{-3} \cdot s^{-1}$일 때, 각 성분에 대한 반응속도 $r_A$, $r_B$, $r_C$의 값을 구하라.

**02.** $A+4B \rightarrow 2C$로 나타나는 액상반응이 있다. 각 성분의 처음 농도를, 각각 $C_{A0}=20\ mol \cdot m^{-3}$, $C_{B0}=120\ mol \cdot m^{-3}$, $C_{C0}=0$이라 한다.

(1) A의 반응전환율 $x_A$가 0.6일 때 각 성분의 농도를 구하라.

(2) C의 농도가 $30\ mol \cdot m^{-3}$일 때, A의 반응전환율을 구하라.

**03.** $A \rightarrow C$로 나타나는 반응의 반응속도 $r$이 다음과 같다.

$$r = kC_A{}^m = k_0 e^{-E/RT} C_A{}^m$$

이때, $E=80\times10^3\ J \cdot mol^{-1}$이다. 반응온도 $T$를 400 K에서 10 K만 상승시켰을 때, 반응속도 $r$은 상승하는가? (단, 농도는 변화하지 않는다.)

**04.** 무수초산의 기체 상태에서의 분해반응의 반응속도정수 $k$가 측정되어, 아래의 표와 같은 결과를 얻었다. $k$를 Arrhenius식으로 나타낼 수 있음을 확인하고, 빈도인자 $k_0$과 활성화에너지 $E$의 값을 구하라.

| 온도[℃] | 284 | 340 | 351 | 373 |
|---|---|---|---|---|
| $k[s^{-1}]$ | 0.0275 | 0.563 | 0.928 | 2.63 |

**05.** $A \rightarrow 2C(-r_A = kC_A)$의 액상반응을 회분반응기로 한다. 반응속도는 성분 A에 대해 일차반응이며, 반응개시 시 A의 농도는 $C_{A0}=2{,}000\ mol \cdot m^{-3}$이다. 이 조건에서 40 min간 반응시키자, 반응전환율은 80%였다. 다음 질문에 대답하라.

(1) 반응속도정수 $k$의 값을 구하라.

(2) 처음 농도를 $C_{A0}=500\ mol \cdot m^{-3}$으로 바꾸고, 30 min간 반응시켰을 때의 반응전환율 $x_A$와 반응생성물 C를 구하라.

**06.** $A \rightarrow C(-r_A = kC_A)$의 액상 일차반응을 회분반응기로 해서, 성분 A의 농도변화를 측정해 아래의 표와 같은 결과를 얻었다. 이때, 반응속도정수 $k$의 값을 구하라.

| 시간 $t$[min] | 0 | 5 | 10 | 24 | 36 |
|---|---|---|---|---|---|
| $C_A[mol \cdot m^{-3}]$ | 2000 | 1320 | 902 | 288 | 115 |

**07.** 다음 반응에서 나타내는 피리딘과 요오드화에틸과의 반응을 회분반응기를 사용해서 반응시켜, 요오드 이온의 농도를 측정해 아래 표와 같은 결과를 얻었다.

$$C_5H_5N + C_2H_5I \rightarrow C_7H_{10}N^+ + I^- \quad (A + B \rightarrow C + D, \quad r = kC_AC_B)$$

반응개시 시의 피리딘과 요오드화에틸의 농도는, 각각 10 mol · m$^{-3}$과 200 mol · m$^{-3}$이었다. 이때 반응속도정수 $k$의 값을 구하라.
[실험 데이터 표]

| 반응시간 $t$[s] | 115 | 210 | 355 | 460 | 746 | 1160 | 1520 |
|---|---|---|---|---|---|---|---|
| $I^-$의 농도 $C_D$[mol · m$^{-3}$] | 15.0 | 25.6 | 38.0 | 47.3 | 62.0 | 74.0 | 82.0 |

**08.** A+B → C($-r_A = kC_AC_B$)의 액상반응을 회분반응기를 사용해서 반응시킨다. 처음 농도 $C_{A0}$ = 80 mol · m$^{-3}$, $C_{B0}$ = 100 mol · m$^{-3}$, $C_{C0}$ = 0이다. 반응을 개시해서 1 h 후에 반응전환율이 75%가 되었다. $C_{A0} = C_{B0}$ = 100 mol · m$^{-3}$에 대해, 2 h만 반응시켰을 때의 반응전환율을 구하라.

**09.** A → 2C($r = kC_A$, $k$ = 12 h$^{-1}$)의 액상반응을 연속교반탱크반응기와 관형반응기를 사용해 각각 반응시킨다. 반응기 출구에서의 반응전환율을 85%로 했을 때, 반응기 체적 $V$[m$^3$]과 단위반응기체적당 생성물 C의 생산속도 $P_C$[mol · m$^{-3}$ · h$^{-1}$]을 구하라. (단, 반응기 입구에서의 반응원료의 체적유량 $v_0$는 10 m$^3$ · h$^{-1}$, A의 입구 농도 $C_{A0}$는 200 mol · m$^{-3}$이다.)

**10.** A → 2C($-r_A = kC_A$)로 나타내는 액상 일차반응을 연속교반탱크반응기(CSTR)에서 행하고 반응원료를 $v_0$ = 0.5 m$^3$ · h$^{-1}$의 속도에서 반응기 입구에 공급한다. 원료 중에는 A만 포착되었고, 이 농도 $C_{A0}$는 2,000 mol · m$^{-1}$이고, 반응속도정수 $k$ = 0.25 h$^{-1}$이다. 이때, 다음의 물음에 답하여라.

(1) 반응기 출구에서의 A의 반응전환율을 80%로 만들기 위해서는 반응기의 체적 $V$[m$^3$]는 얼마로 해야 하는가?

(2) CSTR 대신 관형반응기(PFR)를 사용할 경우 반응기의 체적은 얼마가 되는가?

**11.** 다음과 같은 반응으로 나타내는 기상 일차반응을 관형반응기로 반응시킨다.

$$A \rightarrow 2C \quad (r = kC_A,\ k = 0.04\ s^{-1})$$

전압은 5 atm, 반응온도는 150℃이다. A가 80%, 불활성가스가 20%인 반응원료를 3.6×10$^3$ mol · h$^{-1}$의 물질량유량으로 반응기 입구에 공급하고, 반응기 출구에서의 반응전환율을 70%로 한다. 이때 다음 값을 구하라.

(1) 반응기 입구에서의 A의 농도 $C_{A0}$

(2) 공간시간 $\tau_p$

(3) 반응기체적 $V$

**12.** A → 2C($-r_A = kC_A$)의 기상반응을 관형반응기를 사용해 반응시킨다. 제공원료의 조성은 A가 80%, 불활성가스가 20%이며, 그 때 반응전환율은 60%였다. 다음으로 원료조성을 A가 60%, 불활성가스가 40%로 바꿔서 반응전환율이 75%가 되도록 하고 싶다. 공급원료의 유량을 처음일 때의 몇 %로 하면 되는가?

**13.** A → R $(r_1 = 2C_A[\text{kmol} \cdot \text{m}^{-3} \cdot \text{h}^{-1}])$

2A → S $(r_2 = 0.2C_A{}^2[\text{kmol} \cdot \text{m}^{-3} \cdot \text{h}^{-1}])$

로 나타나는 액상반응에서, 다음 질문에 대답하라. 단, 반응원료는 A뿐이고, 그 농도는 10 kmol · $\text{m}^{-3}$이라고 하자.

(1) 희망성분 R을 고수율로 얻고 싶을 때, PFR과 CSTR 중 어느 쪽이 유리한가?

(2) 이 반응을 CSTR로 일으켜서, A의 반응전환율을 80%로 할 때, 반응기 출구에서의 각 성분의 농도와 R의 수율과 선택률을 구하라.

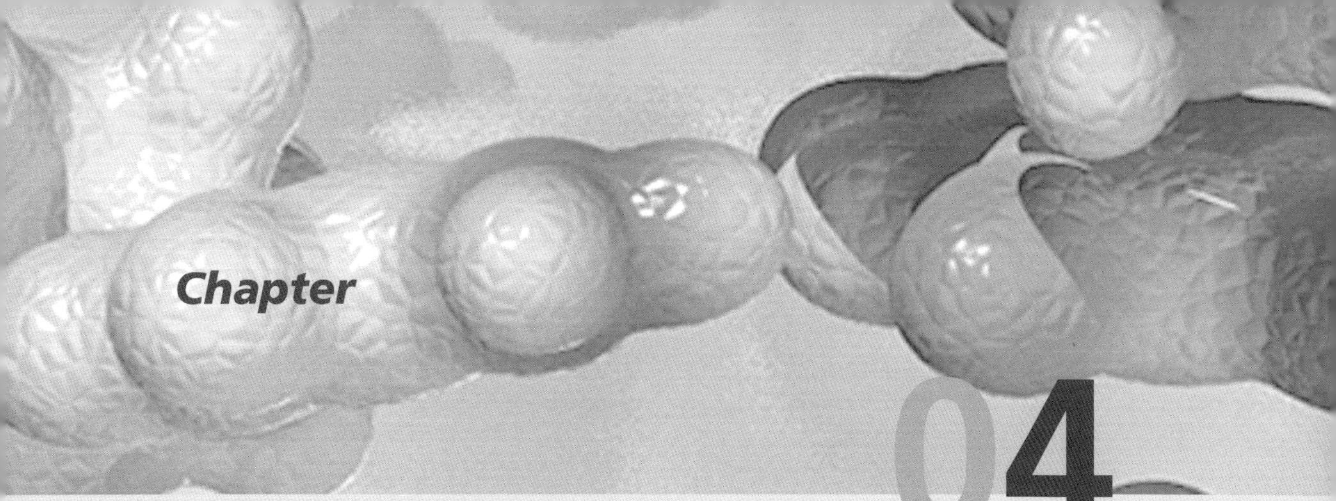

Chapter 04

# 증　　류

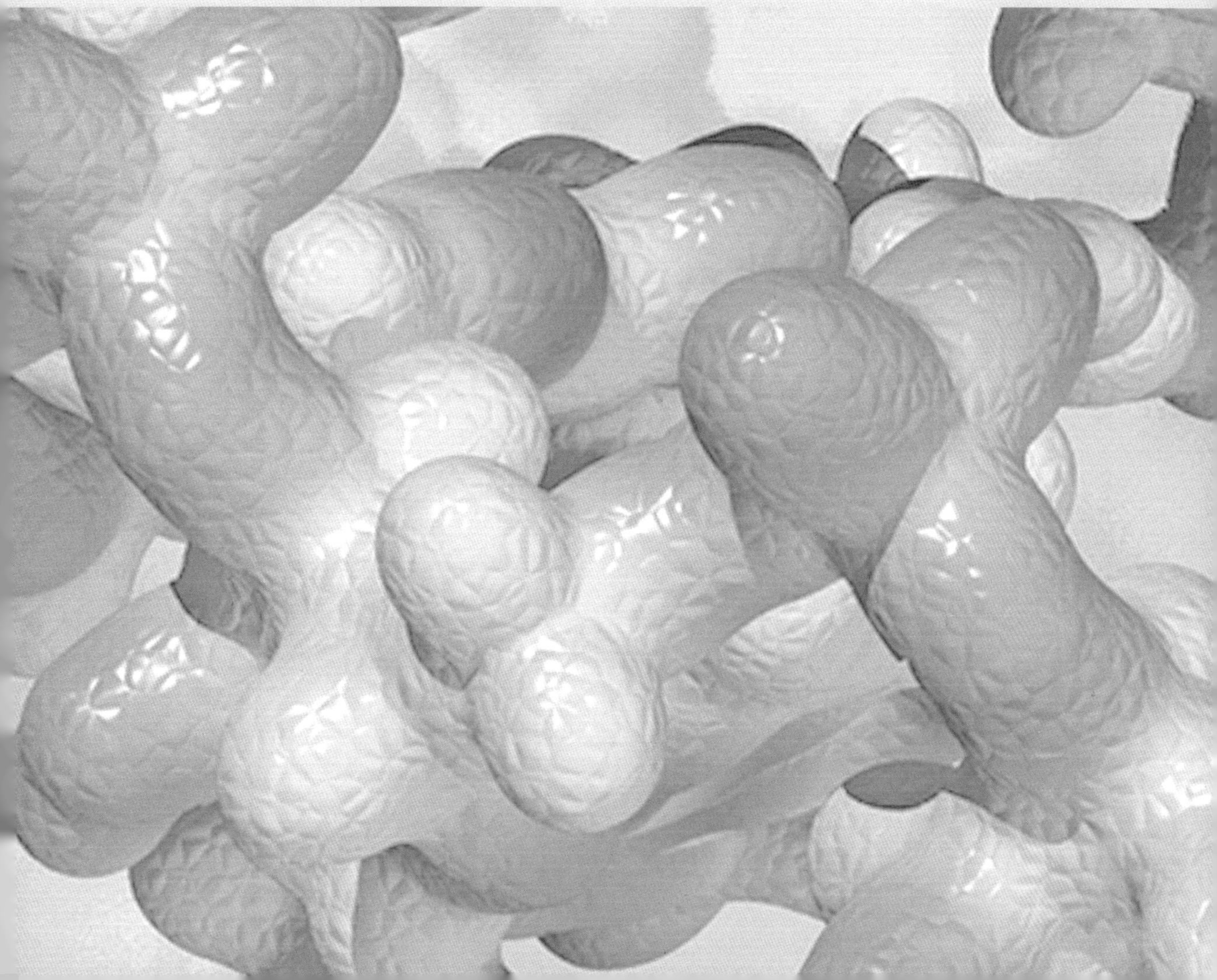

메탄올 수용액을 가열해서 발생시킨 증기를 냉각·응축시킨 액체 혼합물은 원래의 액체 혼합물보다도 메탄올 농도가 높다. 이것은 메탄올이 물 보다 휘발성이 많아서 기체 상태일 때의 조성이 액체 상태의 그것보다 높아지기 때문이다. 이처럼 일반적으로 액상의 조성과 증기상의 조성은 다르다.

이 사실을 이용해서 휘발성 액체 혼합물을 분리하는 조작을 증류라고 한다. 증류는 주류 에탄올의 농도를 높여서 증류주를 제조하는 방법으로써 예전부터 해왔었는데 현재엔 화학공업에서의 분리기술의 대표적인 것으로써 넓게 이용되고 있다.

제 4장에서는 증류의 기초가 되는 기액간의 평균관계에 대해서 우선 설명하고 실험실 등의 소규모 증류인 단증류, 공업적으로 넓게 사용되는 연속증류 순서로 설명한다.

***One Point***

**액체 혼합물**

2종류 이상의 다른 액상물질이 섞여 있는 것. 각 성분이 완전히 섞여져 한 개의 상으로 된 균일한 혼합액의 경우와 상이 두 개 이상의 불균일한 혼합액의 경우가 있다.

## 4.1 증류의 기초가 되는 기액평형

### 4.1.1 기액평형관계도와 증류조작의 원리

특정 조성의 혼합액을 가열해가면 각 성분의 증류압이 상승해서 그 합이 대기압과 같아졌을 때에 비등이 시작되며 그 후엔 액체 온도는 일정치 즉, 비등온도(비점)를 유지한다.

휘발성 액체 성분의 혼합물의 예로서, 벤젠과 톨루엔의 혼합물을 생각해보자. 이러한 두 성분 혼합액의 경우 비점이 낮은 쪽의 성분을 **저비점성분**, 높은 쪽의 성분을 **고비점성분**이라고 한다. 대기압이 1 atm일 때 벤젠의 비점은 80.1℃, 톨루엔의 비점은 110.6℃이기 때문에 이 경우엔 벤젠이 저비점성분 톨루엔이 고비점성분이 된다.

비점 혼합액에서 발생하는 증기는 원래의 액체보다 벤젠의 비율이 높아진다. 이것은 톨루엔에 비해 벤젠의 휘발성이 높기(즉 비점이 낮다) 때문이다. 이처럼 휘발성 성분의 혼합액을 가열했을 때에 생성되는 증기의 조성은 원래 액체 혼합물의 조성과는 달라진다. 이렇게 액체 혼합물의 조성을 바꿔 비등시켜서, 비등온도 $T_b$[℃], 액상의 조성, 증기상의 조성을 각각 측정할 수 있다.

**One Point**

**휘발성**

증기압이 커서 기화되기 쉬운 성질을 휘발성이라고 한다. 상온상압에서 공기중에 쉽게 휘발되는 화합물을 「휘발성을 가진다」라고 표현한다.

또한 증류에서는 혼합물의 조성을 나타낼 때 저비점성분의 몰분율을 사용해, 액상의 조성을 $x$, 기상(증기)의 조성을 $y$로 나타낸다. 휘발성 혼합액에 대해서 액상조성, 기상조성, 비등온도 사이의 관계를 일반적으로 기액평형관계라고 한다.

표 4.1에 벤젠-톨루엔 혼합액의 비점 $T_b$[℃]과 그것에 대응하는 액조성 $x$와 증기조성 $y$의 측정결과가 나와 있는데, 이 결과로 두 가지 그래프를 작성할 수 있다. 그림 4.1(a)에는 세로축에 비점온도 $T_b$를 두고, 가로축에 액조성 $x$ 또는 증기조성 $y$를 둔 두 개의 곡선이 그려져 있다. 이 중 액조성 $x$와 비점온도 $T_b$의 관계를 나타내는 곡선을 비점곡선 또는 액상선이라고 한다. 이 곡선에서 혼합액조성이 주어졌을 때의 비점을 알 수 있다. 한편 비점 $T_b$와 증기상의 조성 $y$의 관계를 나타내는 곡선을 이슬점곡선 또는 기상선이라고 한다.

표 4.1 벤젠-톨루엔 계의 기액평형관계(전압 1 atm)

| 온도 $T_b$[℃] | 110.6 | 105.7 | 101.8 | 98.3 | 95.2 | 92.4 |
|---|---|---|---|---|---|---|
| $x$[−] | 0.0 | 0.1 | 0.2 | 0.3 | 0.4 | 0.5 |
| $y$[−] | 0.0 | 0.208 | 0.372 | 0.507 | 0.619 | 0.713 |
| 온도 $T_b$[℃] | 89.8 | 87.3 | 85.0 | 82.6 | 80.1 | |
| $x$[−] | 0.6 | 0.7 | 0.8 | 0.9 | 1.0 | |
| $y$[−] | 0.791 | 0.857 | 0.912 | 0.959 | 1.0 | |

지금 액조성 $x_1$의 벤젠-톨루엔 혼합액을 살펴보면 이 점에서 수직으로 그은 선과 액상선과의 교점의 온도가 $T_{b1}$이 된다. 또한 그 교점에서 수평선을 그어 증기상의 교점에 대응하는 가로축의 값이 증기조성 $y_1$이 된다. 이렇게 해서 그림 4.1(a)에서 비등 혼합액의

조성 $x$ 와 증기조성 $y$의 관계를 알 수가 있다. 그림 4.1(b)는 평형상태인 기체와 액체에 대해서 액조성 $x$를 가로축으로, 증기조성 $y$를 세로축으로 했을 때의 기액평형관계이며, $x-y$선도라고 한다. 이 $x-y$선도는 표 4.1의 측정치로 직접 작성할 수 있다.

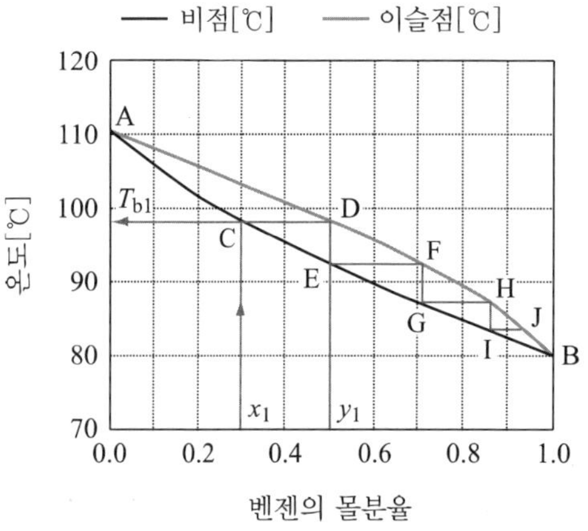


(a) 온도 – 조성선도

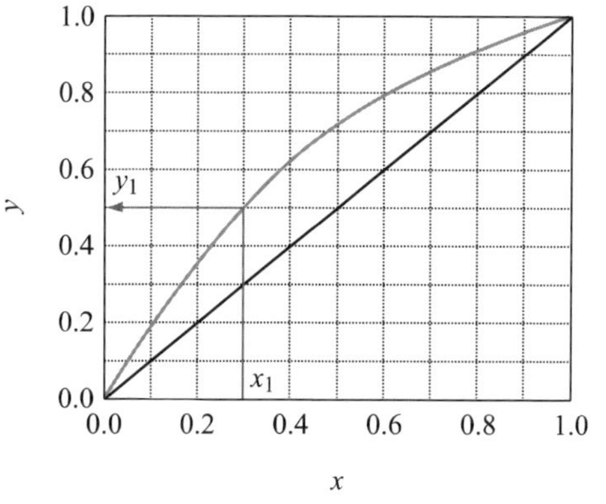


(b) $x-y$선도

**그림 4.1** 벤젠 - 톨루엔 계의 기액평형관계도

이 기액평형관계도를 이용하면 증류조작의 기본원리를 이해할 수 있다. 그림 4.1을 살펴보자. 지금 벤젠의 몰분율 $x_1=0.3$의 원액이 있다고 하자. 그것을 가열해서 점 C($T_{b1}=98.3$℃)에 달하는 혼합액이 비등하여, 점 D($y_1=0.507$)의 조성의 증기를 발생시킨다. 그리고 그 증기를 냉각·응축시키면 점 E의 액조성의 액체를 얻을 수 있다. 더욱이 그 액체를 다시 가열·비등시켜서 발생하는 증기 F를 응축시키면 점 G의 조성 혼합액이 된다. 이러한 조작을 반복하면 응축액의 벤젠 몰분율은 C에서, E, G, I로 변화하여 벤젠의 몰분율이 높아져간다. 이렇게 해서 목적한 물질의 농도를 높여가는 것이 증류조작의 기본 원리이다.

하지만, 이 조작법은 다음과 같은 난점이 있다. 첫 번째는, 응축액의 벤젠(저비점성분)의 몰분율은 높아지지만 제품으로써 얻을 수 있는 액체량은 원액에 비해서 몹시 적어진다는 것이다. 두 번째는 혼합액의 가열, 비등, 냉각을 반복하게 되면서 열 이용의 낭비가 많다는 것이다. 이러한 점을 극복한 분리법이 뒤에서 설명할 **연속증류**이다.

벤젠 - 톨루엔 계의 기액평형에서는 증류해가면서 혼합액의 비점은 고비점성분의 비점과 저비점성분의 비점 사이가 서서히 감소된다. 또한 전체조성 영역에서 액상조성 $x$와 그것과 평형하는 증기상의 조성 $y$사이에는 항상 $y>x$의 관계가 성립된다(그림 4.1b).

하지만 어떤 종류의 용액에서는 액상조성과 그것과 평형하는 기상조성이 같아지며 또한 그 조성에서도 비점이 최저 또는 최고가 된다. 이러한 혼합물을 **공비혼합물**이라고 한다. 공비혼합물계의 $x-y$ 곡선은 공비혼합물의 조성으로 대각선과 교차하여 $y=x$가 되기 때문에 보통의 증류로는 그 이상의 액조성으로 분리할 수 없다. 하지만 제 3성분을 첨가해서 평형관계를 바꾸면 더 분리할 수 있다.

### 4.1.2 기액평형관계 계산

기액평형관계는 일반적으로는 실제로 측정할 필요가 있지만 아래와 같이 **라울**(Raoult)**의 법칙**이 성립되는 이상 용액일 경우에는 계산을 통해 구할 수 있다.

성분 A(저비점성분)와 성분 B(고비점성분)로 된 이성분계 용액이 있는데 각각의 순수성분의 일정온도에서 증기압을 $P_A{}^0$, $P_B{}^0$로 한다. 라울의 법칙이 성립될 경우, 성분 A의 몰분율이 $x$일 때, 성분 A와 B의 분압 $p_A$와 $p_B$는 다음과 같다.

$$p_A = P_A{}^0 x \tag{4.1}$$

$$p_B = P_B{}^0 (1-x) \tag{4.2}$$

전압 $P$는 $p_A$와 $p_B$의 합이기 때문에

$$P = p_A + p_B = P_A{}^0 x + P_B{}^0 (1-x) = P_B{}^0 + (P_A{}^0 - P_B{}^0) x \tag{4.3}$$

이 된다. 저비점성분 A의 기체상에서의 몰분율 $y$는 $p_A/P$로 주어지기 때문에, 식(4.1)과 식(4.3)으로 다음 식을 도출할 수 있다.

$$y = \frac{P_A{}^0 x}{P_B{}^0 + (P_A{}^0 - P_B{}^0) x} = \frac{\alpha x}{1+(\alpha-1)x} \tag{4.4}$$

이때, $\alpha$는 성분 A의 증기압과 성분 B의 증기압의 비이며 **비휘발도**라고 불린다.

$$\alpha = \frac{P_A{}^0}{P_B{}^0} \tag{4.5}$$

비휘발도는 분리의 척도를 나타내며 보통 1보다 큰 값을 가지며 그 값이 큰 혼합액 일수록 증류를 통해 분리하기 쉽다. 또한 증기압 $P_A{}^0$와 $P_B{}^0$는 온도의 상승과 함께 커지지만, 두 개의 비인 $\alpha$는 온도에는 별로 영향을 받지 않는다. 보통, 증류조작은 정압조건에서 이루어지며 온도는 변화하지만 식(4.4)에서 $x-y$곡선을 계산할 수 있다.

그 때, 성분 A와 성분 B의 각각의 비점($T_{bA}$와 $T_{bB}$)에서 두 성분의 증기압의 값에서 $\alpha$의 값을 계산해서 그 두 값의 평균치(기하평균)를 $\alpha$의 값으로써 사용하면 된다.

**One Point**

**라울의 법칙**

용액(성분 A)에 용질(성분 B)을 용해시킬 때의 증기압 강하는 용액 중의 용질의 몰분율($x_B$)에 비례한다는 법칙. $P_A{}^0 - p_A = x_B P_A{}^0$(식α)로 표기된다. $P_A{}^0$ 및 $p_A$는 각각 순용매(A)와 그것에 용질(B)이 용해되었을 때의 증기압이다. 이성분계일 경우 $x_B = 1-x_A$이기 때문에 식(α)는 $P_A = P_A{}^0 x_A$라고 쓸 수 있다. 이것은 식(4.1)과 같다.

실제 용액에서는 이 법칙은 희박한 용액에서만 성립되지 않지만 이상용액일 경우는 모든 혼합비로 성립한다. 라울은 프랑스의 물리화학자의 이름이다.

**One Point**

**기하평균**

수 $a$와 수 $b$에 대해서, $(a+b)/2$를 산술평균, $\sqrt{ab}$를 기하평균, $(a-b)/\ln(a/b)$를 대수평균이라고 한다.

### 예제 4.1

온도를 변화시켰을 때 벤젠과 톨루엔 혼합액의 증기압이 표 4.2와 같았다. 각 온도에서의 비휘발도 $\alpha$의 값을 계산하라. 또한 1 atm(=101.3 kPa)일 때 두 성분의 비점에서 $\alpha$의 기하평균치를 사용해 $x=0.3$일 때의 $y$의 값을 계산하여 표 4.1의 실측치와 비교하라.

표 4.2 벤젠 - 톨루엔 계의 비휘발도 계산

| 온도[℃] | 증기압[kPa] | | $\alpha$ |
|---|---|---|---|
| | 벤젠 | 톨루엔 | |
| 80.1 | 101.3 | 38.9 | 2.60 |
| 90.0 | 136.4 | 54.1 | 2.52 |
| 100.0 | 181.0 | 74.1 | 2.44 |
| 110.6 | 239.8 | 101.3 | 2.37 |

**해답**

우선 식(4.5)를 이용해 계산한 비휘발도 $\alpha$의 값을 표 4.2의 오른쪽 열에 나타낸다. 순성분의 증기압이 1 atm(= 101.3 kPa)이 되는 온도가 그 성분의 1 atm에서의 비점이다. 표 4.2에서 벤젠의 비점은 80.1℃로 그때 $\alpha = 2.60$이다. 또한 톨루엔의 비점은 110.6℃로 그때 $\alpha = 2.37$이다. 두 비점 사이의 온도범위에서의 $\alpha$값은 변화하고 있지만 그 폭이 별로 크지 않다. 두 성분의 비점(80℃와 110.6℃)에서의 $\alpha$값의 기하평균치 $\alpha_{av}$는

$$\alpha_{av} = \sqrt{2.60 \times 2.37} = 2.48$$

이 값을 식(4.4)에 대입해 $x = 0.3$이라 하면

$$y = \frac{2.48 \times 0.3}{1 + (2.48 - 1) \times 0.3} = 0.515$$

가 된다. 실측치는 표 4.1에서 0.507이기 때문에 오차는 1.58%가 된다.

### 예제 4.2

벤젠 40 mol%, 톨루엔 60 mol%의 혼합액을 1 atm = 101.3 kPa로 비등시킨다. 라울의 법칙이 성립한다고 볼 때 표 4.2의 데이터를 이용해서 혼합액의 비등온도를 계산하라. 또한 그 결과를 표 4.1의 값과 비교하라.

**해답**

이 문제에서는 비등 온도는 직접 계산할 수 없다. 만약 온도가 주어져있다면 표 4.2로 벤젠과 톨루엔의 증기압을 알아내 식(4.3)에 의해 $x = 0.4$로 하고 증기압 $P$[kPa]를 계산할 수 있다. 그 값이 101.3 kPa가 되는 온도 $T$[℃]를 시행법으로 구해야 한다. 예를 들면 온도 90℃일 때, 식(4.3)에서 혼합액의 증기압 $P$를 계산해서 그 값에서 101.3을 뺀 $\Delta P$를 계산하면

$$\Delta P = 136.4 \times 0.4 + 54.1 \times 0.6 - 101.3 = -14.3 \text{ kPa}$$

$\Delta P$의 값은 0이 아니기 때문에 90℃는 구하려고 하는 온도가 아니다.

표 4.3 각 온도에서의 증기압의 차 $\Delta P$의 계산

| $T$[℃] | 80.1 | 90.0 | 100.0 | 110.6 |
|---|---|---|---|---|
| $\Delta P$[kPa] | −37.4 | −14.3 | 15.6 | 55.4 |

다른 온도에 대해서도 마찬가지로, $\Delta P$의 값을 계산해서, 그것을 표 4.3에 나타냈다. $\Delta P$의 값이 0이 되는 온도를 구하기 위해서는, 그림 4.2와 같이 그래프로 나타내, $\Delta P = 0$이 되는 온도를 내삽(內挿)하면 된다. 그림 4.2에서 보면, 그 온도는 95℃이다. 표 4.1의 측정치에서는 95.2℃로 되어있다.

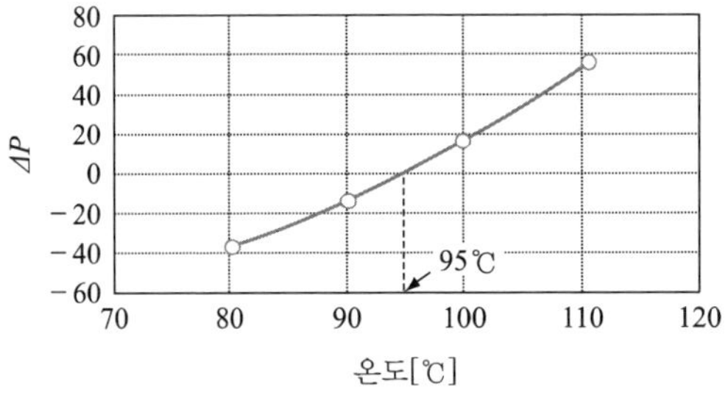


그림 4.2 표 4.3의 값을 대입한 그래프

**One Point**

**시행법(試行法)**

어떤 일의 답을 알 수 없을 때 답으로 추정되는 근사치로 몇 개의 시행을 반복하여 답을 찾아내는 방법. 예를 들면 대수방정식 $f(x)=0$의 값을 구할 때 $x$에 적당한 수를 대입해서 $f(x)$의 값을 계산해 그것이 0이 될 때까지 계산을 반복한다. $x$대 $f(x)$의 곡선을 그어 가로축을 가로지르는 점에서 답을 구할 수 있을 것이다.

**One Point**

**내삽(內插)**

$y$가 $x$의 함수일 때, $x=a$, $x=b$의 구간에서 몇 개인가의 $y$값이 주어졌을 때, 그 $x$의 범위인 점 $x=c$에서의 $y(c)$의 값을 추산하는 방법. $y(x)$의 곡선을 그어, $y(c)$의 값을 그래프상으로 추측한다. $f(a)$와 $f(b)$의 값 밖에 주어져 있지 않을 경우엔 함수 $y$가 $x=a \sim b$에서의 직선으로 근사할 수 있으므로 비례계산으로 $f(c)$의 값을 구하라.

## 4.2 단증류는 소규모의 증류

### 4.2.1 단증류장치

**단증류**는 휘발성 용액을 가열·비등시켜서 발생하는 증기를 냉각·응축하여 원액에 비해 저비점성분이 많이 포함되어있는 액을 얻는 회분식 증류법이다. 그림 4.3과 같이 장치는 용액의 가열관, 응축기 및 제품의 저장병(受器)으로 구성되어 있다. 원료용액을 가열관에 넣어 가열하고, 응축기에 물을 넣어 발생하는 증기를 냉각·응축시켜 저장병에 일정량의 유출액을 얻었을 때 조작을 종료한다.

이성분계의 단증류에서는 시간이 경과하면서 가열관의 원액 양과 저비점성분의 몰분율이 저하되며, 응축액은 저장병에 축적되어간다. 조작개시 직후엔 저비점성분이 풍부한 응축액이 유출되지만, 조금씩 저비점성분의 비율이 낮아진다.

이처럼 단증류는 가열관 및 저장병의 용액조성이 시간과 함께 변화하는 비정상조작이다.

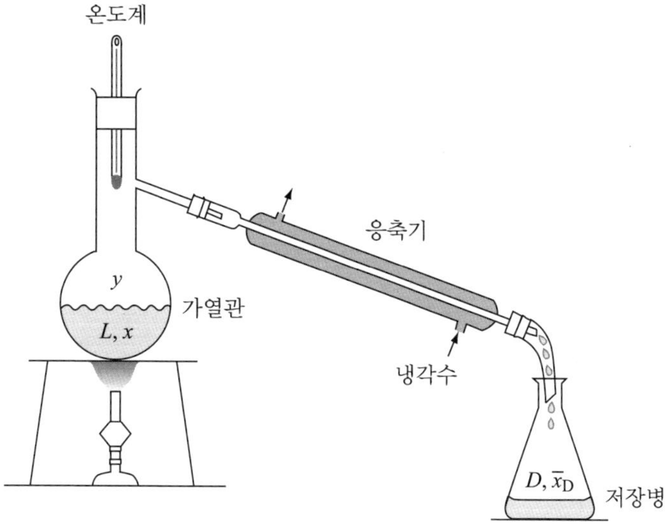


그림 4.3 단증류장치

### 4.2.2 단증류의 계산

가열관에 넣은 원액의 양을 $L_0$[mol], 액조성(몰분율)을 $x_0$, 조작종료시의 원액의 잔존량을 $L_1$, 몰분율을 $x_1$이라고 한다. 한편, 응축액의 양은 조작 개시 시에는 0이었지만, 종료 시에는 $D$[mol]이 되어, 저비점성분의 평균몰분율은 $\bar{x}_D$가 되었다고 하자.

주입량 $L_0$에서 잔존량 $L_1$을 뺀 양이 유출량 $D$이므로 전체량과 저비점성분에 대해 다음의 물질수지가 성립된다.

$$\text{전체 물질수지} \quad L_0 - L_1 = D \tag{4.6}$$

$$\text{저비점성분} \quad L_0 x_0 - L_1 x_1 = D\bar{x}_D \tag{4.7}$$

두 식에서 $\bar{x}_D$를 구하면

$$\bar{x}_D = \frac{L_0 x_0 - L_1 x_1}{L_0 - L_1} \tag{4.8}$$

가열관에서의 액체량 변화와 조성 변화가 주어져 있다면, 이 식에서 평균조성(즉 평균 몰분율)을 계산할 수 있다는 것을 알 수 있다.

특정 시점에서 가열관의 액체량 $L$[mol], 액조성이 $x$, 그것과 평형관계인 증기상조성이 $y$라고 하자. 이 상태에서 미소시간 내 미소량의 액 $\Delta L$[mol]이 증발하여 가열관의 액체량이 $(L-\Delta L)$, 액조성이 $(x-\Delta x)$가 됐다고 하자. 이때, 증기상으로 이동한 저비점성분량은 $\Delta L \cdot y$가 된다. 따라서 이 미세한 변화에 따른 저비점성분의 물질수지는 다음과 같다.

$$Lx = (L-\Delta L)(x-\Delta x) + \Delta L \cdot y \tag{4.9}$$

위 식의 우변을 전개해서 이차의 미소항 $\Delta L \cdot \Delta x$를 무시하고, 또한 $\Delta L$과 $\Delta x$를 미분기호 $\mathrm{d}L$과 $\mathrm{d}x$로 바꿔 쓰면 다음과 같은 미분방정식이 된다.

$$\frac{\mathrm{d}L}{L} = \frac{\mathrm{d}x}{y-x} \tag{4.10}$$

우변의 분모 $y$는 액조성 $x$와 평형관계이기 때문에 $x$의 함수라고 할 수 있다. 따라서 위 식의 양변은 각각 적분이 가능하다. 증류 개시($L_0$, $x_0$)할 때부터 증류 종료($L_1$, $x_1$)할 때까지의 범위로 적분하면, 다음과 같은 식이 된다.

$$\ln\frac{L_0}{L_1} = \int_{x_1}^{x_0}\frac{\mathrm{d}x}{y-x} \tag{4.11}$$

평형관계가 표 등으로 주어져 있을 경우에는, $x$에 대해 $1/(y-x)$를 계산해서 그 곡선과 가로축에 끼워진 도형의 면적이 식(4.11) 우변의 정적분의 값이 된다.

또한 이상용액으로 라울의 식(4.4)이 성립되는 경우에는 식(4.11)의 우변의 정적분의 해석해(解析解)를 구할 수 있어 다음 식이 성립된다.

$$\ln\frac{L_0}{L_1} = \frac{1}{\alpha-1}\left(\ln\frac{x_0}{x_1} + \alpha\ln\frac{1-x_1}{1-x_0}\right) \tag{4.12}$$

보통의 단증류 조작에서는 조작 개시할 때의 가열관의 액체량 $L_0$와 그 액조성 $x_0$의 값은 주어져 있다. 따라서 식(4.11) 또는 식(4.23)에 의해서 단증류가 진행된 특정 시점에서의 가열관내의 유량 $L_1$과 저비점성분의 몰분율 $x_1$의 관계를 알 수가 있다. 단증류 계산에서는 $L_1$과 $x_1$ 하나의 값이 주어져 다른 쪽의 값을 구하는 것이 된다. 증류를 정지하는 조건으로는 ① 가열관 잔액의 액조성 $x_1$의 값을 정해둔다, ② 증류량 $D$의 값을 정해둔다의 두 가지가 있다.

①의 경우는 식(4.11) 또는 식(4.12)에서 잔액량 $L_1$을 구해, 다음으로 식(4.6)과 식(4.8)에서 각각 유출량 $D$와 유출액의 평균조성 $x_D$를 계산할 수 있다. ②의 경우는 식(4.6)에서 가열관 잔류량 $L_1$을 구해, 식(4.11) 또는 식(4.12)에서 증류 종료 시의 액조성 $x_1$을 구할 필요가 있어, 시행법(trial)을 포함하는 계산이 된다.

**One Point**

**미분형의 물질수지식이 그 해법**

미소시간 $\Delta t \to 0$의 극한을 생각하면 차분기호 $\Delta$는 미분기호 d로 바꿔 쓸 수 있어서, $\Delta L \to dL$, $\Delta x \to dx$가 된다. 이때, $\Delta L \cdot \Delta x$와 같은 이차 미소항은 $\Delta L$이나 $\Delta x$에 대해 더욱 작아지기 때문에 무시할 수 있다. 그것을 정리하면 $dL/dx = L \cdot [1/(y-x)]$가 된다. 라울의 법칙을 적용할 수 있을 경우 $y$는 $x$의 함수가 되기 때문에, $(y-x)$는 $x$만 함수가 된다. 이 식의 우변의 함수는, 변수 $L$과 $x$만의 함수를 곱한 형태가 되며 이것을 변수분리형의 미적방정식이라고 한다. 그 경우, $dL$의 변에는 $L$의 함수를 $dx$의 변에는 $x$의 함수를 이동해서 분리하면 식(4.10)과 같은 형태로 변형할 수 있어, 양변을 따로 적분해서 답을 얻을 수 있다.

**One Point**

**트라이얼(trial)**

시행법을 말한다. ②의 조작법일 때 $L_1$의 값을 구할 수 있기 때문에 식(4.12)의 미지수는 $x_1$이 된다. $x_1$에 대한 방정식의 해석해는 얻을 수 없으므로, $x_1$의 적당한 값을 줘서 식(4.12)의 양변의 값이 같아지는 점을 시행법을 구하게 된다.

## 예제 4.3

벤젠 50 mol%, 톨루엔 50 mol%를 포함하는 혼합액 100 mol을 가열관에 넣어 잔액 벤젠조성이 20 mol%가 될 때까지 단증류를 한다. 이때 얻을 수 있는 증류량 $D$ 및 평균조성 $\bar{x}_D$, 적분으로 구하는 방법과 해석해로 구하는 방법의 두 가지 방법으로 구하라. 또한 평형관계는 표 4.1, 평균비휘발도 $\alpha$는 [예제 4.1]의 결과($\alpha = 2.48$)를 이용하라.

**해답**

$x_0 = 0.5$, $x_1 = 0.2$이다. 표 4.1의 평형관계 데이터에서, $x = 0.1$부터 $x = 0.7$까지에 대해서 $1/(y-x)$를 계산하여 그것을 그래프로 그린 것이 그림 4.4이다. 표 4.1에서는 $x$는 0.1 간격으로밖에 주어져 있지 않기 때문에 그림 4.4에서 0.05 간격의 값을 내삽한 것이 표 4.4이다.

식(4.12)의 좌변의 값은 그림 4.4의 곡선과 $x = 0.2$부터 0.5까지의 가로축 사이의 면적과 같다. 여기서, 가로축을 $\Delta x = 0.05$ 간격으로 구분해서 각 구간에서의 면적을 사다리꼴로 구해 그것

들의 총 합을 계산한다. 그 경과를 표 4.4로 정리하면 그 면적은 1.448이 된다. 즉,

$$\ln\frac{L_0}{L_1} = \ln\left(\frac{100}{L_1}\right) = 1.448$$

$$\therefore\ L_1 = \frac{100}{e^{1.448}} = 23.5\,\text{mol}$$

표 4.4

| $x$ | 0.20 | 0.25 | 0.30 | 0.35 | 0.40 | 0.45 | 0.50 | 합계 |
|---|---|---|---|---|---|---|---|---|
| $1/(y-x)$ | 5.81 | 5.10 | 4.83 | 4.60 | 4.57 | 4.60 | 4.69 | |
| $[1/(y-x)]_{av}\times\Delta x$ | 0.273 | 0.248 | 0.236 | 0.229 | 0.229 | 0.232 | | 1.448 |

이 $L_1=23.5$ mol을 식(4.6)과 식(4.8)에 대입하면 유출유량 $D$와 그 평균조성 $\bar{x}_D$는

$$D = L_0 - L_1 = 100 - 23.5 = 76.5\,\text{mol}$$

$$\bar{x}_D = \frac{L_0x_0 - L_1x_1}{L_0 - L_1} = \frac{100\times 0.5 - 23.5\times 0.2}{76.5} = 0.592$$

가 된다. 즉 76.5 mol의 유출액을 얻을 수 있고, 평균조성은 0.592가 되고 원액조성이 0.5에서 18% 정도 농축되는 게 된다.
다음으로, 식(4.12)를 사용해 해를 구해보자.

$$\ln\frac{L_0}{L_1} = \frac{1}{2.48-1}\left(\ln\frac{0.5}{0.2} + 2.48\ln\frac{1-0.2}{1-0.5}\right) = 1.407$$

적분을 통해 얻은 $\ln(L_0/L_1)$의 값은 1.448이었기 때문에 조금 차가 있다. 이 이후는 같은 방법으로 계산하면 다음과 같은 값을 얻을 수 있다.

$$L_1 = 24.5\,\text{mol},\qquad D = 75.5\,\text{mol},\qquad \bar{x}_D = 0.597$$

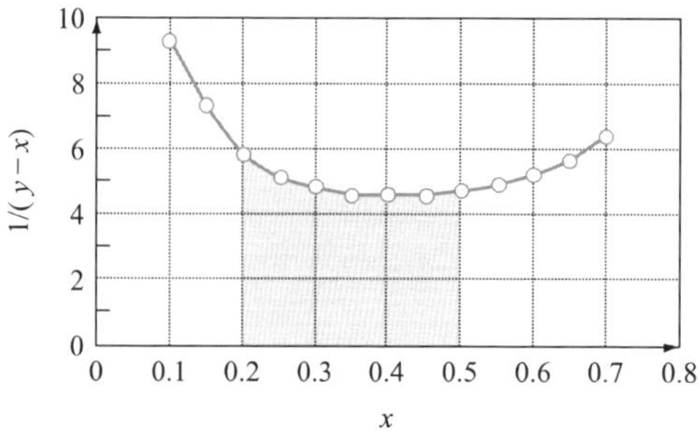


그림 4.4 표 4.1의 데이터를 통해 그린 그래프

# 4.3 공업적으로 사용되는 연속증류

## 4.3.1 증류의 원리

[예제 4.3]의 계산으로도 알 수 있듯이 단증류를 한번 하는 것만으로는 고도의 분리를 할 수 없다. 분리 성능을 높이는 방법으로써 얻은 유출액을 다른 가열관에 넣어 다시 단증류 하는 방법이 있다. 이렇게 단증류를 반복하는 조작법을 **재증류**라고 부른다.

그림 4.5(a)는 재증류를 2번 반복한 경우의 장치를 모식적으로 나타낸 것이다. 가열관이 3개 직렬로 이어져, 모든 관에서 가열되어, 제 1관 이외에는 응축기가 설치되어 있다. 이 조작법에서는 제 1관에서 제 3관으로 갈수록 저비점성분의 조성은 높아지지만 최종관에서 회수되는 유출액의 양은 무척 적어진다. 또한 가열한 액을 계속해서 냉각·응축시켜 열의 낭비가 많다.

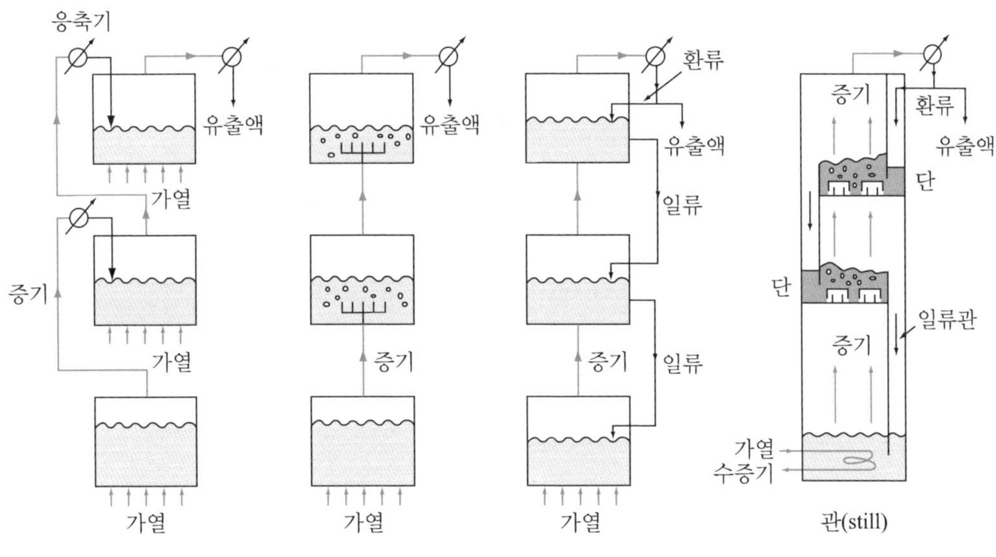


**그림 4.5** 증류의 원리

그림 4.5(a)에서의 열의 낭비를 개량한 것이 그림 4.5(b)이다. 제 1관에서 가열시켜 발생한 증기를 제 2관의 액에 직접 넣어 응축시켜 발생하는 응축잠열로 2관을 가열한다. 이렇게 하면 제 2관의 가열관과 응축기가 불필요해지며, 열의 사용량을 절약할 수 있다. 최종

제 3관에서는 발생하는 증류를 응축기를 통해 액체 제품으로써 회수한다. 단, 이 조작법에서는 제 2관과 제 3관에는 처음엔 액이 없어, 제 1관에서 발생하는 증기는 그냥 지나칠 뿐이다.

그 점을 개량한 것이 그림 4.5(c)이다. 제 3관에서 응축시켜 얻은 액을 모두 꺼내는 것이 아니라, 그 일부를 제 3관에 환류시키는 것이 이 방법의 포인트이다. 우선 제 3관에 액이 머물며, 그 액량이 일정량을 넘으면 아래의 제 2관, 더욱이 제 1관 순으로 일류(溢流)하도록 장치를 설계해두면 증기가 그냥 지나치는 것을 피할 수 있어서 조작을 안정적으로 계속할 수 있다.

더욱이 그림 4.5(d)는 세 개의 관을 세로로 쌓아올려 하나의 탑 형태로 한 것으로 기능은 그림 4.5(c)와 같다. 그림 4.5(d)와 같은 장치를 단탑형 증류탑이라고 한다. 탑 최하부에서는 혼합액의 가열·비등이 이루어지기 때문에 이 부분은 가열관이라고 하며, 그림 4.5(c)의 제 1관에 해당한다. 또한, 제 2관과 제 3관은 각각 두 개의 단에 대응한다. 탑정의 바깥측에 응축기가 설치되어 최상단부터 발생하는 증기는 모두 냉각·응축되어 그 일부는 제품으로써 꺼내지고 남은 액은 최상단으로 환류된다.

***One Point***

**일류(溢流)**

액이 상단에서 하단으로 흘러갈 때, 단에 둑을 설치해 두어, 상단에 고인 액량 중 둑을 넘는 만큼 하단으로 흘러가게 되어 있다. 이 흐름을 일류라고 한다.

### 4.3.2 연속증류장치

그림 4.5(d)의 조작법은 탑과 유출액의 농도가 시간과 함께 변화하는 비정상조작이며, **회분증류**라고 하며 소규모증류에 이용되고 있다. 대규모로 증류를 할 때엔 조작을 연속화시킬 필요가 있다.

회분증류에서는 저비점성분을 원액보다 많이 포함하는 액이 탑정에서 유출되고, 탑저의 가열관액의 저비점조성은 점점 감소해 원액보다 낮아져 있다. 따라서 탑의 중간위치에 원액조성에 거의 같은 단이 있을 것이다. 그 단에 원액을 정상적으로 제공하고 가열관에서도 액을 연속적으로 빼내면 탑 안의 조성분포를 정상상태로 유지하는 것이 가능하다. 이 조작방식이 **연속증류**이다.

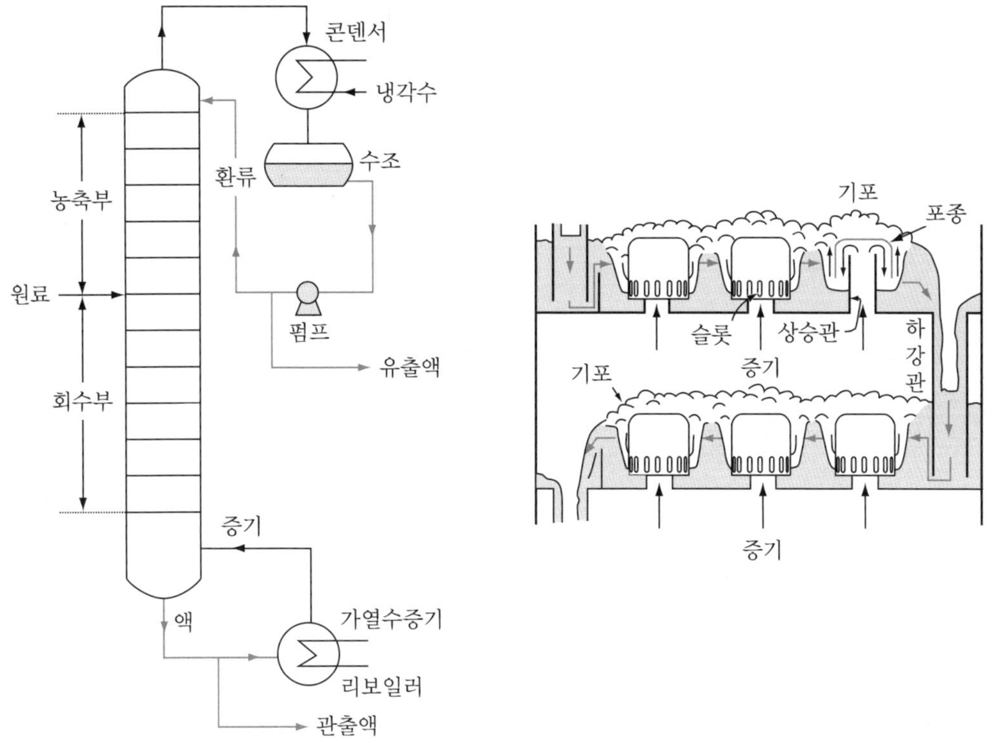


(a) 단탑식 연속증류탑 (b) 포종단

그림 4.6

그림 4.6(a)는 이러한 연속증류탑의 기본적인 구조와 공급액 및 배출액의 흐름을 나타내고 있다. 원료액은 미리 가열시켜서 탑 중간부에 연속적으로 제공된다. 이 단을 원료단이라고 한다. 가열관은 탑저 부분과는 다른 종류의 장치라고 여겨지며, **리보일러**(reboiler)라고도 한다. 리보일러에서도 증류는 이루어지지만, 증류탑의 단수에서는 빠진다. 리보일러에서는 고비점성분이 풍부한 액을 가열시켜 증기를 발생시킨다. 원료단보다 높은 단에서는 위로 갈수록 저비점성분의 농도가 원액보다 높아져 가기 때문에 이 부분을 **농축부**라고 한다. 한편, 원료단보다 낮은 단은 하강액의 저비점성분이 증기 쪽으로 회수되기 때문에, **회수부**라고 한다.

단탑형 증류탑에서는 탑 안에 다수의 단판이 붙어있어 액은 단 위를 수평방향으로 흐르며 하강관을 지나 아랫단으로 흐르게 된다. 그 사이 아래 단에서 상승해온 증기가 단위의 액에 분출해서, 기액간의 접촉이 이루어져 물질이동이 일어난다. 단의 구조는 다양하지만 그림 4.6(b)과 같은 포종단이 넓게 사용된다. 이것은 단판에 포종을 다수 배열한 것으로 아래 단으로부터의 증기는 포종 내의 상승관을 통해 포종 외부의 가늘고 긴 구멍(슬롯)에서 단 위의 액에 거품이 되어 넣어진다.

다른 단 구조에는 각 단 전면에 직경이 수 mm의 구멍을 많이 뚫어 증기는 그 구멍에서 액으로 들어오는 구조의 **다공판 탑**이라는 것도 있다.

### 4.3.3 물질수지식과 조작선

증류탑 설계에 필요한 계산식을 도출하기 위하여 연속증류탑의 전체 및 몇 부분에서 물질수지를 구한다. 그 때, 다음과 같이 가정한다.

① 증류탑의 각 단에서 액체는 균일하게 섞여 액체와 증기는 충분히 접촉하여 기액평형상태이다.

② 각 성분의 몰 증발잠열은 거의 같고, 각 단에서 발생하는 증기량과 하강하는 액량은 농축부와 회수부에서 각각 일정치가 된다.

그럼, (1) 탑 전체 (2) 농축부 (3) 회수부 (4) 원료단 순서로, 각 부분에서의 물질수지식을 도출해 가자.

**One Point**

**트루턴의 법칙**

트루턴(Trouton)의 법칙에 의하면, 몰 증발잠열($cal \cdot mol^{-1}$)과 비점(절대온도)의 비는 액체 종류와 상관없이 거의 일정한 21이다. 따라서 유기화합물의 비점이 100℃전후라고 할 때, 증발잠열≒$21 \times 4.19 \times 373.2 = 32.8 \times 10^3\ J \cdot mol^{-1}$이 된다.

#### (1) 탑 전체의 물질수지식

증류탑 전체의 물질 흐름이 그림 4.7(a)와 같다. 원료의 제공유량을 $F[mol \cdot h^{-1}]$, 유출액과 관출액의 비출유량을 $D$와 $W$라 하고, 또한 각각의 저비점성분의 몰분율을 $x_F$, $x_D$, $x_W$라 하면, 증류탑 전체의 물질수지는 다음과 같다.

전체 물질수지 $$F = D + W \quad (4.13a)$$

저비점성분 물질수지 $$F x_F = D x_D + W x_W \quad (4.13b)$$

이 두 식을 풀면,

$$D = \frac{x_F - x_W}{x_D - x_W}F \qquad W = \frac{x_D - x_F}{x_D - x_W}F \tag{4.14}$$

따라서, 원료 공급유량 $F$와 조성 $x_F$, 유출액과 관출액의 조성 $x_D$와 $x_W$가 있으면 식 (4.14)로 유출액의 유량 $D$와 관출액의 유량 $W$를 계산할 수 있다.

또한 저비점성분의 회수율 $Y$는, 원료의 저비점성분의 양 $Fx_F$에 대한 유출액의 저비점성분의 양 $Dx_D$의 비이다. 즉

$$Y = \frac{Dx_D}{Fx_F} \tag{4.15}$$

가 된다.

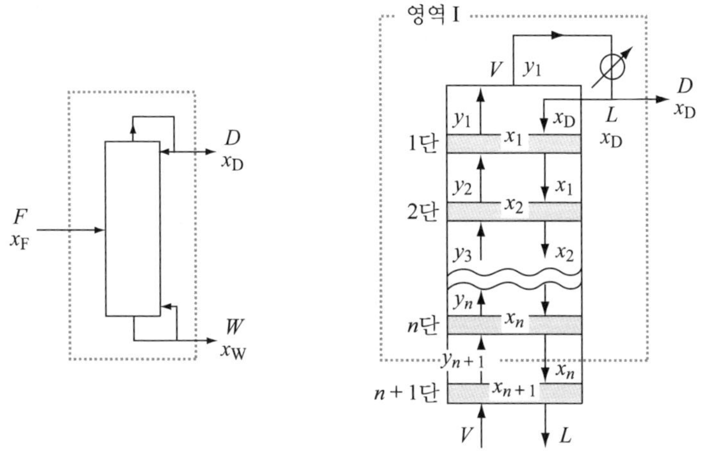


(a) 장치 전체의 물질수지 (b) 농축부의 물질수지

그림 4.7 장치 전체와 농축부의 물질수지

### (2) 농축부의 물질수지식과 조작선

농축부에서의 각 단의 증기량을 $V\,[\text{mol}\cdot\text{h}^{-1}]$, 액량을 $L\,[\text{mol}\cdot\text{h}^{-1}]$이라 한다. 이들 값은 농축부에서 일정치를 유지한다. 그림 4.7(b)과 같이, 농축부 단에 탑정으로부터 순서대로 1, 2, ⋯, $n$, $n+1$, ⋯으로 번호를 붙여, 탑정과 $n$단과 $n+1$단 사이에서 탑정에 걸친 점선으로 둘러싸인 부분(그림 4.7의 영역 I)의 물질 출입을 생각한다. 주입량은 $n+1$에서의 상승증기 $V$, 유출량은 유출액 $D$와 $n$단에서의 하강액량 $L$이기 때문에 농축부에서의

물질수지식은 다음과 같아진다.

전체 물질수지 $V = L + D$ (4.16)

저비점성분 수지 $Vy_{n+1} = Lx_n + Dx_D$ (4.17)

탑정 응축기의 액량 중 탑정으로 환류되는 유량 $L$과 제품으로써 꺼내지는 양 $D$와의 비를 **환류비**라고 부르며 이것을 $r$로 나타내면

$$r = \frac{L}{D} \tag{4.18}$$

이 식에서 식(4.19)를 도출할 수 있다.

$$y_{n+1} = \frac{L}{L+D}x_n + \frac{D}{L+D}x_D = \frac{r}{r+1}x_n + \frac{1}{r+1}x_D \tag{4.19}$$

식(4.19)는 $n+1$에서의 상승증기조성 $y_{n+1}$과 $n$단에서의 하강액조성 $x_n$과의 관계식이다. 즉, $n$단과 $n+1$단 사이에서 접촉하는 상승기체의 조성과 하강액체의 조성 사이의 관계를 나타내고 있으며 그것을 농축부의 **조작선**이라고 한다. 이것을 $x-y$선도로 나타내면 직선이 되며 그 때 세로축의 절편이 $x_D/(r+1)$, 기울기가 $r/(r+1)$이 된다.

더욱이 식(4.19)에서 $x_n = x_D$로 두면 $y_{n+1} = x_D$가 되기 때문에 조작선은 유출액조성으로, $x-y$선도의 대각선으로 교차하게 된다. 정리하면 그림 4.9와 같이 농축부의 조작선은 $x_D$에서 대각선상의 점 D와 세로축상의 점 $x_D/(r+1)$의 점을 연결하는 직선이 된다.

### (3) 회수부의 물질수지식과 조작선

회수부와 농축부와의 경계에는 원료단이 있어서 거기에 원료가 제공되기 때문에[그림 4.6(a)] 회수부 각 단에서의 증기량과 액량은 농축부와는 다르다. 그 때, 농축부와 구별하여 회수부에서의 증기량을 $V'$[mol · h$^{-1}$], 액량을 $L'$[mol · h$^{-1}$]로 나타낸다. 이들 값은 회수부에서 일정치로 유지된다.

그림 4.8(a)와 같이, 회수부에서는 원료 공급단을 제 1단으로 하고, 아래쪽으로 1, 2, ⋯, $m$, $m+1$, ⋯으로 번호를 붙인다. 그러면, 탑 아래와 $m$단과 $m+1$단의 점선으로 둘러싸인 부분(영역 Ⅱ)에서의 물질수지식은 다음과 같다.

전체 물질수지 $V' = L' - W$ (4.20)

저비점성분 수지 $V'y_{m+1} = L'x_m - Wx_W$ (4.21)

$$\therefore\ y_{m+1} = \frac{L'}{V'}x_m - \frac{W}{V'}x_W \qquad (4.22)$$

식(4.22)에서 $x_m = x_W$로 하면, $y_{m+1} = x_W$가 되기 때문에 회수부의 조작선은 관출액조성이 $x_W$가 되는 점에서 대각선으로 교차한다는 것을 알 수 있다. 또한 가로축($x_m = 0$)과의 교점은 $-Wx_W/V'$라는 것을 알 수 있다.

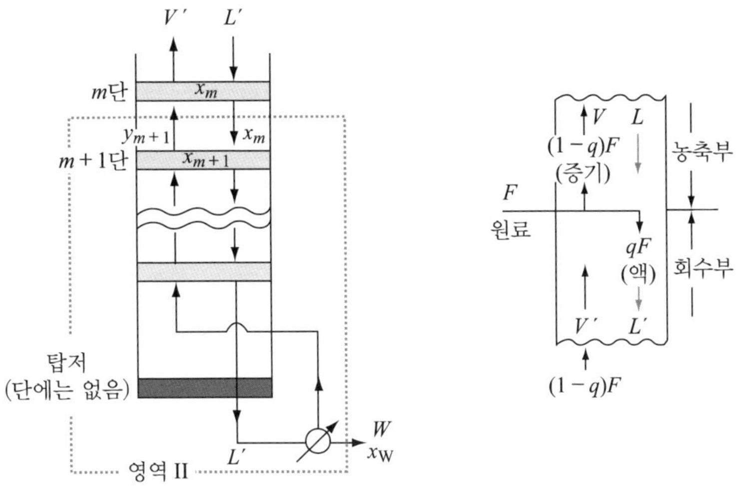


(a) 회수부의 물질수지 (b) 원료 공급단에서의 액과 증기의 흐름

그림 4.8 회수부와 원료단에서의 물질수지

### (4) 원료 공급단에서의 물질수지

원료가 농축부와 회수부의 경계에 공급되기 때문에, $V$와 $V'$, $L$과 $L'$는 각각 다른 값이 된다. 그림 4.8(b)과 같이, 원료 공급량 $F$[mol · h$^{-1}$]에서 중 $qF$[mol · h$^{-1}$]이 비점상태의 액이며, 나머지 $(1-q)F$가 증기라고 하면 원료 공급단에서 다음 관계가 성립된다.

$$V = V' + (1-q)F \qquad (4.23)$$

$$L' = L + qF \qquad (4.24)$$

원료 공급단에서는 농축부와 회수부의 조작선이 교차되므로 식(4.17)과 식(4.21)을 연립해서 풀면, 교점 B의 궤도($y$, $x$)를 나타내는 식을 구할 수 있다. 식(4.17)에서 식(4.21)을 빼면

$$y(V - V') = (L - L')x + (Dx_D + Wx_W) = (L - L')x + Fx_F$$

가 된다(여기서 가장 오른쪽 변의 식을 얻는데, 식(4.13b)의 관계가 사용된다). 더욱이, 식(4.23)과 식(4.24)를 사용하면, 이 식은 다음과 같이 변형된다.

$$y = -\frac{q}{1-q}x + \frac{x_F}{1-q} \tag{4.25}$$

이 식을 **q−선** 또는 원료선이라고 한다. 식(4.25)에서 $x = x_F$로 하면, $y = x_F$가 되기 때문에, $q-$선은 점($x_F$, $x_F$)를 지나는 것을 알 수 있다. 즉, $x-y$선도에서의 대각선이란 원료조성이 $x_F$의 점에서 교차되고, 기울기가, $-q/(1-q)$의 직선이 된다.

또한 식(4.25)에서 $x=0$일 때 $y$축 절편 값을 구하면 그 값은 $x_F/(1-q)$이기 때문에, $y$축 위의 그 점 (0, $x_F/(1-q)$)과 점 F를 연결하는 직선이 $q-$선이 된다.

$q=1$은 원료가 모두 비등액 상태에서 제공되는 것을 의미하는데, 그 경우엔 식(4.25)의 기울기는 무한대가 되며 원료조성으로 그은 수직선 위에서 농축부와 회수부 두 개의 조작선이 만나게 된다. 또한 반대로 $q=0$은 원료가 증기상일 때만의 경우를 의미하고, 그 때의 $q-$선은 수평선이 된다. $0<q<1$일 경우 $q-$선은 수평선과 수직선과의 중간에 위치한다.

여기까지 증류탑 전체와 증류탑을 농축부와 회수부로 나눠서 각각의 물질수지에서 2종류의 조작선을 도출하고 또한 원료 공급단에서의 물질수지인 $q-$선을 도출했다. 이러한 관계식은 모두 직선방정식이 된다. 한편, 증류탑의 각 단에서의 액체와 기체는 평형상태이기 때문에 기액간 조성은 $x-y$곡선에 의해서 나타난다. 이렇게 해서 증류탑 전체와 탑안의 기상조성과 액상조성의 관계를 나타내는 몇 개의 식을 얻었다. 이러한 관계식을 $x-y$선도 위에 나타내고 기액평형곡선과 조작선을 잘 조합함으로써 증류탑의 이론단수를 도표에서 구할 수 있다.

### 4.3.4 조작선 긋는 법과 이론단수를 구하는 법

그러면 실제 그래프 상에 조작선이나 $q-$선을 그어보자.

$x-y$선도상에 $q \neq 1$의 경우의 조작선을 그리는 데는 그림 4.9와 같이 다음 순서로 작도하면 된다.

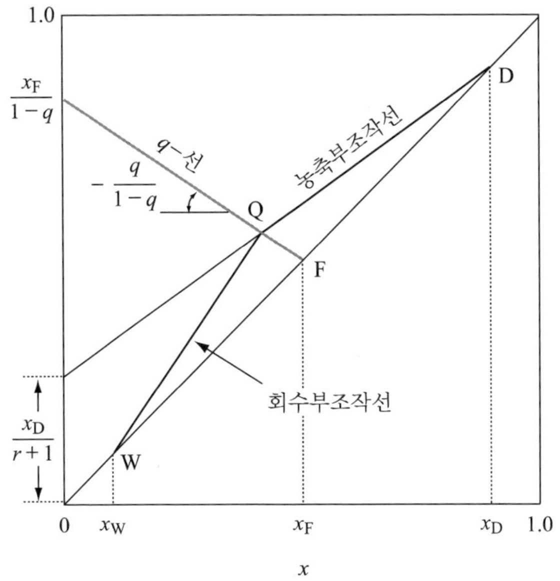


**그림 4.9** 조작선과 $q-$선을 긋는 법($q \neq 1$의 경우)

(1) 유출액조성 $x_D$에 대한 대각선상의 점 D와 세로축상의 점 $x_D/(r+1)$를 잇는 직선을 긋는다. 그것이 농축부의 조작선이 된다.

(2) 대각선상의 원료조성 $x_F$의 점 F부터, 기울기가 $-q/(1-q)$인 직선(이것이$q-$선이 된다)을 긋는다. 그것과 농축부의 조작선과의 교점을 Q로 한다. 또는 $y$축 위에 $x_F/(1-q)$의 점을 찍어, 그것과 점 F를 연결해도 된다.

(3) 관출액조성 $x_W$의 대각선상의 점 W와 점 Q를 잇는 직선이 회수부의 조작선이 된다.

$q=1$일 경우에, $q-$선은 점 F에서 솟아오르는 수직선이 된다.

다음으로 분리에 필요한 단수와 원료 공급위치를 구하기 위한 작도법을 배워보자. 우선, 그림 4.9와 같이, 조작선과 $q-$선을 그어 $x$축 위에 원료($x_F$), 유출액($x_D$), 관출액($x_W$)의 조성을 기입해서 그림 4.10과 같이 다음과 같은 순서로 작도를 진행한다.

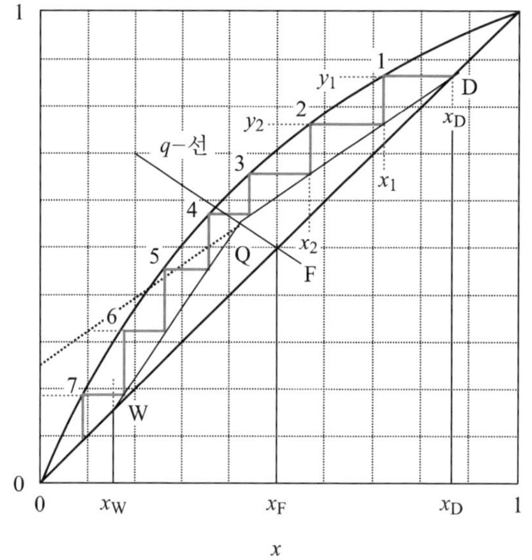


그림 4.10 이론단수를 구하는 법

(1) 농축부의 제 1단에서 증기조성 $y_1$은, 환류액조성 $x_D$와 같고, $x-y$곡선상에 있기 때문에 점 $y_1$과 $x_1$이 정해진다. 수직선분 $\overline{y_1x_1}$이 제 1단을 나타내고 있다.

(2) $y_1$에서 내린 수직선과 조작선이 만나는 점에서 수평선을 그어 그것이 $x-y$곡선과 만나는 점이 제 2단에서의 증기조성 $y_2$가 되며 거기에서의 수직선 제 2단의 액조성 $x_2$의 위치를 가리킨다. 수직선 $\overline{y_2x_2}$가 제 2단에 대응한다.

이처럼 평형곡선과 조작선 사이에서 수평선과 수직선을 번갈아 긋는 것에 의해서 농축부의 각 단에서의 기액조성이 도표상에서 분명해지며 동시에 필요한 단수도 구할 수 있다. 원료단을 지난 후에는 회수부의 조작선을 사용하면 된다.

그림 4.10의 경우 원료는 3단과 4단 사이에 제공하면 된다. 또한 6단째에서는 $x_W$에 도달하지 않지만, 7단에서는 $x_W$를 넘는다. 따라서 평형곡선상의 6단과 7단 위치에서 2개의 수직선을 그어, 그것들의 수평간격에서의 관출액조성 $x_W$의 위치를 내분하여 단수의 끝수를 내면 된다. 이 경우 끝수는 0.2가 되기 때문에 총단수는 6.2가 된다.

이처럼 단수는 일반적으로는 정수가 되지 않지만, 이론단이기 때문에 끝수를 내도 된다. 또한 가열관이 1단의 작용을 하기 때문에, 탑의 단수는 작도한 단수보다 1단만큼 작아진다. 예를 들면 그림 4.10의 경우의 총 단수는 $6.2-1=5.2$단이 된다.

**예제 4.4**

벤젠 40 mol%, 톨루엔 60 mol%의 혼합액 100 kmol · $h^{-1}$을 비점의 액으로써 연속증류탑에 제공한다. 유출액 및 관출액의 벤젠의 몰분율을 각각 0.90 및 0.10으로 하고 싶다. 또한 환류비 $r$은 2.0으로 한다. 계단작도법으로 아래의 값을 구하라.

(1) 탑정에서의 유출액량 $D$와 관출액량 $W$

(2) 이론단수

(3) 원료 공급단의 위치

(4) 탑 효율을 70%로 했을 때의 실제단수 (4.3.6 참고)

**해답**

(1) 식(4.14)와 식(4.13a)에서, 유출액량 $D$와 관출액량 $W$는

$$D = \frac{x_F - x_W}{x_D - x_W}F = \frac{0.4-0.1}{0.9-0.1}\times 100 = 37.5\ \text{kmol}\cdot\text{h}^{-1} \quad ①$$

$$W = 100 - 37.5 = 62.5\ \text{kmol}\cdot\text{h}^{-1}$$

(2) (3) 농축부의 조작선은, 식(4.19)에서 환류비 $r=2$라 하면

$$y_{n+1} = \frac{r}{r+1}x_n + \frac{1}{r+1}x_D = \frac{2}{3}x_n + \frac{1}{3}\times 0.9 = 0.667x_n + 0.30 \quad ②$$

농축부의 조작선은 유출액조성의 대각선상의 점 D($x_D=0.9$)와 조작선의 절편($y=0.30$)을 잇는 직선이 된다. 또한 원료조성 $x_F=0.4$에 대한 조작선상의 점 Q($y_q$)는 식②에서,

$$y_q = 0.667\times 0.4 + 0.30 = 0.567 \quad ③$$

원료는 비점의 액으로써 제공되기 때문에, $q=1$이 되며, $q$－선은 $x_F$를 통과하는 수직선이 된다. 이때의 조작선 교점 Q와 관출액조성 $x_W=0.1$과 대각선상의 교점 W를 이으면, 직선 $\overline{QW}$가 회수부의 조작선이 된다.

다음으로, 점 D에서 출발하여 계단작도를 하면, 단수는 8단과 9단 사이에 오는데, 선도상의 두 단 사이의 수평거리를 $x_W$가 0.1에 오도록 내분하면 8.8단이 된다(그림 4.11). 리보일러는 1단이라 볼 수 있기 때문에, 그것을 빼면 이론단수는 7.8단이 된다. 원료 공급단은 두 조작선의 교점 Q를 초과한 곳에 있어서, 탑정에서 5단째가 된다.

(4) 탑 효율을 70%라 하면, 실제 단수는 7.8/0.7 = 11.1이 되는데, 끝수를 올림하면 12단이 된다.

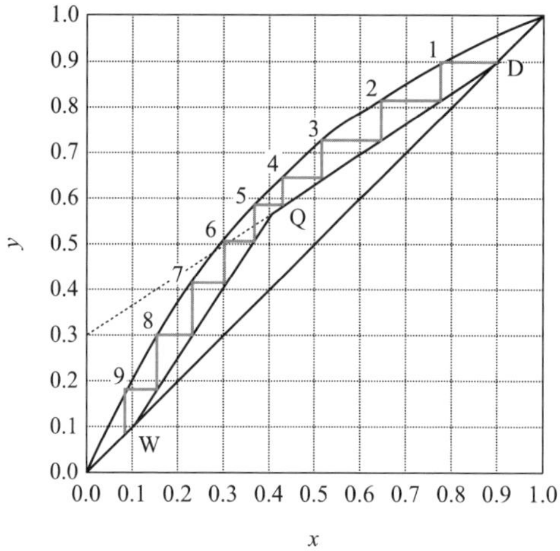


그림 4.11 단수의 계산

## 4.3.5 환류비와 이론단수의 관계

환류비 $r$을 작게 만들어 가면 식(4.19)에서 분명해진 것처럼, 농축부 조작선의 기울기가 작아지고, 평형곡선과 조작선의 간격이 좁아져 이론단수가 증가한다. 그리고 점 Q가 $x-y$곡선상의 점 C에 오면 무한한 단수가 필요해진다. 그 때 환류비를 최소 환류비 $r_{\min}$라 한다. 실제 조작에서는 환류비를 최소 환류비보다 크게 설정할 필요가 있다.

실제로, 최소 환류비의 값을 구해보자. 그림 4.12에서,

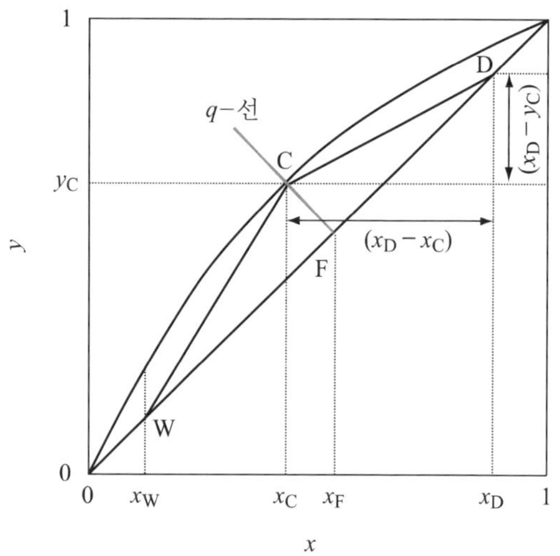


그림 4.12 최소 환류비를 구하는 법

$$최소\ 환류비에서의\ 조작선의\ 기울기 = \frac{r_{\min}}{r_{\min}+1} = \frac{x_D - y_C}{x_D - x_C} \tag{4.26}$$

의 관계가 성립된다. 이 식을 풀면

$$r_{\min} = \frac{x_D - y_C}{y_C - x_C} \tag{4.27}$$

한편, 환류비 $r$을 크게 하면 조작선의 기울기는 커지며 이론단수가 증가해간다. 그리고 $r$이 무한대($r = \infty$)가 되면 조작선은 대각선 $y = x$와 일치한다. 이때 이론단수를 최소 이론단수 $N_{\min}$이라고 한다. 이 경우에는 유출액량은 0이 된다. 최소 이론단수는 대각선을 조작선이라 보고 계단작도로 구할 수 있다.

환류비 값은 보통은 최소 환류비의 1.5에서 2배 정도로 설정하는 것이 좋다.

### 칼럼

**반도체는 증류로 만들어진다.**

반도체기판 제조에 사용되는 단결정실리콘(Si)의 순도는 99.999999999%라는 고순도(9가 10개 늘어지기 때문에 텐 나인이라고 한다)이다. 이것은 실리콘 이외의 불순물이 100억분의 1 밖에 포함되어 있지 않은 것을 의미한다. 그러한 고순도 실리콘결정은 $SiO_2$를 약 99.5% 이상 포함하는 규석으로 제조되는데 그 제조공정에서 증류가 중요한 역할을 하고 있다. 고체인 단결정 실리콘을 만드는데 액체의 정제법인 증류가 어떻게 관여되는 것일까.
규석을 특수한 로(爐)에서 녹여 그것을 냉각・고체화시켜 조금속 실리콘으로 만들어 그것을 부숴서 염화수소가스와 반응시키면 비점이 31.8℃의 액체인 삼염화실란($SiHCl_3$)을 얻을 수 있다. 그 때 각종 염화물이 생성되는데 그들 비점은 목적성분인 삼염화실란과는 다르다. 비점에 차이가 있으면 증류를 통해 정제할 수 있어지므로 수백단의 증류탑을 이용해 삼염화실란의 순도를 99%까지 올리는데 성공했다. 그 후, 삼염화실란을 열분해하거나 수소가스와 반응시켜서 고체의 다결정실리콘으로 만들어 그것을 도가니 내에서 실리콘의 주괴를 얻을 수 있다. 그것을 얇게 자르면 실리콘 기판이 된다.
위에 설명한 정제공정에서 고체를 일부러 액체로 만들어 다시 고체로 되돌린다는 번거로운 방법으로 하는 것을 이상하게 생각할지도 모른다. 하지만, 고체인 채로 불순물을 제거하는 것을 일반적으로 어렵기 때문에 화학반응으로 분해하기 쉬운 액체로 변화시켜 분해한다는 방침은 전혀 이상한 것이 아니다. 또한 이때, 액체혼합물의 성분 사이에 조금이라도 비점의 차가 있으면 증류법에 의한 분해정제가 가능한지 검토하게 된다. 실리콘의 분해는 이러한 일련의 작전이 검토되어 훌륭하게 성공한 예이다. 이처럼 물질분리에는 유연한 발상과 그것을 실현시킬 수 있는 확실한 기술력이 필요하다.

**예제 4.5**

예제 4.4에서의 최소 환류비 $r_{min}$의 값을 구하라.

**해답**

원료조성 $x_C = 0.4$에 대한 $x-y$곡선의 값은 표 4.2에서 $y_C = 0.619$가 된다. 따라서 식(4.27)에서 최소 환류비 $r_{min}$은

$$r_{min} = \frac{x_D - y_C}{y_C - x_C} = \frac{0.90 - 0.619}{0.619 - 0.4} = 1.28$$

이 된다. [예제 4.4]의 환류비는 2.0이기 때문에 최소 환류비 2/1.28 = 1.56배의 환류비가 사용된다.

## 4.3.6 증류탑의 설계

계단작도로 구할 수 있는 단수는 증류탑의 각단에서 증기상과 액상이 서로 평형상태라고 가정하여 구해지는 값이다. 하지만 실제 증류탑에서는 기액 접촉상태는 완전한 평형상태에는 달하지 않는 위험성이 있다. 따라서 안전을 위해서는 이론단수보다는 단수에 여유를 둘 필요가 있다.

그래서 다음 식으로 정의되는 총괄적인 탑 효율 $E$를 도입한다. $E$의 값으로는 경험상 0.5～0.8 정도의 값이 사용되는 일이 많다.

$$E = (\text{이론단수}) / (\text{실제단수}) \tag{4.28a}$$

$$\therefore \text{실제단수} = (\text{이론단수}) / E = (\text{이론단수}) / (0.5 \sim 0.8) \tag{4.28b}$$

다음으로 단의 간격과 탑경을 정할 필요가 있다. 단, 간격은 15～80 cm 정도로 설정되는 경우가 많다. 탑경은 탑의 단면적에 대한 증기의 속도, 즉 증기의 공탑속도가 주어지면 계산할 수 있다. 증기의 공탑속도는 통상 0.2～1.5 cm · $s^{-1}$로 설정된다.

**One Point**

**단 간격과 증기의 상승속도**

단탑의 단 간격은 상승하는 증기속도에 의해서 결정된다. 단 간격이 작으면 특정 단 위의 액이 상승증기에 의해서 물보라가 되어 윗단으로 옮겨져 탑 효율이 저하된다. 단 간격이 정해지면 증류탑의 높이를 결정할 수 있다. 보통 증기의 공탑속도는 20~150 cm · $s^{-1}$ 정도이다.

## 연습문제

**01.** 전압 1 atm에서의, 메탄올과 물의 기액평형관계가 다음 표와 같다. 다음 질문에 대답하라.

| 온도[℃] | 100.0 | 93.5 | 87.7 | 81.7 | 78.0 | 75.3 |
|---|---|---|---|---|---|---|
| $x$ | 0.0 | 0.04 | 0.10 | 0.20 | 0.30 | 0.40 |
| $y$ | 0.0 | 0.230 | 0.418 | 0.579 | 0.665 | 0.729 |
| 온도[℃] | 73.1 | 71.2 | 69.3 | 67.5 | 66.0 | 64.5 |
| $x$ | 0.50 | 0.60 | 0.70 | 0.80 | 0.90 | 1.00 |
| $y$ | 0.779 | 0.825 | 0.870 | 0.915 | 0.958 | 1.00 |

(1) 그래프에 비점 - 조성선도 및 $x-y$ 선도를 그려라.

(2) 액 몰분율이 0.25의 메탄올 수용액을 1 atm에서 가열할 때의 비등온도, 증기의 몰분율을 그래프를 통해 구해라.

(3) 비점이 온도 90℃에서의 액상 및 증기상에서의 메탄올의 몰분율을 구하라.

**02.** 1 atm, 100℃에서 기액평형인 벤젠 - 톨루엔 혼합물이 있다. 이 기상의 벤젠의 몰분율은 얼마인가? (단, 100℃에서의 벤젠, 톨루엔의 증기압은 1,344 mmHg과 559 mmHg이다.)

**03.** 벤젠 20 mol% - 톨루엔 80 mol% 용액의 101.3 kPa(1 atm)에서의 비등온도와 증기조성을 구하라. 단, 계는 이상용액이라고 보고, 순 벤젠과 순 톨루엔의 증기압은 다음 식으로 계산할 수 있다. 여기서, $P^0$은 증기압[kPa], $T$는 온도[℃], log는 상용대수를 나타낸다.

벤 젠(A) : $\log P_A{}^0 = 6.03055 - 1211.03/(220.790 + T)$

톨루엔(B) : $\log P_B{}^0 = 6.07954 - 1344.800/(219.482 + T)$

**04.** 메탄올과 물의 1 atm에서의 비점과 그 온도에서의 증기압[atm]이 다음 표와 같다. 이때 두 성분의 비점에서의 비휘발도 $\alpha$의 값과, 기하평형 값을 구하라. 더욱이 그 값을 사용해 $x-y$관계를 계산하여 1번 문제의 실측치와 비교하라. 이 계는 이상용액이라 볼 수 있는가?

메탄올과 물의 비점[℃]과 증기압[atm]

| 온도 | 메탄올의 증기압 | 물의 증기압 |
|---|---|---|
| 64.5 | 1 | 0.242 |
| 100.0 | 3.72 | 1 |

**05.** 벤젠 40 mol%, 톨루엔 60 mol%의 혼합액 100 mol을 대기압상에서 단증류한다. 관액 속의 벤젠조성이 25 mol%가 됐을 때에 증류를 종료하면 유출물의 평균조성은 어떻게 되는지 답하라. (단, 계는 이상용액이며 평균비휘발도 $\alpha$는 2.48이라고 한다.)

**06.** 벤젠 - 톨루엔의 등몰 혼합용액에 대해서 단증류를 통해 그 3분의 1을 유출시켰을 때의 잔류액 및 유출액의 조성을 구하라. 벤젠의 톨루엔에 대한 비휘발도는 2.48이다.

**07.** 20 mol%의 메탄올 수용액을 연속 증류시켜서 메탄올 60 mol%의 유출액과 메탄올 5 mol%의 관출액을 얻고 싶다. 원료 공급량을 200 $kmol \cdot h^{-1}$으로 하고, 유출액량과 관출량을 구하라.

**08.** 벤젠 30 mol%의 벤젠 - 톨루엔 혼합물 200 $kmol \cdot h^{-1}$을 정류해서, 벤젠 80 mol%의 유출액 65 $kmol \cdot h^{-1}$을 얻을 때, 관출액의 양[$kmol \cdot h^{-1}$]과 그 안의 벤젠의 몰 %를 구하라. 이때 벤젠의 회수율도 구하라.

**09.** 메탄올 40 mol%를 포함하는 메탄올 - 물 혼합액 90 $kmol \cdot h^{-1}$을 비점의 액으로 하여 연속정류탑에 제공한다. 유출액 및 관출액의 메탄올 몰분율을 각각 0.95 및 0.05로 하고 싶다. 또한 환류비 $r$은 1.5로 한다. 이때 계단작도법으로 이론단수를 구하라. (단, 메탄올 - 물 계의 $x-y$의 관계는 1번 문제와 같다.)

**10.** 벤젠 50 mol%, 톨루엔 50 mol%를 비점의 액으로써 100 $kmol \cdot h^{-1}$에서 연속정류탑에 제공한다. 유출액 및 관출액의 벤젠 몰분율을 각각 0.90 및 0.10으로 하고 싶다. 또한 환류비 $r$은 최소 환류비의 1.5배로 한다. 이때 계단작도법으로 아래의 값을 구하라. 단, 벤젠 - 톨루엔 계의 기액평형관계는 표 4.1과 그림 4.1(b)에 나타나 있다.

(1) 탑정에서의 유출액량 $D$와 관출액량 $W$

(2) 최소 환류비

(3) 이론단수

(4) 원료 공급단의 위치

(5) 탑효율을 70%로 했을 때의 실제단수

Chapter 05

# 가스흡수

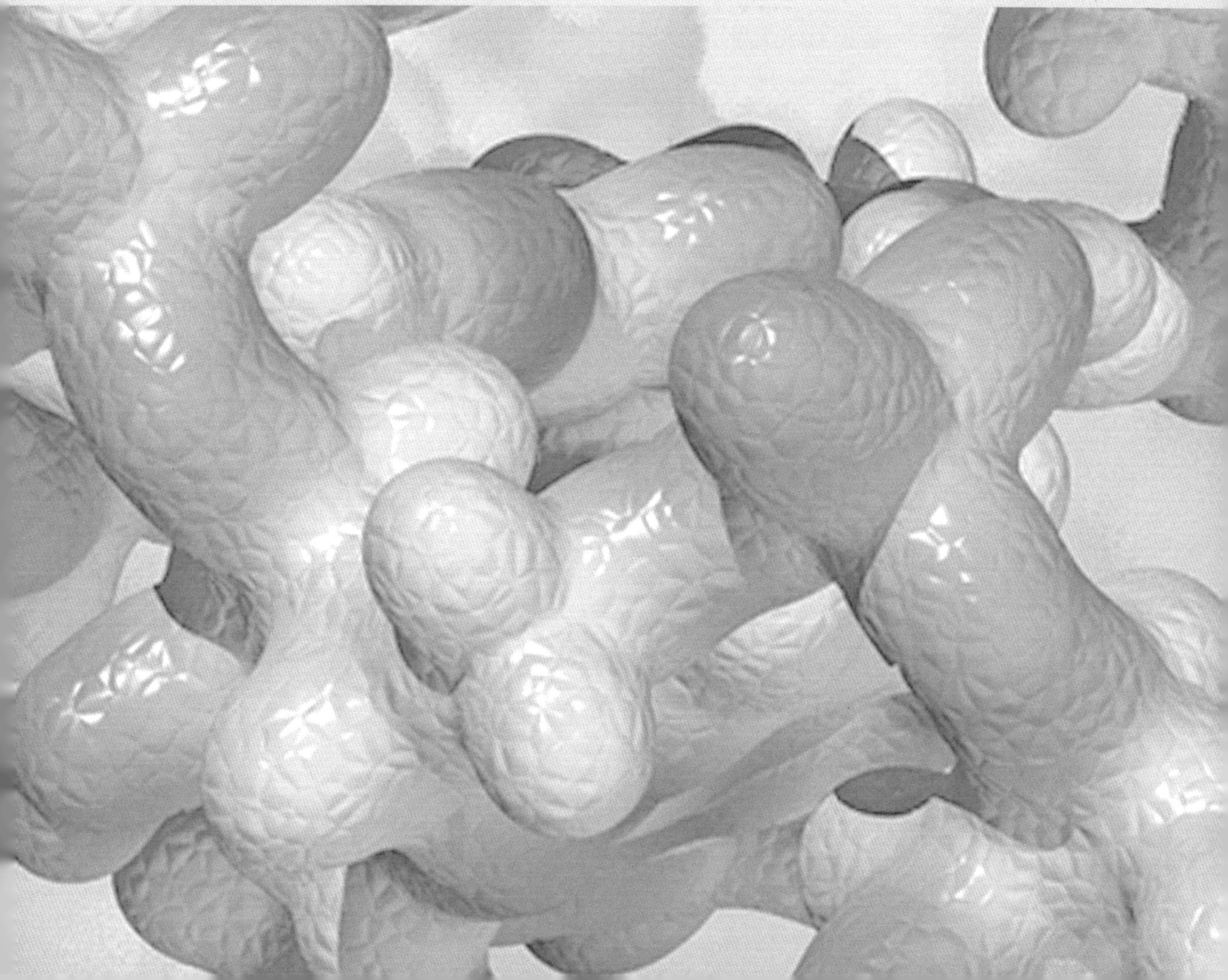

가스흡수란 혼합기체와 액을 접촉시켜서 용해도가 높은 성분을 액 쪽으로 이동시키는 분리조작법이다. 혼합가스 중의 유해성분의 제거, 유용성분의 회수 등에 넓게 이용되고 있다. 또한 화학공업뿐만 아니라 환경보전 분야로도 적용범위가 확대되고 있다.

가스흡수에는 아세톤이나 암모니아를 포함하는 가스를 물질적으로 물에 흡수시키는 물리흡수와 탄산가스나 황화수소를 아민수용액에 흡수시키는 화학흡수가 있다. 예를 들면 제 1장에서 설명했던 배연·탈황 공정은 화학흡수를 이용한 방법이다.

흡수와는 반대로 흡수액에서 용해가스를 기체상으로 방출시키는 조작을 방산(放散)이라고 한다. 흡수액을 재생해서 재이용하기 위해서 방산조작이 필요해진다. 가스흡수와 방산에는 물질이동 방향이 정반대일 뿐 똑같은 방법으로 다룰 수가 있다.

가스흡수의 기초는 가스의 용해도이다. 용해도란 기체와 액체가 접촉하여 장시간 경과했을 때 가스 중이 성분이 액체 중에 얼마나 녹는가를 나타내는 수치이다. 이것을 기액간의 용해평형관계라고 한다. 하지만 실제 가스흡수장치에서는 유한한 시간 내에 기체와 액체가 접촉하기 때문에 단위시간 내에 얼마만큼의 가스가 액에 용해되어 흡수되는가가 문제가 된다. 즉 물질이동속도의 이해가 중요해진다. 이 흡수속도를 알면 장치내의 물질수지와 맞추어 가스흡수장치를 설계할 수 있다.

## 5.1 가스 용해도와 흡수속도를 계산한다.

### 5.1.1 기체의 용해도

순수한 기체성분, 또는 용질가스와 불용해성 동반가스로 된 혼합기체와 액체를 접촉시키면 용질가스는 액 중에 용해되어 충분한 시간이 경과되면 평형상태에 달한다. 이것이 기액 용해 평형이다. 이때, 기상 용질가스가 희박하면 그 분압 $p$와 용해농도 $C$ 사이에는 다음의 비례관계식이 성립된다.

$$p = HC \tag{5.1}$$

이 관계를 **헨리(Henry)의 법칙**이라고 한다.

또한 헨리의 법칙은 다음 식으로 나타낼 수 있다.

$$y = mx \tag{5.2}$$

$$p = Kx \quad (5.3)$$

$$C = H'p \quad (5.4)$$

여기서, $y$는 기상에서의 용해가스의 몰분율[−], $x$는 액체에서의 용해가스의 몰분율이다. 또한 각각 비례정수의 단위는 $H$[Pa · m$^3$ · mol$^{-1}$], $m$[−], $K$[Pa · (mol분율)$^{-1}$], $H'$[mol · m$^{-3}$ · Pa$^{-1}$]이며, 모두 **헨리상수**라 불린다. 따라서 어떤 식으로 정의된 헨리상수의 값인지에 주의할 필요가 있다. $H'$와 $H$는 서로 역수의 관계이기 때문에 특히 주의하자. 또한 이 책에서는 주로 식(5.1)과 식(5.2)를 사용한다.

또한 변수인 $p$, $C$, $y$, $x$의 단위를 어떻게 하는가에 따라서 헨리상수의 수치는 크게 달라진다. 그리고 $H$, $m$, $K$의 값과 용해도는 반비례하는데, $H'$와 용해도는 정비례한다.

헨리상수는 기체 · 액체의 종류와 온도가 정해지면 일정치를 취한다. 또한 온도가 낮을수록 기체의 용해도는 커진다.

각종 헨리상수 사이에는 다음과 같은 관계가 성립된다.

$$K = mP = HC_t = (1/H')C_t \quad (5.5)$$

여기서 $C_t$는 액의 전체농도(몰 밀도)[mol · m$^3$], $P$는 전압[Pa]이다.

**One Point**

**동반가스**

가스흡수에서, 액체에 거의 흡수되지 않는 성분의 가스를 말한다. 예를 들면, 공기중에 포함된 암모니아를 물 또는 산성용액으로 흡수할 때, 암모니아에 비해 공기 중의 질소나 산소는 거의 흡수되지 않기 때문에 이 경우, 공기가 동반가스가 된다.

**One Point**

**기호[−]의 의미**

단위를 가지지 않는 수치라는 것을 명시하기 위해, 이 표시를 사용한다. 예를 들면, 용해도를 나타내는 $y = mx$에서, $y$와 $x$가 함께 몰분율이며, $m$의 값은 단위를 가지지 않는 경우에 $m$[−]라고 적는다.

**예제 5.1**

식(5.5)를 증명하라.

**해답**

식(5.3)을 $K$에 대해 풀어, $p = Py$와 식(5.2)로

$$K = \frac{p}{x} = P\frac{y}{x} = mP \qquad ①$$

마찬가지로 $x = C/C_t$와 식(5.1)로

$$K = \frac{p}{x} = \frac{p}{C/C_t} = \frac{p}{C}C_t = HC_t \qquad ②$$

식(5.1)과 식(5.4)에서의 $H' = 1/H$가 성립되기 때문에

$$K = (1/H')C_t \qquad ③$$

식①~식③을 정리하면, 식(5.5)를 구할 수 있다.

### 예제 5.2

이산화탄소는 20℃, 분압 490 mmHg일 때, 물 1,000 cm$^3$에 1.1 g 녹는다. 이때 헨리상수 $H$, $m$, $K$, $H'$의 값을 구하라.

**해답**

물 1,000 cm$^3$를 기준으로 생각한다. 그 질량은 1,000 g = 1 kg이다. 그 중에 포함되어있는 전체 물질은 물과 용해한 $CO_2$이다. 물의 분자량은 $18\times10^{-3}$ kg · mol$^{-1}$, $CO_2$는 $44\times10^{-3}$ kg · mol$^{-1}$이기 때문에 각각의 물질량은

$$\text{물의 물질량} = \frac{1}{18\times10^{-3}} = 55.56 \text{ mol}$$

$$CO_2\text{의 물질량} = \frac{1.1\times10^{-3}}{44\times10^{-3}} = 0.025 \text{ mol}$$

또한, 물 1,000 cm$^3$ = 1,000(10$^{-2}$ m)$^3$ = 10$^{-3}$ m$^3$이기 때문에, 용액의 전체 농도 $C_t$는

$$C_t = (55.56 + 0.025)/10^{-3} = 55.6\times10^3 \text{ mol}\cdot\text{m}^{-3}$$

따라서 용액 중의 $CO_2$의 몰분율 $x$와 분압 $p$는

$$x = \frac{0.025}{55.6 + 0.025} = 4.50\times10^{-4}$$

$$p = \frac{490}{760}\times(1.013\times10^5) = 6.53\times10^4 \text{ Pa}$$

따라서 식(5.3)에 의해

$$K = p/x = 6.53\times10^4/4.50\times10^{-4} = 1.45\times10^8 \text{ Pa}\cdot(\text{몰분율})^{-1}$$

식(5.5)에서 다른 헨리상수의 값을 구할 수 있다.

$$m = K/P = 1.45 \times 10^8/(1.013 \times 10^5) = 1.43 \times 10^3\ [-]$$
$$H = K/C_t = 1.45 \times 10^8/(55.6 \times 10^3) = 2.61 \times 10^3\ \mathrm{Pa \cdot m^3 \cdot mol^{-1}}$$
$$H' = 1/H = 1/(2.61 \times 10^3) = 3.83 \times 10^{-4}\ \mathrm{mol \cdot Pa^{-1} \cdot m^{-3}}$$

## 5.1.2 이중경계막설에 의한 기액계면의 농도분포

가스흡수가 어떻게 진행되는가를 생각해보자. 우선, 용해성 가스를 포함하는 기상과 흡수액인 액상이 접촉하여 용해가스가 기상 본체에서 기액계면으로 이동해 액상에 용해된다. 용해된 가스는 기액계면에서 액체 본체로 이동해간다.

이러한 물질이동 구조는 복잡하지만 모식화하면 그림 5.1과 같이 표현할 수 있다. 그림의 좌측은 기상, 오른쪽은 액상이며 두 경계가 기액계면이다. 예를 들면, 액체에 가스가 들어가 기포가 될 경우 기포 안이 기상이며 주위의 액체가 액상이 된다.

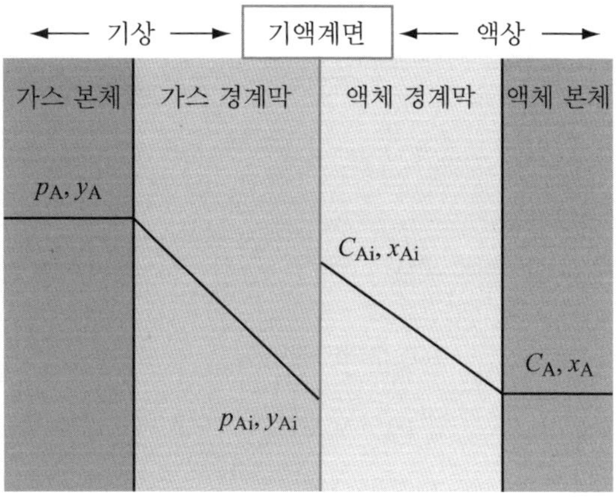


그림 5.1 이중경계막 모델

**One Point**

**기액계면**

가스흡수조작에서 기상과 액상의 경계를 기액계면이라고 한다. 가스를 액체 중에 불어넣는 경우에는 기포의 외표면이 충전탑일 경우는 충전물표면상을 적시고 있는 액체 흐름의 표면이 각각 기액계면이 된다.

여기서 그림 5.1을 보면서 **이중경계막** 모델에 대해서 설명해 보자. 기상 및 액상 본체는 잘 혼합되어 농도도 균일하지만 기액계면 근접부분에서는 혼합 효과가 충분하지 않고 정지한 얇은 막 상태의 정지영역이 계면을 끼고 양쪽으로 형성된다고 볼 수 있다. 이 영역을 가스 경계막과 액체 경계막이라고 하며 거기에서는 분자 확산에 의해 물질이동이 일어난다. 기상과 액상의 본체에서는 용질가스의 이동저항은 무시할 수 있지만 경계면에 형성되는 가스 경계막과 액체 경계막에서는 물질이동에 대한 큰 저항이 존재하여 그것이 가스흡수속도의 율속단계가 된다. 또한 기액계면에서는 가스의 용해는 빠르게 일어나 계면에서는 항상 기액평형이 성립된다고 가정한다. 이렇게 기액계면 근방의 가스 경계막과 액체 경계막을 고려하여 거기서는 분자확산에 의해 물질이동이 진행되고 또한 기액계면에서는 가스의 용해평형이 성립된다고 생각하는 모델을 이중경계막설이라고 한다. 이 모델을 사용하면 가스흡수속도를 정식화 시킬 수 있다.

***One Point***

**율속단계**

몇 개인가의 단계를 걸쳐서 일어나는 현상에서 전체 속도에 가장 큰 영향을 끼치는 단계를 율속단계라고 한다. 현상이 차례차례로 일어나는 경우는, 가장 느린 단계가 율속단계가 된다. 한편, 병렬적 현상에서는 가장 빠른 단계가 율속단계가 된다. 가스흡수는 기상 본체 → 가스 경계막 → 액체 경계막 → 액체 본체로 차례대로 물질이동이 진행되는 순차적 현상이다. 기상 본체와 액상 본체에서의 물질이동속도는 각각 경계막에서의 이동속도와 비교하면 몹시 크기 때문에 율속단계는 어느 한쪽 경계막에 있다.

### 5.1.3 물질이동계수와 흡수속도

그림 5.2는 세로축을 분압 $p_A$, 가로축을 액체농도 $C_A$로 하고, 기체, 액체 본체를 점 P $(C_A,\ p_A)$로, 기액계면을 점 S$(C_{Ai},\ p_{Ai})$로 나타낸 것이다. 식(5.1)의 헨리의 법칙식을 적용할 수 있다고 하면 평형관계는 직선 OS로 나타낼 수 있다.

그림 5.2에서 $p_A$[Pa]는 기상 본체에서의 용질성분 A의 분압을 $p_{Ai}$는 기액계면에서의 분압을 나타내고 있다. 여기서 기액 단위계 면적당 흡수속도 $N_A$[mol · m$^{-2}$ · s$^{-1}$]는 분압차 $\Delta p_A = (p_A - p_{Ai})$[Pa]에 비례한다고 볼 수 있고, 그 비례정수를 $k_G$로 하면, $N_A$는 다음과 같다.

$$N_{AG} = k_G(p_A - p_{Ai}) \tag{5.6}$$

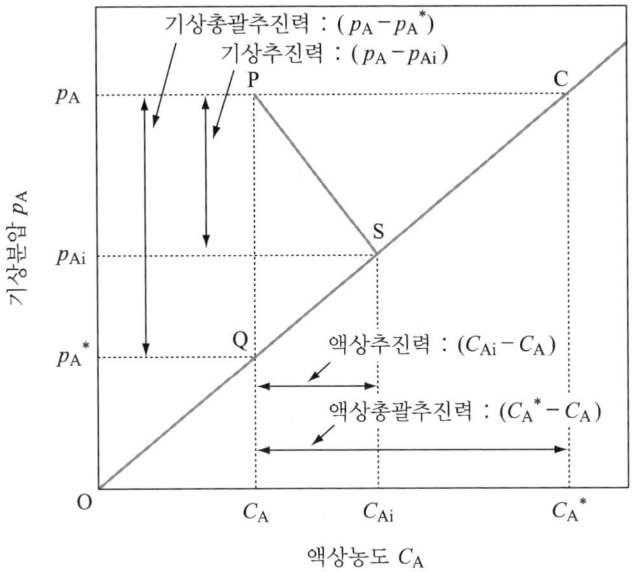


**그림 5.2** 기액 본체와 경계면에서의 농도와 용해평형선

$k_G$는 기상물질이동계수라고 하며 $[\mathrm{mol \cdot m^{-2} \cdot s^{-1} \cdot Pa^{-1}}]$의 단위를 가진다. 마찬가지로 경계막에서의 물질이동속도 $N_{AL}$도 식(5.7)과 같이 쓸 수 있다.

$$N_{AL} = k_L(C_{Ai} - C_A) \tag{5.7}$$

여기서 $k_L$은 액상물질이동계수라고 하며 $[\mathrm{m \cdot s^{-1}}]$의 단위를 가진다.

기액계면에서의 물질 축적이 없이 정상적으로 물질이동이 진행된다고 한다면, 식(5.6)과 식(5.7)은 같아지기 때문에 그 물질이동속도를 $N_A [\mathrm{mol \cdot m^{-2} \cdot s^{-1}}]$라 하면, 다음식이 성립된다.

$$N_A = k_G(p_A - p_{Ai}) = k_L(C_{Ai} - C_A) \tag{5.8}$$

또한 기액계면에서의 분압 $p_{Ai}$와 액체농도 $C_{Ai}$ 사이에 기액평형이 성립되어 헨리의 법칙을 적용할 수 있는 경우에는 식(5.1)이 적용되기 때문에 다음 식이 성립된다.

$$p_{Ai} = H_A C_{Ai} \tag{5.9}$$

기액계면에서의 분압 $p_{Ai}$와 농도 $C_{Ai}$의 값은 측정할 수 없지만 식(5.8)의 양 변을 분수 형태로 하여 우변의 분모와 분자에 $H_A$를 곱해 식(5.9)를 이용하면 $p_{Ai}$와 $C_{Ai}$를 소거할 수 있다(식 5.10).

$$N_A = \frac{p_A - p_{Ai}}{1/k_G} = \frac{H_A(C_{Ai} - C_A)}{H_A/k_L} = \frac{p_A - p_{Ai} + H_A C_{Ai} - H_A C_A}{1/k_G + H_A/k_L}$$

$$= \frac{p_A - H_A C_A}{1/k_G + H_A/k_L} \tag{5.10}$$

이 식의 $H_A C_A$는 액체 본체에서의 용해농도 $C_A$에 대한 평형분압을 나타내며 그것을 $p_A$*라고 표시하면, 그림 5.2의 점 Q에 대응한다. 더욱이 분모 $(1/k_G + H_A/k_L)$를 $1/K_G$로 하면, 식(5.10)은 다음과 같아진다.

$$N_A = K_G(p_A - H_A C_A) = K_G(p_A - p_A{}^*) \tag{5.11}$$

$K_G$는 가스측 분압기준의 총괄물질이동계수라고 하며 다음 식으로 정의된다. 그 단위는 $k_G$와 마찬가지로 [mol · $m^{-2}$ · $s^{-1}$ · $Pa^{-1}$]이다.

$$\frac{1}{K_G} = \frac{1}{k_G} + \frac{H_A}{k_L} \tag{5.12}$$

이렇게 해서 물질이동속도 $N_A$가 기상 본체의 분압 $p_A$와 액체 본체의 물질농도 $C_A$에 평형인 분압 $p_A$*의 차를 추진력으로 하는 식(5.11)에 의해 나타낸 것이 된다. 이것은 기상에서의 추진력 $(p_A - p_{Ai})$ 대신에 총괄적인 추진력 $(p_A - p_A{}^*)$을 기상물질이동계수 $k_G$ 대신에 가스측의 총괄물질이동계수 $K_G$를 각각 사용함으로써 가스흡수속도를 나타낸다.

**One Point**

**기액 단위계 면적**

가스흡수에서는 기상과 액상이 접한 기액계면을 통해 가스흡수를 진행한다. 그 때 가스흡수속도를 기액 단위계 면적당의 값[mol · $m^{-2}$ · $s^{-1}$]으로 나타내는 경우가 많다.

**One Point**

**기상물질이동계수**

가스 경계막에서의 물질이동속도 $N_{AG}$[mol · $m^{-2}$ · $s^{-1}$]는 분자의 확산에 의해서 진행되며, 그 크기는 확산물질의 기상 본체와 기액계면에서의 분압차($p_A - p_{Ai}$)[Pa]에 비례한다고 볼 수 있다. 그 비례정수를 $k_G$로 나타내며 분압기준의 기상물질이동계수라고 한다.

**One Point**

**액상물질이동계수**

액체 경계막에서의 물질이동속도 $N_{AL}$[mol · $m^{-2}$ · $s^{-1}$]은 그 크기는 확산물질 A의 기액계면과 액상 본체에서의 농도차($C_{Ai}-C_A$) [mol · $m^3$]에 비례한다고 생각할 수 있다. 그 비례정수를 $k_L$로 나타내며, 농도기준의 액상물질이동계수라고 한다.

**One Point**

**분수식의 변형**

$a/b=c/d=(a+c)/(b+d)$ 예 : 1/2 = 3/6 = (1+3)/(2+6) = 4/8 = 1/2

다음으로 용해평형을 식(5.2)의 헨리의 법칙식으로 나타냈을 경우에 대해 살펴보자. 세로축에 기상몰분율 $y_A$, 가로축에 액상몰분율 $x_A$가 있는 경우 물질이동속도 $N_A$[mol · $m^{-2}$ · $s^{-1}$]과 평형관계는 다음 식으로 쓸 수 있다.

$$N_A = k_y(y_A - y_{Ai}) = k_x(x_{Ai} - x_A) \tag{5.13}$$

$$y_{Ai} = mx_{Ai} \tag{5.14}$$

$$N_A = K_y(y_A - mx_A) = K_y(y_A - y_A{}^*) \tag{5.15}$$

여기서, $K_y$는 가스측 몰분율 기준의 총괄물질이동계수라 불리며 그 단위는 [mol · $m^{-2}$ · $s^{-1}$ · (몰분율)$^{-1}$]이며 다음 식과 같다. 여기서 $k_y$, $k_x$는 각각 가스측과 액체측의 물질이동계수이다.

$$\frac{1}{K_y} = \frac{1}{k_y} + \frac{m}{k_x} \tag{5.16}$$

이렇게 해서 물질이동속도 $N_A$가 기상몰분율 $y_A$와 기상몰분율 $x_A$에 평형인 기상몰분율 $y_A{}^*$의 차를 추진력으로 하는 식(5.15)로 나타낸 것이다.

지금까지 나온 식은 용해평형으로써 선형의 헨리의 법칙식이 성립한다고 가정하여 도출된 것이다. 단, 용해평형이 비선형식으로 나타나는 경우에도 선형에서의 차이가 크지 않은 이상 $C_A{}^*$나 $y_A{}^*$의 값을 용해평형곡선에서 구해 식(5.11) 또는 식(5.15)에 대입하여 흡수속도를 근사적으로 계산할 수 있다.

### 5.1.4 물질이동계수에서 알 수 있는 것

식(5.2) 및 식(5.16)에서, 물질이동계수의 역수는 물질이동의 저항을 나타내고 있다. 두 식의 좌변 제 1항은 기상 경계막에서의 물질이동 저항 제 2항은 액체 경계막에서의 저항을 나타내고 있다.

두 저항의 값을 비교함으로서 물질이동의 주 저항이 기상에 있는지 액상에 있는지를 판정할 수 있다. 예를 들면, 암모니아는 물에 녹지만 그럴 경우 액체 경계막에서의 이동저항이 작고 가스 경계막에서의 물질이동저항이 크게 된다.

또한 식(5.11)에 $p = Py$의 관계를 대입하여 식(5.15)와 비교하면 $K_G$와 $K_y$의 사이에는

$$K_y = PK_G \tag{5.17}$$

의 관계가 성립되는 것을 알 수 있다. $K_y$와 $K_G$의 계산을 쉽게 할 수 있는 것을 알 수 있을 것이다.

이러한 식은 물질 이동의 추진력으로서, 기상의 분압차($p_A - p_A*$) 또는 몰분율차($y_A - y_A*$)를 사용하고 있는데, 마찬가지로 액상의 농도차($C_A* - C_A$) 또는 몰분율차($x_A* - x_A$)를 사용한 식도 도출할 수 있다. 자세한 것은 참고 문헌 등으로 익히길 바란다.

### 예제 5.3

1 atm, 20℃에서의 암모니아를 1.5 mol% 포함하는 공기가 암모니아 수용액과 접하고 있다. 수중 암모니아 농도는 430 mol · m$^{-3}$이다. 이때, 기상물질이동계수 $k_G$는 3.30×10$^{-6}$ mol · m$^{-2}$ · Pa$^{-1}$ · s$^{-1}$, 액상물질이동계수 $k_L$은 1.06×10$^{-4}$ m · s$^{-1}$, 헨리상수 $H_A$는 1.40 Pa · m$^3$ · mol$^{-1}$일 때, 다음 질문에 답하라.

(1) 가스측 분압기준의 총괄물질이동계수 $K_G$를 구하고, 또한 물질이동의 전체 저항 중 기상측 비율을 구하라.
(2) 암모니아의 흡수속도 $N_A$[mol · m$^{-2}$ · s$^{-1}$]을 구하라.
(3) 가스측과 몰분율 기준의 총괄물질이동계수 $K_y$의 값을 구하라.

**해답**

(1) 식(5.12)에서

$$\frac{1}{K_G} = \frac{1}{k_G} + \frac{H_A}{k_L} = \frac{1}{3.30 \times 10^{-6}} + \frac{1.40}{1.06 \times 10^{-4}} = 3.03 \times 10^5 + 0.132 \times 10^5$$

$$= 3.162 \times 10^5 \text{ m}^2 \cdot \text{Pa} \cdot \text{s} \cdot \text{mol}^{-1}$$

$$\therefore\ K_G = 3.16 \times 10^{-6} \text{ mol} \cdot \text{m}^{-2} \cdot \text{Pa}^{-1} \cdot \text{s}^{-1}$$

$$\text{기상 저항} = \frac{3.03 \times 10^5}{3.162 \times 10^5} = 100\% = 95.8\%$$

암모니아가 물에 용해될 때 물질이동저항의 대부분은 기상측에 있으며 액상에서의 이동저

항은 무시할 수 있다는 것을 알 수 있다. 이것은 암모니아가 물에 몹시 녹기 쉽다는 것을 가리킨다.

(2) 기상에서의 암모니아의 분압 $p_A$와 액상에서의 암모니아의 농도에 평형인 분압 $p_A{}^*$는

$$p_A = Py_A = (1.013 \times 10^5) \times (1.5 \times 10^{-2}) = 1{,}520\ \mathrm{Pa}$$
$$p_A{}^* = H_A C_A = 1.40 \times 430 = 602\ \mathrm{Pa}$$

따라서, 암모니아의 흡수속도 $N_A$는 식(5.11)에서

$$N_A = K_G(p_A - p_A{}^*) = (3.16 \times 10^{-6}) \times (1520 - 602)$$
$$= 2.901 \times 10^{-3}\ \mathrm{mol \cdot m^{-2} \cdot s^{-1}}$$

(3) 가스측 몰분율 기준의 총괄물질계수 $K_y$는, 식(5.17)에서

$$K_y = PK_G = (1.013 \times 10^5) \times (3.16 \times 10^{-6}) = 0.320\ \mathrm{mol \cdot m^{-2} \cdot s^{-1}}$$

## 5.2 가스흡수장치의 분류와 구조

### 5.2.1 가스흡수장치의 분류

가스흡수장치는 기액을 접촉시켜서 액체에 가스를 분산시키는 방식과 액을 기상에 분산시키는 방식으로 크게 구분된다. 어떤 장치 형식이더라도 기액간의 접촉면적, 물질이동계수, 물질이동의 추진력을 크게 할 필요가 있다. 또한 대량의 가스를 처리할 경우엔 가스의 압력손실이 작은 장치가 좋다.

**가스 분산형**의 흡수장치로서는, 교반탱크, 기포탑, 붕단탑이 있다. **액 분산형**에는 스프레이탑, 충전탑이 있다. 교반탱크는 반응 흡수 등에 넓게 사용되고 있다. 기포탑은 원통 속의 액체에 가스를 불어넣는 방식이다. 붕단탑은 증류탑과 같은 장치이다. 스프레이탑은 액을 물방울 형태로 세분시켜 가스에 분산시키는 장치이다. 충전탑에 대해서는 다음에서 설명하겠다.

### 5.2.2 충전탑의 구조와 충전물

**충전탑**은 대표적인 흡수장치이며 넓게 사용되고 있다. 그림 5.3과 같이 탑 내부에 불활성 충전물이 들어있고 흡수액이 탑정에서 제공되어 충전물의 표면을 지나 막 상태로 흘러내린다. 한편 가스는 탑저에서 제공되어 충전물 사이의 틈을 상승하는 사이에 액과 접촉하여 가스흡수가 진행된다. 이렇게 기액이 마주하며 흐르는 경우를 **향류(向流)충전탑**이라고 한다. 향류충전탑에서는 탑정에서의 출구 가스가 용질을 포함하지 않는 액과 접촉할 수 있어서 출구가스의 용질 농도를 낮게 할 수 있는 이점이 있기 때문에 일반적으로 향류충전탑이 사용된다.

충전탑의 기액 흐름은 밀어내기식 흐름이라고 보아도 좋은데 액은 공극률이 큰 탑벽부로 치우치는 경향이 있어서, 균일한 액 흐름이 방해되는 위험성이 있다. 그것을 피하기 위해 탑 중간에 액의 재분산기를 설치하는 경우가 많다. 또한 충전물은 표면적이 크고, 액에 잘 젖어서 큰 기액계 면적을 얻을 수 있어, 공극률이 크고, 가스의 압력손실이 적은 것이 바람직하다. 그림 5.3과 같이 도자기제품의 레싱링이나 안장 형태의 바새들이나, 금속제의 철사를 링 형태로 가공한 충전물이 사용되고 있다. 길이는 25 mm에서 50 mm 정도이다.

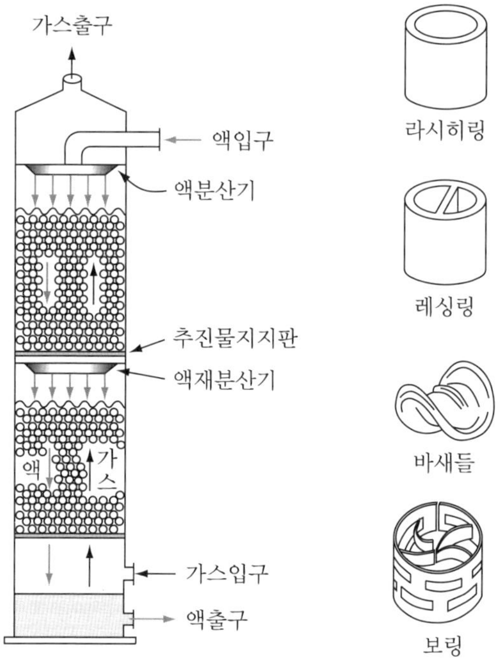


그림 5.3 충전탑과 대표적인 충전물

**One Point**

**병류충전탑**

반대로 기액을 같은 방향으로 흘려보내는 경우를 병류충전탑이라고 한다.

## 5.3 충전탑의 높이를 계산한다.

가스흡수탑의 설계란 처리가스의 유량, 입구・출구에서의 용질가스의 몰분율의 값이 주어졌을 때 그 값에서 필요한 액유량, 탑 높이, 탑경 등을 계산하는 작업이다. 다음에 설계 계산에 필요한 관계식을 순서대로 도출해 가자.

### 5.3.1 물질수지식과 조작선

그림 5.4에 기액 향류 충전탑의 물질수지의 모식도가 있다. 탑저의 수치를 첨자 1, 탑정에서의 수치에 첨자 2를 붙인다. 또한 탑정을 원점으로 해서 아래로 향하여 충전층의 깊이 좌표를 잡는다. 가스가 탑에서 상승해 가면 용해가스 A(예를 들면 $SO_2$)가 흡수되어 가스 전체의 유량은 감소되는데, 동반가스(예를 들면 공기)의 가스 유량은 일정치를 유지한다. 이 동반가스의 탑 단위단면적당 물질량유량을 $G_M'$[mol・$m^{-2}$・$s^{-1}$]으로 한다. 마찬가지로 액상에 대해서도 흡수용액(예를 들면 물)의 유량은 변하지 않기 때문에 그 물질량유량을 $L_M'$[mol・$m^{-2}$・$s^{-1}$]로 한다. 여기서 용해가스의 기상과 액상에서의 몰분율을 $y$와 $x$라 하면, 전체 가스 물질량유량 $G_M$과 전체 액체 물질량유량 $L_M$은 다음과 같이 표현할 수 있다.

$$G_M = G_M'/(1-y) \tag{5.18a}$$

$$L_M = L_M'/(1-x) \tag{5.18b}$$

이들 식은, 예를 들면 식(5.18a)에서 $G_M'$가 $(1-y)$에 비례하며 $G_M$이 1에 비례한다고 생각하면 쉽게 도출할 수 있다.

가스흡수조작의 물질수지식은 기상에서 흡수가스의 이동량과, 흡수액이 얻은 흡수가스의 양이 거의 같다는 것에서 도출된다. 그것을 그림 5.4의 탑 전체에 적용하면 다음 식

(5.19)를 얻을 수 있다.

$$G_M'\left(\frac{y_1}{1-y_1}-\frac{y_2}{1-y_2}\right)=L_M'\left(\frac{x_1}{1-x_1}-\frac{x_2}{1-x_2}\right) \tag{5.19}$$

또한 탑정에서 탑내 임의의 단면까지의 물질수지식을 구하면

$$G_M'\left(\frac{y}{1-y}-\frac{y_2}{1-y_2}\right)=L_M'\left(\frac{x}{1-x}-\frac{x_2}{1-x_2}\right) \tag{5.20}$$

가 된다. 식(5.20)은 탑내 임의의 점에서의 $y$와 $x$의 관계를 나타내며 조작선이라고 한다.

용질의 농도가 희박할 때엔, $1-y \fallingdotseq 1$, $1-x \fallingdotseq 1$이 성립되기 때문에, 식(5.18)에서 $G_M' \fallingdotseq G_M$, $L_M' \fallingdotseq L_M$이 되므로, 식(5.20)의 조작선은 다음과 같이 바꿔 쓸 수 있다.

$$G_M(y-y_2) = L_M(x-x_2) \tag{5.21a}$$

$$y = (L_M/G_M)(x-x_2)+y_2 \tag{5.21b}$$

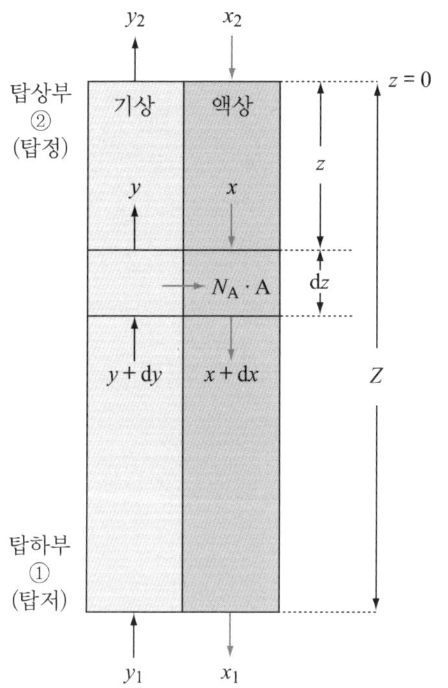


그림 5.4 충전탑의 물질수지

이 식은 탑정의 점 $(x_2, y_2)$를 통과하며 기울기가 $L_M/G_M$인 직선의 방정식을 나타내고 있다. 이 $L_M/G_M$을 **액가스비**라고 부르며 가스흡수조작의 중요한 조작변수이다.

그림 5.5는 $x-y$좌표상에 평형곡선과 조작선을 나타낸 것이다. 조작선의 위쪽 끝 B는 탑저 아래쪽 끝 T는 탑정에 대응하고 있다. 조작선상의 1점 $P(x, y)$에서 $y$축에 평행인 수직선을 내려서 평형선과의 교점을 $Q(x, y^*)$라 하면 선분 PQ의 길이는 $(y-y^*)$가 되며 이것은 가스 경계막 기준의 총괄물질이동 추진력을 나타내고 있다. 흡수가 행해지기 위해서는 $y > y^*$가 되어야 하기 때문에 그림 5.5와 같이 조작선은 평형선의 왼쪽 위에 위치해야만 한다는 걸 알 수 있다. 반대로, 방산조작일 때엔 조작선은 평형선의 오른쪽 아래로 온다.

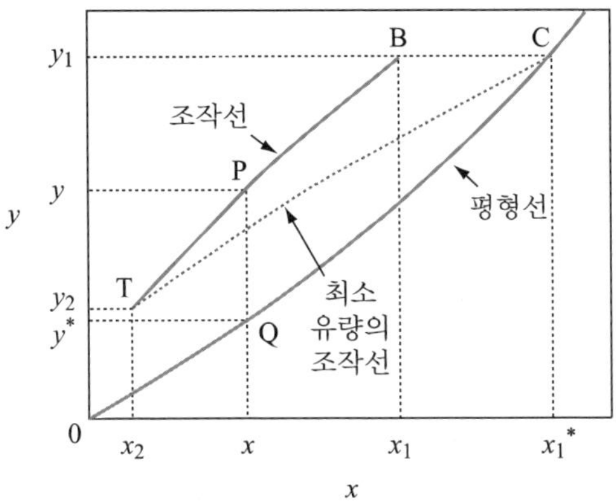


그림 5.5 기상 총괄추진력의 표시와 조작선의 설정

## 5.3.2 최소 액가스비의 도출

가스흡수탑을 설계할 때 처리해야 할 전체 가스 유량 $G_M$, 가스의 입구 몰분율 $y_1$, 출구 몰분율 $y_2$는 주어져 있고, 또한 흡수가스의 입구 몰분율 $x_2$는 보통 0이다. 남는 변수는 흡수액의 유량 $L_M'$과 출구 몰분율 $x_1$인데, $L_M'$을 알면, $x_1$은 물질수지식으로 계산할 수 있다. 아래에 흡수액 유량 $L_M'$의 설정법에 대해 살펴보자.

그림 5.5에서, 조작변수 중 액유량 $L_M'$을 제외한 모든 변수는 일정하다고 하고, 액유량 $L_M'$을 감소시켜 가면 조작선의 기울기가 작아지게 되며 조작선상의 탑저를 나타내는 점 B는 우측으로 수평이동 해간다. 조작선은 평형선보다 위로 와야 하기 때문에 그 극한의

위치는 평형선상의 점 C($x_1$*, $y_1$)이다. 이 $x_1$*은 탑저에서의 가스 몰분율 $y_1$에 평형인 액 몰분율을 나타내고 있다. 여기서 조작선이 이런 상태가 되는 액유량을 **최소 액유량**이라고 부르며, $L_{M,}{}'_{min}$이라고 나타내기로 한다.

이때, 탑저에서의 물질이동 추진력은 0이 되어 무한히 높은 탑이 필요해진다. 따라서 실제로는 이 최소 액유량보다 큰 액유량을 채용해야 한다. 보통은 액가스비 $L_M'/G_M'$과 평형곡선의 기울기 $m$과의 비 $(L_M'/G_M')/m$이 1.25~2 정도가 되도록 $L_M'$의 값을 설정한다.

용질가스의 농도가 희박할 때, **최소 액가스비**는 $(L_M/G_M)_{min}$이라 적으며 탑 전체의 물질수지식(5.12)에서 $y=y_1$, $x=x_1$*이라 한 식에서

$$(L_M/G_M)_{min} = \frac{y_1 - y_2}{x_1{}^* - x_2} \tag{5.22}$$

가 도출된다.

### 5.3.3 충전탑의 높이 계산

그림 5.4에서, 충전탑의 탑정에서 $z$의 위치와 $z+dz$의 위치로 구분되는 충전탑의 미소부분을 고려하여 그 구간에서의 기상의 흡수가스 A의 물질수지를 생각한다. 흡수탑의 단면적을 $S$[m$^2$], 탑의 단위용적당 기액의 접촉 표면적을 $a$[m$^2$ · m$^{-3}$]라 하면, 이 미소부분에서의 기액 접촉면적 $A$는 $a \cdot S\mathrm{d}z$가 되기 때문에 여기서의 흡수속도 $N_A \cdot A$[mol · s$^{-1}$]는 식(5.15)를 사용하면 다음과 같이 적을 수 있다.

$$N_A \cdot A = K_y(y - y^*)a \cdot S\mathrm{d}z \tag{5.23}$$

그림 5.4의 충전탑의 미소부분에서의 흡수가스 A의 물질수지를 생각하면, $z=z+\mathrm{d}z$에서 입량은 $G_M S(y+\mathrm{d}y)$, $z=z$에서의 출량은 $G_M Sy$, 흡수에 의한 가스상에서의 출량은 $N_A \cdot A$로 나타낼 수 있기 때문에 흡수가스의 물질수지는 다음과 같다.

$$G_M S(y+\mathrm{d}y) - G_M Sy - N_A \cdot A = 0 \tag{5.24}$$

이 식에 식(5.23)을 대입하여 정리하면,

$$G_M \cdot \mathrm{d}y = K_y(y - y^*)a \cdot \mathrm{d}z \tag{5.25}$$

를 얻을 수 있다. 이 식을 d$z$에 대해 풀면,

$$\mathrm{d}z = \frac{G_{\mathrm{M}}}{K_{\mathrm{y}}a} \cdot \frac{\mathrm{d}y}{y - y^*} \tag{5.26}$$

이 된다. 이 식에서 $y$가 주어져 있다면, 대응하는 $x$를 조작선으로 구할 수 있고, 또한 $x$에 평형인 기상몰분율 $y^*$도 구할 수 있기 때문에, 우변은 $y$의 함수라 볼 수 있다. 따라서 식의 양변을 탑정($y_2$)에서 탑저($y_1$)를 향해서 적분하면 탑의 높이 $Z$[m]를 구하는 식 (5.27)이 도출된다.

$$Z = \frac{G_{\mathrm{M}}}{K_{\mathrm{y}}a} \int_{y_2}^{y_1} \frac{\mathrm{d}y}{y - y^*} \tag{5.27}$$

이 식의 우변의 적분 값은 **이동단위수**(number ot transfer unit : NTU)라고 하는 무차원수이다. 이 경우, 기상기준의 총괄물질이동계수가 사용되기 때문에 기상기준의 총괄이동단위수라고 부르며 $N_{\mathrm{OG}}$로 나타낸다.

$$N_{\mathrm{OG}} = \int_{y_2}^{y_1} \frac{\mathrm{d}y}{y - y^*} \tag{5.28}$$

$N_{\mathrm{OG}}$는 물질이동의 추진력($y - y^*$)의 역수의 적분 값이기 때문에 $N_{\mathrm{OG}}$의 값이 크다는 것은 추진력이 낮고 탑 높이가 높아지는 것을 의미한다.

한편 식(5.27)의 우변의 분모 $K_{\mathrm{y}}a$는 물질이동계수와 기액의 접촉면적의 곱이며 장치 단위체적당 물질이동 성능을 나타내는 특성치이고, **물질이동 용량계수**라고 한다. 이 역수에 비례하는 $G_{\mathrm{M}}/K_{\mathrm{y}}a$는 높이의 단위를 가지며 $N_{\mathrm{OG}} = 1$일 때의 충전탑의 높이와 같아 기상기준의 총괄적인 **이동단위높이**(height per transfer unit : HTU)라고 불리며 $H_{\mathrm{OG}}$ [m]로 나타낸다. 즉,

$$H_{\mathrm{OG}} = \frac{G_{\mathrm{M}}}{K_{\mathrm{y}}a} \tag{5.29}$$

이렇게 정의한 $N_{\mathrm{OG}}$와 $H_{\mathrm{OG}}$를 사용하면, 충전탑의 높이 $Z$는 식(5.27)으로부터

$$Z = H_{\mathrm{OG}} \cdot N_{\mathrm{OG}} \tag{5.30}$$

으로 주어진다. HTU와 NTU의 값이 커질수록 탑 높이 $Z$는 높아진다.

탑 높이 $Z$를 계산할 때, 용량계수($K_y a$)를 직접 사용해도 되는데, 어째서 HTU를 새롭게 도입한 것일까? 그 이유를 살펴보자. 첫 번째는 용량계수의 단위 [mol · $m^{-2}$ · $s^{-1}$ · (몰분율)$^{-1}$]에 비하여 HTU의 단위 [m]은 간단하고 분명하다는 것. 두 번째는 용량계수 $K_y a$는 거의 $G_M^{0.8}$에 비례하여 증대하는데, 그럴 경우 HTU는 $G_M^{0.2}$에 비례하여 변화할 뿐이고 가스 유량이 조금씩 변화해도 HTU에 끼치는 영향은 작다는 것. 그러한 이유로 HTU는 가스흡수탑의 설계에 넓게 사용되고 있다.

### 5.3.4 이동단위높이($H_{OG}$)와 이동단위수($N_{OG}$)의 계산

식(5.16)의 양변에 $(G_M/a)$를 곱하여 아래와 같이 변형시키면, 총괄이동단위높이 $H_{OG}$와 가스 경계막에 대한 이동단위높이 $H_G$와 액체 경계막에 대한 이동단위높이 $H_L$을 사용하여 다음과 같이 나타낼 수 있다.

$$H_{OG} = \frac{G_M}{K_y a} = \frac{G_M}{k_y a} + \frac{L_M}{k_x a} \cdot \frac{mG_M}{L_M} = H_G + H_L \frac{mG_M}{L_M} \tag{5.31}$$

여기서 $H_G = G_M/k_y a$, $H_L = L_M/k_x a$이다.

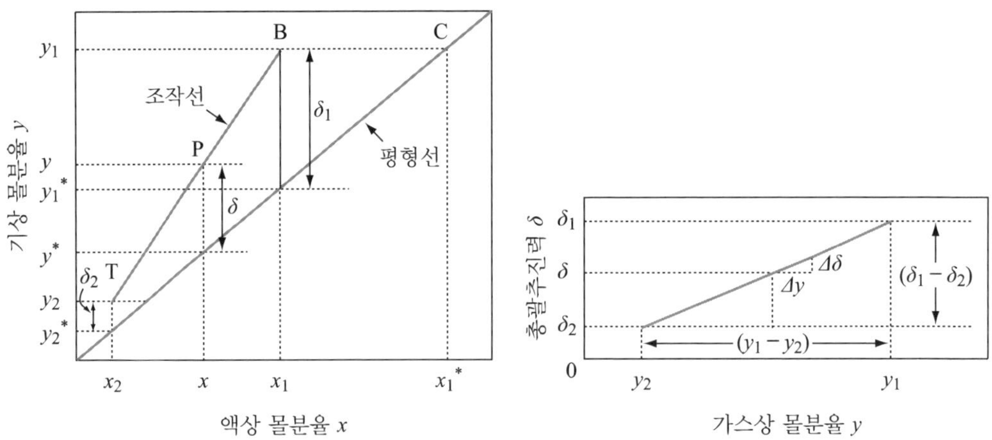


(a) 기상 총괄추진력을 구하는 법 (b) $N_{OG}$의 정적분 계산법

그림 5.6

총괄이동단위높이는 기·액의 유량, 물성치, 충전물의 종류나 길이, 탑경 등의 특성치에 의존한다. 그러한 특성치를 변화시켜서 가스흡수 실험을 해서, $H_G$와 $H_L$에 대한 상관식이 제출되어있다.

한편, 총괄이동단위수 $N_{OG}$는 식(5.28)로 계산할 수 있다. 그림 5.6(a)에 나온 것처럼 $x-y$선도상에 평형선과 조작선을 그으면, 두 개의 수직거리가 물질이동의 추진력 $\delta = y - y^*$을 제공하기 때문에 그 역수 $1/(y-y^*)$를 $y$에 대해 작도하여 $y_2$에서 $y_1$까지 적분하면 $N_{OG}$를 구할 수 있다.

만약, 평형선이 헨리의 법칙식(5.2)로 표시되어, 용질농도가 희박하고 조작선이 식(5.21b)의 직선으로 나타낼 수 있는 경우는, $\delta$ 대 $y$의 작도는 그림 5.6(b)와 같이 직선이 되며, 그 기울기 $\mathrm{d}\delta/\mathrm{d}y$는 그림으로부터 다음과 같이 쓸 수 있다.

$$\frac{\mathrm{d}\delta}{\mathrm{d}y} = \frac{\delta_1 - \delta_2}{y_1 - y_2} = \text{정수} \tag{5.32}$$

이 함수를 식(5.28)에 대입하여 적분변수를 $y$에서 $\delta$에 변환하여 적분 하면

$$N_{OG} = \int_{y_2}^{y_1} \frac{\mathrm{d}y}{y - y^*} = \frac{y_1 - y_2}{\delta_1 - \delta_2} \int_{\delta_2}^{\delta_1} \frac{\mathrm{d}\delta}{\delta} = \frac{y_1 - y_2}{\delta_1 - \delta_2} \ln \frac{\delta_1}{\delta_2} \tag{5.33}$$

를 얻을 수 있다. 이어서 식으로 정의되는 $\delta_1$과 $\delta_2$에 대한 대수평균값 $\delta_{lm}$을 도입하면

$$\delta_{lm} = \frac{\delta_1 - \delta_2}{\ln(\delta_1/\delta_2)} = \frac{(y_1 - y_1{}^*) - (y_2 - y_2{}^*)}{\ln[(y_1 - y_1{}^*)/(y_2 - y_2{}^*)]} \tag{5.34}$$

가 된다. 이 식에서

$$\ln(\delta_1 - \delta_2) = (\delta_1 - \delta_2)/\delta_{lm}$$

을 얻을 수 있어, 이것을 식(5.33)의 가장 오른쪽 변에 대입하면, $N_{OG}$는 다음과 같이 나타낼 수 있다.

$$N_{OG} = \frac{y_1 - y_2}{\delta_1 - \delta_2} \cdot \frac{\delta_1 - \delta_2}{\delta_{lm}} = \frac{y_1 - y_2}{\delta_{lm}} = \frac{y_1 - y_2}{(y - y^*)_{lm}} \tag{5.35}$$

이 식에서 $N_{OG}$는 용질가스의 몰분율변화$(y_1 - y_2)$를 탑정과 탑저에서의 물질이동 추진력의 대수평균값$(y_1 - y^*)_{lm}$으로 나눈 형태가 된다는 것을 알 수 있다.

**One Point**

**대수평균값**

$a$와 $b$의 대수평균값은 $(a-b)/\ln(a/b)$로 정의된다. $a$와 $b$의 비가 약 2 이하라면 산술평균값 $(a+b)/2$를 사용해도 오차는 4% 정도이다.

### 예제 5.4

2 mol%($y_1=0.02$)의 메탄올을 포함하는 25℃, 1 atm의 공기 500 $m^3 \cdot h^{-1}$을 흡수탑의 탑저에 제공하고 탑정에서는 세정수($x_2=0$)를 연속적으로 공급하여 두 개를 서로 향류 접촉시켜 메탄올의 90%를 흡수하고 싶다. 물의 유량은 최소이론양의 2배로 하고, 온도는 25℃, 압력은 1 atm이며, 용해평형함수는 $y^*=0.25x$로 주어져있다고 하자. 이때, 다음 값을 구하라. (단, $H_G=1.2$ m, $H_L=0.2$ m이다.)

(1) 탑정에서의 메탄올 몰분율 $y_2$

(2) 최소 액가스비

(3) 조작선을 나타내는 식

(4) 기상기준의 총괄이동단위수 $N_{OG}$

(5) 기상기준의 총괄이동단위높이 HTU

(6) 소요탑 높이 $Z$[m]

**해답**

메탄올의 용액평형선이 그림 5.7과 같다. $y_1=0.02$, $x_2=0$이며, 메탄올의 몰분율은 낮기 때문에 가스 물질량속도는 탑내에서 변화하지 않는다.

(1) 메탄올의 회수율이 90%이기 때문에 탑정 가스 중 용질의 몰분율 $y_2$는

$$y_2=y_1(1-0.90)=0.02\times 0.1=0.002$$

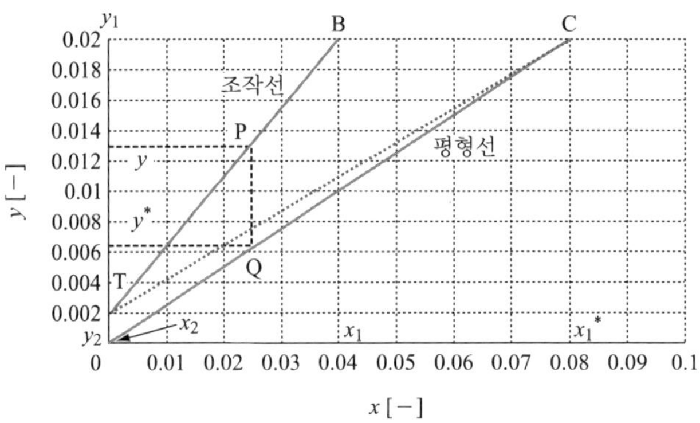


그림 5.7 메탄올의 흡수조작선과 평형선

(2) 탑저 가스 몰분율 $y_1 = 0.02$에 대한 평형액 몰분율 $x_1{}^*$은 평형선의 식 $y^* = 0.25x$로부터

$$x_1{}^* = 0.02/0.25 = 0.08$$

이다. 따라서 최소 액가스비 $(L_M/G_M)_{min}$은, 식(5.22)에서

$$(L_M/G_M)_{min} = \frac{y_1 - y_2}{x_1{}^* - x_2} = \frac{0.02 - 0.002}{0.08 - 0} = 0.225 \text{ mol} \cdot \text{mol}^{-1}$$

(3) 실제 액가스비는 최소 액가스비의 2배이므로

$$(L_M/G_M) = \frac{y_1 - y_2}{x_1 - x_2} = 0.225 \times 2 = 0.45 \text{ mol} \cdot \text{mol}^{-1} \qquad ①$$

조작선은 식(5.21b)에 $x_2 = 0$, $y_2 = 0.002$를 대입하여

$$y = (L_M/G_M)(x - x_2) + y_2 = 0.45(x - 0) + 0.002 = 0.45x + 0.002 \qquad ②$$

조작선과 평형선을 그림에 나타내면 그림 5.7과 같아진다.

(4) 평형선과 조작선이 모두 직선이기 때문에, 식(5.34)와 식(5.35)를 사용해서 $N_{OG}$의 값을 계산하면 된다.

탑저에서는 $y_1 = 0.02$이고, 그것에 대한 액조성 $x_1$은 $L_M/G_M = 0.45$를 식(5.21a)에 대입하여 $x_1$에 대해 풀면

$$x_1 = \frac{y_1 - y_2}{L_M/G_M} = \frac{0.02 - 0.002}{0.45} = 0.04$$

가 되며, 그것에 대한 평형기상조성 $y_1{}^*$은,

$$y_1{}^* = mx_1 = 0.25 \times 0.04 = 0.01$$

이다. 따라서 탑저에서의 물질이동의 추진력 $\delta_1$은

$$\delta_1 = y_1 - y_1{}^* = 0.02 - 0.01 = 0.01$$

마찬가지로, 탑정에서는 $y_2 = 0.002$, $x_2 = 0$, $y_2{}^* = 0$이기 때문에,

$$\delta_2 = y_2 - y_2{}^* = 0.002 - 0 = 0.002$$

이들 수치를 식(5.34)에 대입하면, 추진력의 대수평균값은

$$\delta_{lm} = (y - y^*)_{lm} = \frac{0.01 - 0.002}{\ln(0.01/0.002)} = \frac{8 \times 10^{-3}}{1.609} = 4.972 \times 10^{-3}$$

이 수치를 식(5.35)에 대입하여, 이동단위수 $N_{OG}$는

$$N_{OG} = \frac{y_1 - y_2}{\delta_{lm}} = \frac{0.02 - 0.002}{4.972 \times 10^{-3}} = 3.62 \qquad ④$$

(5) 총괄이동단위높이 HTU의 값은, 식(5.31)에 $H_G = 1.2$ m, $H_L = 0.2$ m , $m = 0.25$, $L_M / G_M = 0.45$를 대입하여

$$H_{OG} = H_G + H_L(mG_M/L_M) = 1.2 + 0.2 \times (0.25/0.45) = 1.31 \text{ m} \qquad ⑤$$

(6) 탑 높이 $Z$는 식(5.30)에서

$$Z = H_{OG}M_{OG} = 1.31 \times 3.62 = 4.74 \text{ m} \qquad ⑥$$

이와 같이, 가스흡수탑의 충전물의 높이를 4.74 m로 정하면 된다.

## 5.4 충전탑의 직경을 계산한다.

### 5.4.1 충전탑의 로딩과 플러딩

충전탑의 탑정에서 흡수액을 탑저에서 기체를 흘려보내면, 기체는 표면이 액으로 젖은 충전물 사이의 틈을 뚫고 상승하고 액은 하강한다. 그 과정에서 유입기체의 에너지손실이 발생한다. 이 에너지손실은 가스 압력 저하로 평가할 수 있어 **압력손실**이라고 한다(7.4 참고). 가스속도가 커지면, 이 압력손실도 점차 커지며 탑 안에 정체하는 액량(액 홀드업(hold up)이라고 한다)이 증가하여 압력손실도 급격히 커진다. 이 상태를 **로딩**이라고 한다.

더욱이 액속도를 늘리면 결국엔 액이 흘러내리지 않게 되어 탑정에서 흘러넘치게 된다. 이 상태를 **플러딩**(flooding)이라고 한다.

충전탑을 설계할 때에는 로딩과 플러딩이 발생하지 않도록 가스 질량속도[$\text{km} \cdot \text{m}^{-2} \cdot \text{s}^{-1}$]를 설정해야 한다.

### 5.4.2 충전탑의 직경

충전탑의 직경을 결정하는 데는, 가스의 허용질량속도 $G_a$[$\text{kg} \cdot \text{m}^{-2} \cdot \text{s}^{-1}$]의 값을 정해야 한다. 그 값으로써 플러딩 질량속도 $G_F$나 로딩 질량속도의 40～70%를 취하는 경우가 많다.

그것들의 값과 조작 조건, 유체물성과의 상관식 또는 그래프가 제출되어있는데『화학공학편람』 등에 개제되어있다. 예를 들면, 플러딩 질량속도 $G_F$를 계산하여, 그 50%의 값을 허용가스 질량속도로 하면 $G_a$[kg·m$^{-2}$·s$^{-1}$]의 값이 정해진다. 한편, 충전탑의 직경을 $d$[m]로 하면 공탑의 단면적은 $(\pi/4)d^2$[m$^2$]이 되며 허용가스 질량속도 $G_a$를 곱한 것이, 흡수탑에 공급되는 가스의 질량속도 $w$[kg·s$^{-1}$]과 같아지기 때문에

$$(\pi/4)d^2 G_a = w \tag{5.36}$$

이 성립된다. 공급가스의 체적유량 $v$[m$^3$·s$^{-1}$]가 주어져 있는 경우에는, 그것을 물질유량 $F$[mol·s$^{-1}$]로 환산하여, 가스의 분자량을 곱하면 공급가스의 질량유량 $w$[kg·s$^{-1}$]의 값을 얻을 수 있다. 이렇게 해서 구한 $G_a$와 $w$의 값을 식(5.36)에 대입하면 탑경 $d$를 계산할 수 있다.

### 예제 5.5

예제 5.4의 충전탑의 직경을 계산하라. (단, 플러딩 질량속도 $G_F$를 상관식으로 계산한 결과는 2.65 kg·m$^{-2}$·s$^{-1}$이며, 그 50%의 값을 허용가스 질량속도 $G_a$로 한다.)

**해답**

예제 5.4에서 흡수탑에 제공되는 가스는, 공기중의 2 mol%의 메탄올을 포함하여, 그 유량은 25℃, 1 atm에서 $v = 500\ \text{m}^3\cdot\text{h}^{-1} = 500/3{,}600\ \text{m}^3\cdot\text{s}^{-1}$이다. 유통계에 대한 이상기체법칙, $Pv = FRT$(식 3.21)를 이용하면, 물질유량 $F$[mol·s$^{-1}$]은

$$F = \frac{Pv}{RT} = \frac{(1.013\times10^5)\times(500/3{,}600)}{8.314\times(25+273.2)} = 5.68\ \text{mol}\cdot\text{s}^{-1}$$

이 된다. 공기 중의 메탄올 농도는 낮기 때문에 가스의 분자량은 공기의 값 $29\times10^{-3}$ kg·mol$^{-1}$과 비슷해 질 수 있으므로, 질량속도 $w$[kg·s$^{-1}$]은

$$w = (5.68\ \text{mol}\cdot\text{s}^{-1})\times(29\times10^{-3}\ \text{kg}\cdot\text{mol}^{-1}) = 0.165\ \text{kg}\cdot\text{s}^{-1} \qquad ①$$

과 같이 계산할 수 있다.

허용가스 속도 $G_a$를 플러딩 속도 $G_F$의 50%로 설정하므로 $G_a = 2.65\times0.5 = 1.33$ kg·m$^{-2}$·s$^{-1}$이 된다. 또한 식①에서 $w = 0.165$ kg·s$^{-1}$이므로, 이것들의 수치를 식(5.36)에 대입하면

$$(\pi/4)d^2\times1.33 = 0.165 \qquad \therefore\ d = 0.398 \fallingdotseq 0.4\ \text{m}$$

이렇게 해서 예제 5.4의 충전탑은 높이를 4.74 m, 직경을 0.4로 구할 수 있다.

## 연습문제

01. 20℃, 1 atm의 수소와 평형인 물이 있다. 이 물의 수소농도가 0.815 mol · $m^{-3}$이다. 이때 헨리상수 $H$ 및 $m$의 값을 구하라.

02. 산소는 20℃, 압력 1 atm일 때, 1000 $cm^3$의 물에 0.0444 g 녹는다. 이때 헨리상수 $H$, $m$, $K$, $H'$의 값을 구하라.

03. 20℃, 1 atm에서 몰분율 0.015의 암모니아를 포함하는 공기 40 mol을 15 mol의 물과 접촉시켜서 평형이 되었을 때의 기상, 액상의 조성(몰분율)을 구하라. 암모니아의 물에 대한 용해평형은 $y = 0.76x$으로 한다.

04. 어떤 가스흡수장치로 암모니아 흡수를 할 때, 기상물질이동계수 $K_G = 3.33 \times 10^{-6}$ mol · $m^{-2}$ · $s^{-1}$ · $Pa^{-1}$, 액상물질이동계수 $k_L = 1.06 \times 10^{-4}$ m · $s^{-1}$, 헨리상수 $H = 1.37$ Pa · $m^3$ · $mol^{-1}$이다. 이때, 가스측 분압기준의 총괄물질이동계수 $K_G$의 값을 구하라.

05. 암모니아와 공기의 혼합가스가 암모니아수와 전압 $1.013 \times 10^5$ Pa, 25℃에서 접촉하고 있다. 또한 기상의 암모니아 분압은 $2 \times 10^3$ Pa, 물 속의 암모니아 농도는 700 mol · $m^{-3}$이며, 기상물질이동계수 $K_G = 5.0 \times 10^{-6}$ mol · $m^{-2}$ · $s^{-1}$ · $Pa^{-1}$, 액상물질이동계수 $k_L = 7.0 \times 10^{-5}$ m · $s^{-1}$, 헨리상수 $H = 1.76$ Pa · $m^3$ · $mol^{-1}$이다. 이때 다음 질문에 답하라.
(1) 암모니아는 흡수되는가, 아니면 방산되는가?
(2) 가스측 분압기준의 총괄물질이동계수 $K_G$의 값을 구하라. 또한 기상 저항과 액상 저항 중 어느 쪽이 더 지배적인가?
(3) 암모니아의 흡수속도 $N_A$[mol · $m^{-2}$ · $s^{-1}$]를 구하라.

06. 가스흡수탑에 27℃, 1 atm에서 공기와 암모니아의 혼합기체(암모니아의 분압 = 50 mmHg) 200 $m^3$ · $h^{-1}$을 주입해, 탑정에서 물을 1000 kg · $h^{-1}$로 흘려보내 암모니아의 90%를 흡수시킨다. 이때 탑저에서 배출되는 흡수액 중의 암모니아의 몰분율을 구하라.

07. $NH_3$을 15% 포함하는 공기 30 kmol · $h^{-1}$과 향류로 접촉시켜서, 95%의 $NH_3$를 흡수시키고 싶다. 이때 필요한 최소 수량 $L$[kg · $h^{-1}$]을 구하라. (단, $NH_3$의 물 용해도는 5 g · (100 g 물)$^{-1}$로 한다.)

08. 2 mol%($y_1 = 0.02$)의 메탄올을 포함하는 공기 $G_M = 100$ mol · $h^{-1}$을 흡수탑의 탑저에 제공하고, 탑정에서 세정수를 연속적으로 제공해, 두 개를 향류로 접촉시켜서, 메탄올 95%를 흡수하고 싶다. 물의 유량 $L_M$[mol · $h^{-1}$]은 최소이론량의 2배에서 조작하여 온도는 25℃, 압력은 1 atm이며, 용해평형관계는 $y = 0.25x$로 주어져 있다. 이때 다음 값을 구하라. (단, $H_{OG} = 0.8$ m이다.)

(1) 탑정에서의 메탄올 몰분율 $y_2$

(2) 최소 액가스비

(3) 조작선을 나타내는 식

(4) 가스측 분압기준의 총괄이동단위수 $N_{OG}$

(5) 소요 탑 높이 $Z$[m]

**09.** 어떤 가용성가스 2 mol%를 포함하는 공기를 물로 세정하여, 흡수탑 출구에서의 가스구성을 0.2 mol% 이하로 하고 싶다. 물의 유량으로써 최소이론수량의 2.5배를 이용한다고 할 때, 흡수탑의 높이는 얼마 이상으로 해야 하는가? (단, 평형관계는 $y=0.5x$ 이며, 액상측과 기상측이 이동높이는 $H_L$ = 0.5 m, $H_G$ = 0.7 m이다.)

**10.** 25℃, 1.2 atm에서 암모니아 2%를 포함하는 공기를 물로 세정하는 가스흡수에서, 처리해야 할 가스양은 700 $m^3 \cdot h^{-1}$있다고 하자. 플러딩 질량속도를 상관식으로 계산하자 2,480 $kg \cdot m^{-2} \cdot h^{-1}$이었으며, 그 50%의 값을 허용가스 질량속도로 한다. 이때의 탑경을 구하라.

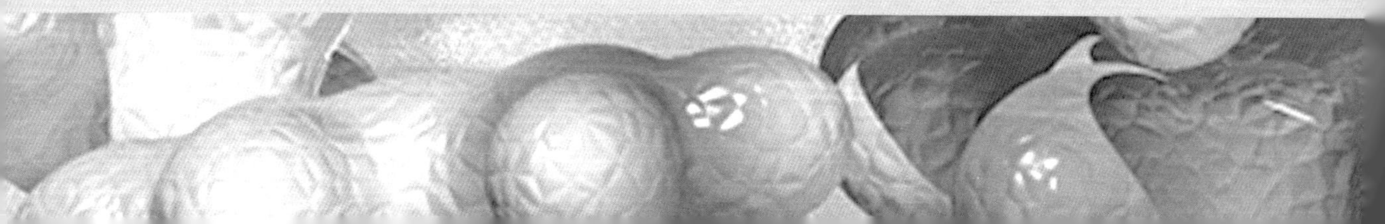

Chapter

06

# 액액추출

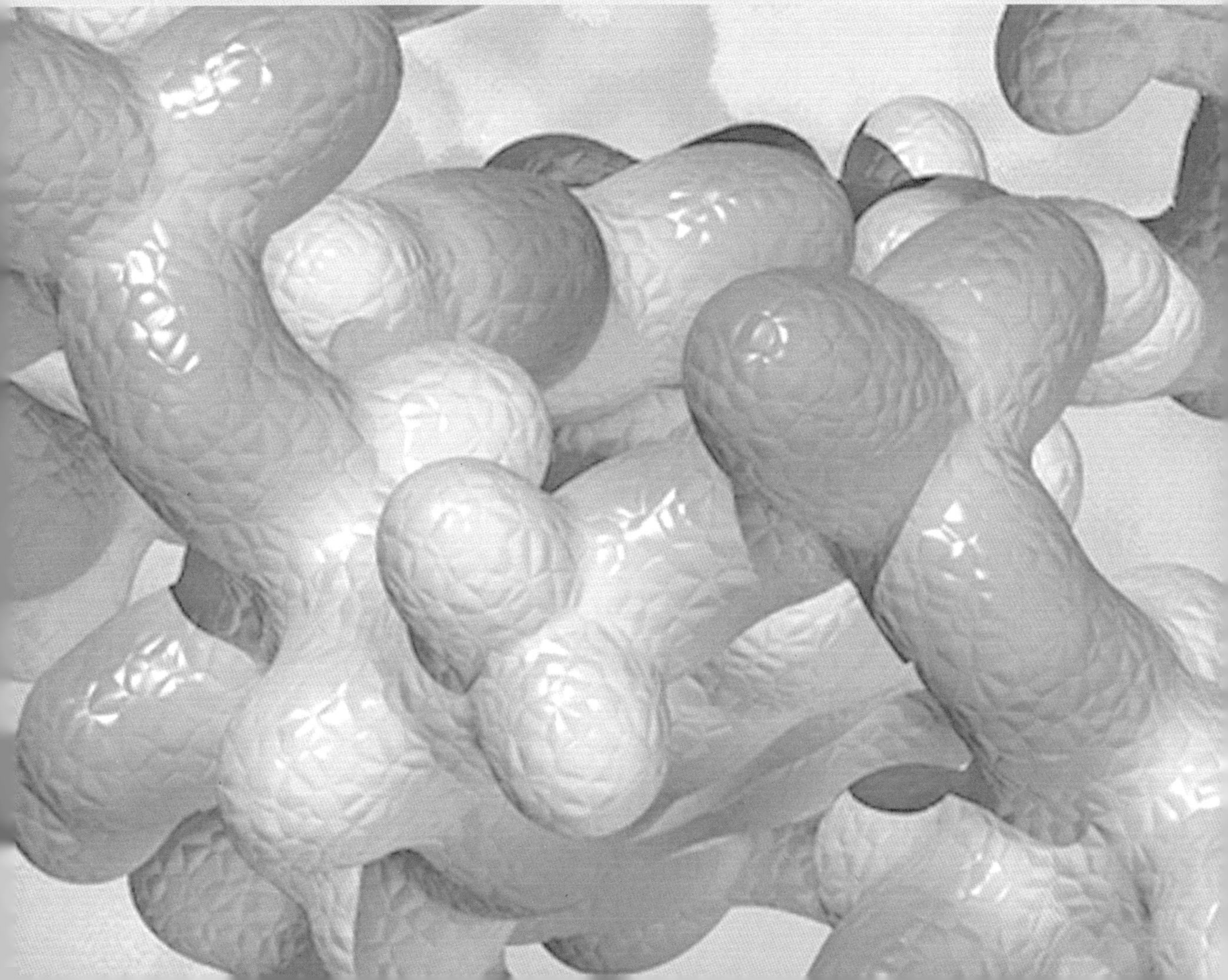

추출이란 고체나 용액인 원료에서 어떤 특정 성분만을 용제로 녹여내는 조작이다. 원료가 고체인 경우를 고액추출 액체인 경우를 액액추출이라고 한다. 이 책에서는 액액추출만을 다룬다.

예를 들어, 초산수용액의 초산을 MIBK(메틸 아이소부틸 케톤)을 용제로 하여 추출하는 경우를 생각해보자. 용제인 MIBK는 초산과의 친화성이 강하여 초산과는 서로 잘 녹는데 물에는 거의 녹지 않는다. 따라서, 원료인 초산수용액에 MIBK를 가해 충분히 혼합 교반한 후에 정치(静置)시키면 초산은 물보다도 친화성이 강한 MIBK측으로 이동하여(추출되어) 초산을 용해한 MIBK상과 초산이 빠진 물상의 두 개의 상이 생긴다. 이러한 두 개의 상은 서로 녹지 않고 밀도도 다르기 때문에 상하 두 개의 상으로 분리된다.

액액추출에서는 원료(또는 추료(抽料))의 추출성분을 용질(또는 추질(抽質)), 추출되지 않는 성분(용매)을 원용매(희석제), 추출하기 위해 사용되는 제 3성분을 용제(추제(抽劑))라고 한다. 더욱이 용질이 추출된 후의 원용매상을 추잔액, 용질과 용제의 혼합액상을 추출액이라고 한다.

위에 설명한 추출 조작에서는 단순히 초산을 원료상에서 용제상으로 이동시킨 것뿐이다. 초산만을 얻기 위해서는 초산과 MIBK를 증류 등을 통해 분리할 필요가 있다. 이렇게 추출 조작은 수고로운 듯 하지만 공비혼합물을 형성할 때처럼 증류를 통해 분리하는 것이 불가능한 계에서는 일단 추출한 후 증류한다는 복합조작이 채용되고 있다.

***One Point***

**고액추출**

고체의 천연물에서 유지, 향료, 색소 등을 꺼내기 위해 고액추출이 이용되고 있다. 예를 들면 대두에서 유지를 추출할 때에는 대두를 잘게 부순 후, 납작하게 부숴서 헥산으로 추출한다. 향료의 추출에는 천연원료를 석유 에테르(ether), 헥산 등으로 추출하여, 그 후 용매를 분리시킨 것을 다시 에탄올로 추출하는 공정을 한다.

# 6.1 추출을 이해하기 위한 액액평형관계

## 6.1.1 삼각선도

액액추출에서는 **용질**, **원용매**, **용제**의 삼성분계를 다룬다. 용질을 A, 원용매를 B, 용제를 C라 하고, 각각의 질량분율을 $x_A$, $x_B$, $x_C$라 하면 다음과 같은 식이 성립된다.

$$x_A + x_B + x_C = 1 \tag{6.1}$$

이들의 삼성분계의 조성을 그림 6.1과 같이 삼각선도(직각 이등변 삼각형) 위에 나타낼 수 있다.

삼각형의 꼭짓점에 용질 A, 원점에 원 용매 B, 밑변 오른쪽 끝에 용제 C를 두고, 삼각형의 수직변인 $\overline{BA}$(세로축)과 밑변 $\overline{BC}$(가로축)에는 0에서 1까지의 눈금을 만든다. 이때, 삼각형의 꼭짓점 A, B, C는 각 성분의 순수성분을 나타내고 있다. 또한 세로축(AB) 위의 점은 용질 A와 원용매의 이성분계혼합액을 나타내고 있다. 예를 들면 세로축 위의 0.3의 점은 용질 A의 분율이 0.3이고 원용매 C의 분율이, $1-0.3=0.7$인 혼합액을 나타낸다. 마찬가지로 가로축(BC) 위의 점은 성분 C(용제)와 성분 B(원용매)의 이성분계혼합액의 조성을 나타낸다.

한편, 삼성분계일 경우는 삼각형 내부의 한 점에 대응한다. 예를 들어 그림 6.1의 점 P는 세로축이 0.5고, 가로축이 0.2인 점이기 때문에 $x_A=0.5$, $x_C=0.2$가 되어 성분 B(원용매)의 분율 $x_B$는 식(6.1)을 이용해 0.3으로 계산할 수 있다. 이처럼 삼성분계에서는 $x_A$와 $x_C$를 독립변수로 선택함으로써, 계의 조성을 나타낼 수 있다.

**One Point**

**삼각선도**

용해도곡선의 용질 A의 분율이 낮은 경우에는, 세로축의 눈금을 가로축보다 확대시킨 직각 삼각형이 사용된다.

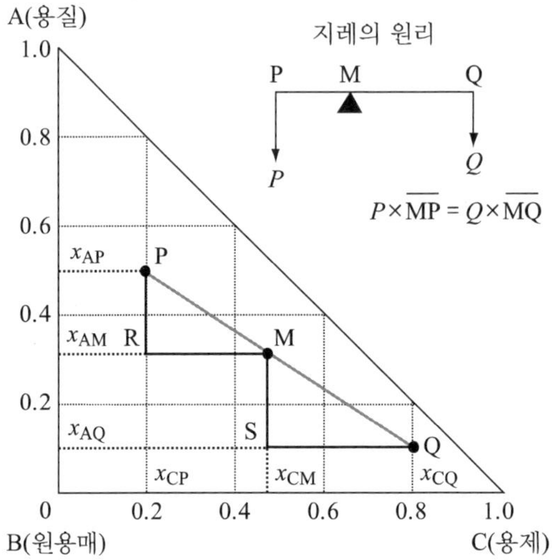


그림 6.1 직각 이등변삼각형을 사용한 삼성분계의 조성표시법

## 6.1.2 지레의 원리

그림 6.1의 삼각선도를 이용하면, 조성이 다른 두 개의 삼성분계의 액을 혼합시켰을 때, 혼합액의 조성을 선도상에서 간단하게 구할 수 있다. 다음에 그 방법을 설명하겠다.

예를 들어, 그림 6.1의 점 P의 조성($x_{AP}$, $x_{BP}$, $x_{CP}$)의 액 $P$[kg]와 점 Q로 나타내는 조성($x_{AQ}$, $x_{BQ}$, $x_{CQ}$)의 액 $Q$[kg]를 혼합시켰을 때 생기는 혼합액 M의 조성을 ($x_{AM}$, $x_{BM}$, $x_{CM}$)이라 표시하면, 다음의 물질수지가 성립된다. (P, Q, M 등의 기호는 각각 조성을 나타냄과 동시에 그 질량[kg]도 나타낸다.)

전체량 $$P + Q = M \tag{6.2}$$

용질 A $$Px_{AP} + Qx_{AQ} = Mx_{AM} \tag{6.3}$$

용제 C $$Px_{CP} + Qx_{CQ} = Mx_{CM} \tag{6.4}$$

식(6.3) 및 식(6.4) 각각에 식(6.2)를 대입시켜 $P/Q$에 대해서 풀면, 식(6.5a)와 식(6.5b)의 중앙의 식과 같은 관계를 얻을 수 있다. 그것들을 그래프 위의 선분의 길이로 나타내면 식(6.5)의 우변에 나타나는 듯이 두 개의 삼각형 △PRM과 △MSQ의 두 개의 변의 길이의 비의 형태로 나타낼 수 있다.

$$\text{용질 A} \quad \frac{P}{Q} = \frac{x_{AM} - x_{AQ}}{x_{AP} - x_{AM}} = \frac{\overline{MS}}{\overline{PR}} \tag{6.5a}$$

$$\text{용제 C} \quad \frac{P}{Q} = \frac{x_{CQ} - x_{CM}}{x_{CM} - x_{CP}} = \frac{\overline{SQ}}{\overline{RM}} \tag{6.5b}$$

이들 두 개 식의 우변은 모두 $P/Q$와 같기 때문에 삼각형 △PRM과 △MSQ는 대응하는 두 개의 변의 비가 각각 같다는 것이 되며, 두 개는 닮은꼴인 것을 알 수 있다. 따라서 혼합액의 조성을 나타내는 점 M은 각각 액의 조성을 나타내는 점 P와 점 Q를 잇는 선 위에 있다는 것이 분명해진다. 또한 위 식의 우변의 직선의 비를 삼각형의 빗변의 길이의 비 $\overline{MQ}/\overline{MP}$의 형태로도 바꿔 쓸 수 있어 그렇게 변형하면 다음 관계가 된다.

$$P \times \overline{MP} = Q \times \overline{MQ} \tag{6.6}$$

이 관계는 그림 6.1과 같이 점 M을 지점(支点)으로 한 "지레"의 양 끝에 질량 P와 Q 두 개를 매달고 균형을 맞추고 있는 상황과 같아서 **"지레의 원리"**라고 한다.

식(6.6)은 가비의 비를 이용하면, 다음과 같이 변형시킬 수 있다.

$$\frac{\overline{MP}}{Q} = \frac{\overline{MQ}}{P} = \frac{\overline{MP} + \overline{MQ}}{Q+P} = \frac{\overline{PQ}}{Q+P} \tag{6.7}$$

$$\therefore \ \overline{MP} = \overline{PQ} \times \frac{Q}{Q+P} \tag{6.8}$$

또한, 혼합액의 조성은 선분 $\overline{PQ}$ 위에 있는 것이 분명하기 때문에, 물질수지식(6.2)와 (6.3)을 이용해서, 점 M의 세로축의 위치 $x_{AM}$은 다음 식이 된다.

$$x_{AM} = \frac{P x_{AP} + Q x_{AQ}}{P+Q} \tag{6.9}$$

이와 같이, 혼합액의 조성을 구할 수 있다.

***One Point***

**가비의 리**

분수식의 등식 변형 : $a/b = c/d = (a+c)/(b+d)$
예 : $1/2 = 3/6 = (1+3)/(2+6) = 4/8 = 1/2$

### 6.1.3 용해도와 액액평형

용질 A와 원용매 B로 된 원료액 F에 용매 C를 혼합하면 두 액의 혼합비에 의해서 균일하게 녹는 경우와 두 개 상으로 분리되는 경우로 나누어진다. 삼각좌표상에서 그 경계의 조성을 이은 선을 용해도곡선이라고 한다. 그림 6.2는 용해도곡선의 모식도의 예이다. 혼합액의 조성이 용해도곡선의 바깥쪽에 있으면 균일상이 되고, 안쪽에 있으면 곡선상의 두 개의 점으로 나타나는 이액상으로 나뉘진다. 이 평형상태에 있는 이액상의 조성을 양끝으로 하는 선분을 **대응선**(tie-line)이라고 한다.

원료 F와 용제 C를 혼합시킨 액의 겉보기 조성을 나타내는 점 M은, 점 F와 점 C를 잇는 직선위로 온다. 그림 6.2의 예에서는 점 M은 용해도곡선의 안쪽에 있기 때문에 점 M을 통과하는 대응선의 양 끝 R(좌측의 교점)과 E(우측의 교점)의 각 조성을 가진 두 개의 상으로 분리된다. 점 E의 액은 용질 A가 용제 C에 추출된 액(추출액)이며, 점 R의 액은 용질 A의 일부가 원용매에 존재한 액(추잔액)이다.

즉, 원료와 용매의 혼합조성이 용해도곡선 안쪽에 위치하도록 두 액을 혼합시키면 용질 A가 원료에서 용제(C)쪽으로 추출되고 잠시 정치시키면 평형상태가 되어 추출액 E와 추잔액 R을 얻을 수 있는 것이다. 이처럼 원료의 용질 A의 대부분은 추출상으로 이동하고 용질이 분리된 것이 된다. 이것이 추출의 기본원리이다.

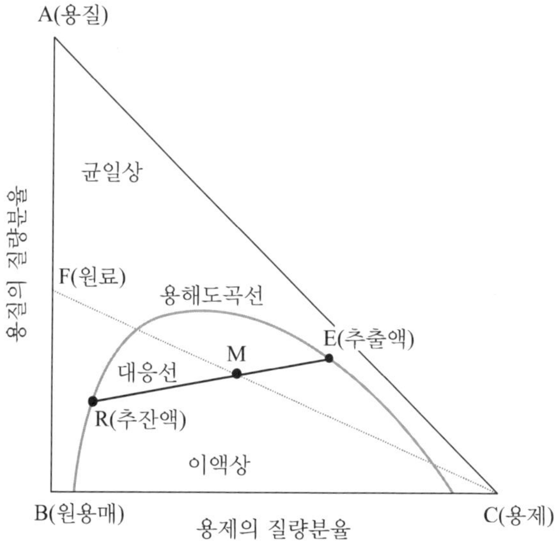


그림 6.2 삼성분계의 용해도 평형

**One Point**

**용해도곡선의 측정**

그림 6.2 삼각선도의 세로축의 점 F에 상당하는 용질 A와 원용매 B의 혼합물을 만들어, 이것에 용제 C를 조금씩 적하시켜 교반해가면 지레의 원리에 의해서 혼합물은 직선 FC 위를 C를 향해 이동해간다. 처음은 완전히 녹아서 하나의 액상이 되지만, 용해도의 한계에 달하면 투명한 액이 흐려지기 시작한다. 그 시점에서 C의 적하를 중지시켜서 물질수지로 조성을 결정하면, 용해도곡선의 한 점이 정해진다. 같은 온도에서 같은 실험을 반복해서 하면 용해도곡선을 얻을 수 있다.

**One Point**

**대응선의 측정**

용해도곡선 안쪽의 조성을 가진 삼성분계의 혼합액 M을 만들어 방치하면, 두 개의 액상으로 나눠져 액액평형상태가 되고, 밀도차가 있기 때문에 상층액과 하층액으로 나눠진다. 각각의 층의 조성을 분석하면, 혼합액 M에 대응하는 대응선을 그릴 수 있다.

## 6.2 액액추출장치와 그 조작법

### 6.2.1 교반탱크형 추출장치

몇 개의 액액추출장치를 그림 6.3에 나타냈다. 그것들은 **교반탱크형**과 **탑형**으로 크게 구분된다.

교반탱크형은 교반침전기형 추출장치(그림 6.3a)라 불리며 원료액과 용제를 혼합 교반시켜 용질을 추출하는 교반기와 물질이동이 끝나 거의 평형상태인 혼합액을 정치하는 침전기로 되어있다. 침전기에서의 추출액은 밀도 차이에 의해서 상하의 두 개의 상으로 나눠지기 때문에 그것들을 따로 꺼냄으로써 추출액과 추잔액을 얻을 수 있다.

하지만 추출액에는 목적성분인 용질 A뿐만이 아니라 용제 C도 포함되어있기 때문에 그대로는 제품이 될 수 없다. 추출액을 증류탑 등으로 보내서 거기서 용질과 용제를 분리시켜 제품 A를 얻음과 동시에, 용제 C를 회수하여 다시 추출공정에 되돌려 재사용한다. 이 같은 추출 조작법을 **단추출 조작**이라고 한다. 만약 단추출 조작에서 원료 중의 용질 A의 회수가 불충분한 경우에는 추잔액을 원료로써 회분추출 조작을 반복하는 조작법이 사용된다. 이러한 방식을 **다회추출 조작**이라고 한다.

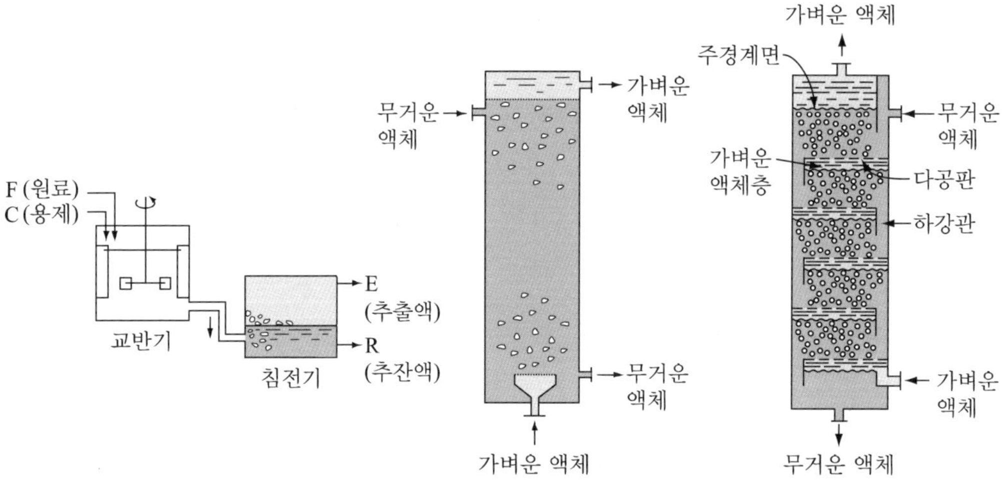


(a) 교반침전기 (b) 스프레이 탑 (c) 다공판 탑

**그림 6.3** 액액추출장치

단추출 및 다회추출은 회분조작인데, 교반탱크침전기 추출장치를 직렬로 접속시켜 원료와 용제를 향류로 흘러 보내는 조작방식이 있는데 그것을 **향류다단추출**이라고 한다. 제 1통에서 나오는 추잔액을 제 2통의 원료로써 제공하여 추출을 하고, 이어서 제 3통으로 보내는 방식의 조작을 반복한다. 그리고 최종의 제 $N$통에서 추잔액을 꺼낸다. 한편 용제 C는 제 $N$통에 제공되어 거기서 추출상이 되어 회수돼 다음 통의 용제로써 제 $(N-1)$통에 제공된다. 이렇게 원료액과 용제는 서로 향류방향으로 흐르면서 접촉시켜 추출을 연속적으로 진행시키는 것이 향류다단추출이다.

### 6.2.2 탑형 추출장치

탑형 추출장치는 연속향류장치이며 스프레이 탑(그림 6.3b), 다공판 탑(그림 6.3c) 등이 있다. 스프레이 탑에서 중액(重液)은 탑정에서 제공된다. 한편, 경액(輕液)은 탑 하부의 분산기에 의해서 액적(液滴)이 되어 중액에 분산되어 추출된다. 다공판 탑에서는 탑내에 다공판이 적당한 간격으로 설치되어 경액은 다공판의 구멍에서 작은 액적이 되어 상승하는데 바로 위의 다공판 아래에서 액적은 합체하여 경액의 층을 만든다. 그리고 다시 다공판의 구멍에서 나가 액적이 된다. 이처럼 경액은 액적의 형성과 합체를 반복하면서 탑 속을 상승해간다. 한편, 중액은 다공판 사이를 횡방향으로 흐르며 하강관에서 바로 아래의 다공판 사이를 흘러내린다. 이처럼 경액과 중액이 접촉하는 모습은 증류탑에서의 기체와 액체의 그것과 비슷하다.

**One Point**

**탑형 추출장치의 중액(重液)과 경액(輕液)**

탑형 추출장치에서는 원료와 용제 중 밀도가 큰 것을 탑정에서, 작은 것을 탑저에서 흘려보낸다. 이때, 밀도가 큰 액을 중액, 작은 것을 경액이라고 한다.

## 6.3 액액추출을 계산한다.

회분추출은 용질 A를 포함하는 원료를 용제 C와 교반·혼합하여, 용질 A를 용제 측으로 회수하는 조작이다. 추출의 계산이란, 주어진 원료의 조성과 양 $F$[kg]에 대해, 원료를 가한 용제 C의 양 $S$[kg]을 설정했을 때, 추출액 E와 추잔액 R의 양[kg]과 조성, 그리고 용질 A의 회수율 $Y$를 구하는 것이다.

### 6.3.1 단추출의 계산

단추출 조작에서는 원료에 용제를 가해 교반하여, 평형이 된 후 정치시켜 추출상과 추잔상으로 분리한다. 이때, 원료를 $F$[kg], 그 중의 용질 A의 질량분율을 $x_{\mathrm{F}}$, 가한 용제의 양을 $S$[kg], 두 개의 혼합액의 액량을 $M$[kg], 그 중의 용질 A의 질량분율을 $x_{\mathrm{M}}$으로 표시한다. $x_{\mathrm{F}}$와 $x_{\mathrm{M}}$에는 용질 A를 나타내는 첨자 A가 생략되어있는데, 그 이유는 다음과 같다. 예를 들어 원료 F와 용제 C의 혼합액 M의 조성은 삼각선도 위의 점 F와 점 C를 잇는 선상에 있기 때문에 혼합액 M의 용질 A의 조성을 물질수지식으로 계산하면 점 M의 위치가 직선 $\overline{\mathrm{FC}}$ 위가 된다. 그 점 M의 가로축 좌표의 값에서 용제 C의 조성을 바로 구할 수 있으므로 성분 C의 물질수지식은 필요 없다. 이처럼 추출 계산에서는 전체 물질과 용질 A의 물질수지식과 삼각선도를 병용하면 되면 경우가 많다. 그래서 기호를 간단히 하기 위해서 질량분율을 나타내는 $x$의 기호에서 첨자 A를 생략한다.

전체 물질수지식 $$F + S = M \tag{6.10}$$

용질 A의 물질수지식 $$Fx_{\mathrm{F}} = Mx_{\mathrm{M}} \tag{6.11}$$

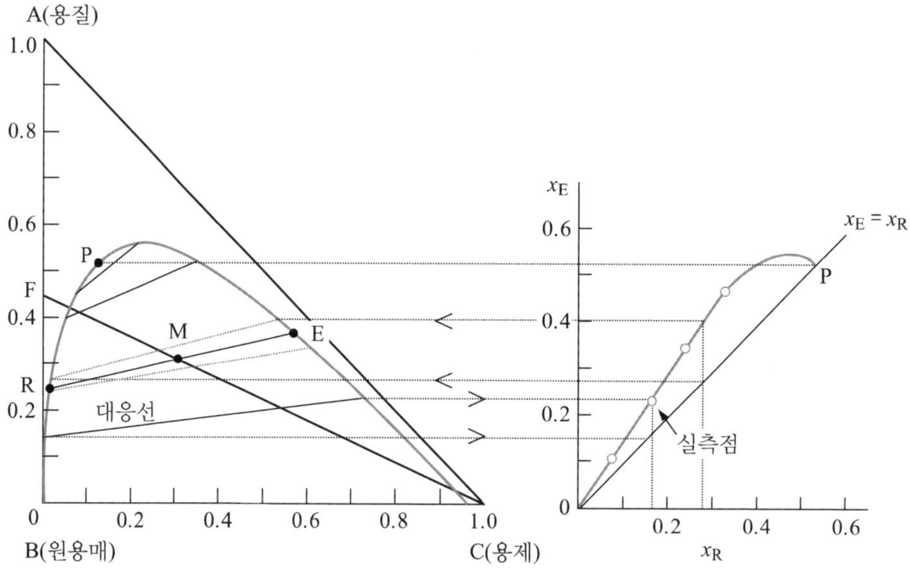


(a) 대응선을 그리는 법 (b) 평형곡선

그림 6.4 단추출의 계산

$$\therefore\ x_M = \frac{Fx_F}{F+S} \tag{6.12}$$

원료는 그림 6.4(a)의 세로축(OA) 위의 점 F에, 용제 S는 꼭짓점 C에 있다.

두 개의 혼합액의 조성을 나타내는 점 M은, F와 C를 이은 선분 $\overline{FC}$ 위에 있고, 그 세로축의 좌표는 식(6.12)에 의해 주어져 있어 혼합액의 조성을 나타내는 점 M의 좌표를 구할 수 있다.

다음으로 점 M을 통과하는 대응선을 그리는데 용해도 평형 데이터에는 몇 개의 대응선밖에 표시되어있지 않은 경우가 많아 바로 대응선을 그릴 수가 없다.

이럴 경우, 그림 6.4(b)와 같이, 평형데이터에서 복수의 대응선의 액 R과 액 E의 용질분율(세로축의 눈금) $x_R$과 $x_E$를 찾는다. $x_R$을 가로축에 $x_E$를 세로축에 두고 실측점(그림 6.4b의 ○표시)을 이은 곡선을 미리 작성해 두고, 그 평형관계를 나타내는 곡선(평형곡선이라 한다)을 이용해서 대응선의 수를 늘릴 수 있게 된다. 또한 그래프 위의 점 P는 대응선이 한 점이 되는 점이며, 플레이트 포인트라고 하며, 이 점에서는 추잔상과 추출상의 조성이 일치한다.

혼합액조성의 점 M을 통과하는 대응선은 점 M 부근을 지나는 대응선(그림의 두 개의 회색 파선)을 평형곡선에서 그어, 그것들을 참고로 점 M을 통과하는 직선을 그으면 된다. 그리고 추잔액 R의 조성 $x_\mathrm{R}$과 추출액 E의 조성 $x_\mathrm{E}$를 삼각선도에서 읽어낸다.

이러한 값을 사용해서 추출액 $E$[kg]과 추잔액 $R$[kg]을 다음의 물질수지식으로 산출할 수 있다.

$$\text{전체 물질수지} \qquad M = R + E \tag{6.13}$$

$$\text{용질성분 A의 수지} \qquad Mx_\mathrm{M} = Rx_\mathrm{R} + Ex_\mathrm{E} \tag{6.14}$$

이 식들을 풀면, 추출액 E와 추잔액 R의 양이 다음과 같아진다.

$$E = M \cdot \frac{x_\mathrm{M} - x_\mathrm{R}}{x_\mathrm{E} - x_\mathrm{R}} \qquad R = M - E \tag{6.15}$$

단추출에 의한 용질의 회수율 $Y$는 추출액에 포함된 용질량 $Ex_\mathrm{E}$를 원료 중의 용질량 $Fx_\mathrm{F}$로 나눈 값이기 때문에 다음과 같이 구할 수 있다.

$$Y = \frac{Ex_\mathrm{E}}{Fx_\mathrm{F}} \tag{6.16}$$

**One Point**

**플레이트 포인트(Plait point)**

그림 6.4(a)에서 대응선이 그려져 있는데, 그 길이는 용질농도의 증가와 함께 짧아지며, 점 P에서 이 액상의 조성이 일치하여 균일상이 된다. 이 점 P를 플레이트 포인트라 한다. 점 P에서는 $x_\mathrm{E} = x_\mathrm{R}$의 관계가 성립하므로 그림 6.4(b)의 평형곡선에서는 대각선상의 점 P에 대응한다.

## 6.3.2 다회추출의 계산

단추출에서는 용질의 분리회수가 불충분할 때엔 단추출을 반복하는 다회추출을 한다. 다회추출은 그림 6.5와 같이 전회의 추잔액을 원료로 순용매를 더해 추출을 반복하는 조작이다. 최종회에서의 추잔액에 포함된 용질 A의 조성 $x_{\mathrm{R}n}$의 값이 소정의 값 이하가 될 때까지 추출이 반복된다.

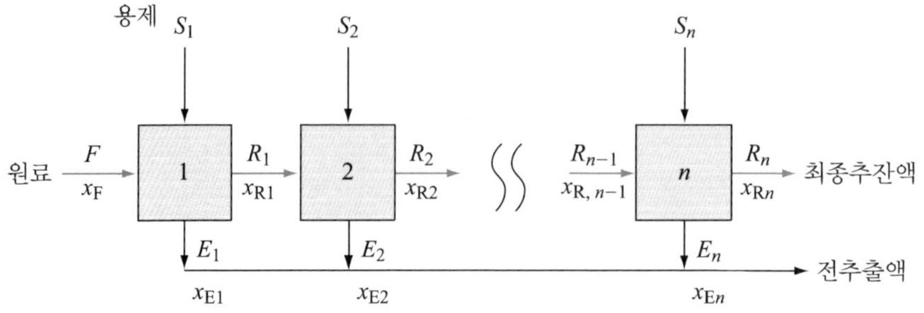


그림 6.5 다회추출의 흐름도

그림 6.5의 기호를 참고하면서, 일반적으로 $n$회째의 추출에서의 물질수지를 구하면, 단추출일 경우와 마찬가지로 다음 식을 얻을 수 있다.

$$\text{전체 물질수지} \qquad R_{n-1} + S_n = M_n = E_n + R_n \tag{6.17}$$

$$\text{용질성분 A의 수지} \qquad R_{n-1}x_{\text{R},\,n-1} = M_n x_{\text{M}n} = E_n x_{\text{E}n} + R_n x_{\text{R}n} \tag{6.18}$$

위의 식을 풀면 다음 식을 얻을 수 있다.

$$x_{\text{M}n} = \frac{R_{n-1}x_{\text{R},\,n-1}}{M_n} = \frac{R_{n-1}x_{\text{R},\,n-1}}{R_{n-1} + S_n} \tag{6.19}$$

$$E_n = M_n \frac{x_{\text{M}n} - x_{\text{R}n}}{x_{\text{E}n} - x_{\text{R}n}} \qquad R_n = M_n - E_n \tag{6.20}$$

식(6.19)에서 $x_{\text{M}n}$이 구해지고, 점 $\text{M}_n$을 통과하는 대응선에서 $x_{\text{E}n}$과 $x_{\text{R}n}$을 얻을 수 있다. 또한 $E_n$과 $R_n$을 식(6.20)으로 계산할 수 있다. 그것들의 계산법은 단추출일 경우와 같으며 그림 6.6에 나타나있다.

다회추출에 의해 회수되는 용질 A의 양은 매회 회수율 $E_n x_{\text{E}n}$의 총합이며 원료 속에 존재한 용질의 양은 $Fx_\text{F}$이기 때문에 다회추출에서의 총괄회수율 $Y$는 다음 식으로 계산할 수 있다.

$$Y = \frac{E_1 x_{\text{E}1} + E_2 x_{\text{E}2} + \cdots + E_n x_{\text{E}n}}{Fx_\text{F}} \tag{6.21}$$

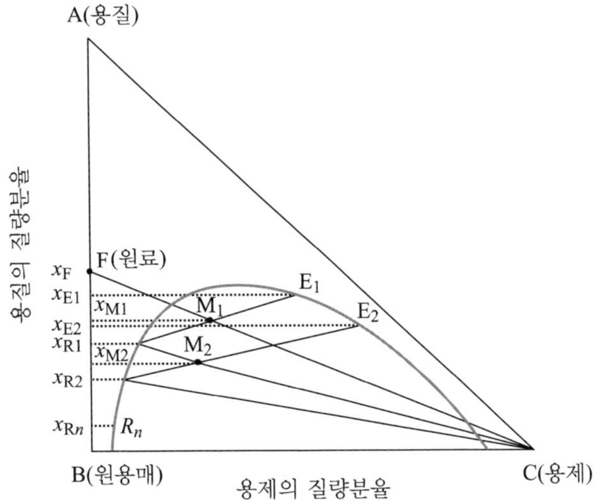


그림 6.6 다회추출의 계산법

**One Point**

**초임계추출**

기체의 압력을 올리면 특정 온도 이상에서는 액체가 되지 않는 온도가 있다. 이 온도를 임계온도, 이때의 압력을 임계압력이라고 한다. 임계온도 이상의 가스는 기체와 액체의 중간적인 성질을 가지며 초임계유체라고 한다. 탄산가스의 경우, 임계온도는 31℃, 임계압력은 72.8 atm이다. 초임계 상태의 탄산가스를 용제로써 추출한 후에 압력을 내리면 탄산가스가 제거되며 용질을 추출할 수 있다. 비교적 저온에서 추출할 수 있다는 장점이 있어 안전성이 요구되는 식품・비타민이나 열에 약한 약품의 추출에 유용하다. 또한 커피콩에서 탈 카페인이나 홉 엑기스 추출 등에도 공업화 되어있다.

**One Point**

**추출의 특기분야**

추출법은 수용액에서 유기화합물을 분리할 때 자주 사용된다. 그 중에서도 목적성분이 물과 공비물을 만들 경우나 농도가 매우 낮은 경우에는 특히 유효하다. 증류법을 이용하면 증류잠열이 큰 물을 대량으로 증발시켜야 하므로 에너지 소비가 커지는데, 추출에서 사용하는 용매의 증발잠열을 물 보다도 작다. 예를 들면 예제 6.1의 에탄올 수용액은 에탄올 96 wt%에서 공비물을 형성하기 때문에, 증류법 단독으로는 에탄올을 얻을 수 없다.

**예제 6.1**

에탄올 수용액에서 에틸에테르를 용제로 사용해 에탄올을 추출하고 싶다. 에탄올(성분 A), 물(B), 및 에틸에테르(C)의 삼성분계의 25℃에서의 액액평형 데이터를 표 6.1에 표시한다. 이때, 다음 질문에 답하라.

(1) 삼각선도상에 액액평형관계를 그리시오.

(2) 30 wt%의 에탄올 수용액 40 kg을 60 kg의 에틸에테르로 추출하였을 때의 추출액 $E_1$과 추잔액 $R_1$의 질량과 조성 및 에탄올의 회수율 $Y_1$을 구하라.

(3) (2)에서 구한 추잔액 $R_1$을 40 kg의 에틸에테르로 두 번째 추출을 했을 때의 추출액 $E_2$와 추잔액 $R_2$의 질량과 조성을 구하라.

(4) (1)과 (2)의 2회 추출에 의한 총괄회수율 $Y$를 구하라.

(5) 1회의 추출로, 앞의 다회추출의 최종 추잔액조성까지 추출하기 위해서는 용제의 양을 얼마로 하면 좋은가?

표 6.1 에탄올 - 물 - 에틸에테르 계의 액액평형관계

| 데이터 번호 | 추잔(물)상 : $R$ | | 추출(에테르)상 : $E$ | |
|---|---|---|---|---|
| | 에틸에테르 $x_{CR}$ | 에탄올 $x_{AR}$ | 에틸에테르 $x_{CE}$ | 에탄올 $x_{AE}$ |
| 1 | 0.060 | 0 | 0.987 | 0 |
| 2 | 0.062 | 0.067 | 0.950 | 0.029 |
| 3 | 0.069 | 0.125 | 0.900 | 0.067 |
| 4 | 0.078 | 0.159 | 0.850 | 0.102 |
| 5 | 0.088 | 0.186 | 0.800 | 0.136 |
| 6 | 0.096 | 0.204 | 0.750 | 0.168 |
| 7 | 0.106 | 0.219 | 0.700 | 0.196 |
| 8 | 0.133 | 0.242 | 0.600 | 0.241 |
| 9 | 0.183 | 0.265 | 0.500 | 0.269 |
| 10 | 0.250 | 0.280 | 0.400 | 0.282 |
| 11 | 0.319 | 0.285 | 0.319 | 0.285 |

(주) 물의 분율 $x_B = 1-(x_A + x_C)$

**해답**

(1) 삼각선도의 꼭짓점에 용질 에탄올(성분 A), 밑변 왼쪽 끝에 원용매인 물(성분 B), 밑변 오른쪽 끝에 용제인 에틸에테르(성분 C)를 취한다. $x_C$를 가로축으로, $x_A$를 세로축으로 해서 삼각선도에 데이터를 그리면, 선도의 좌측에 추잔상(물상)의 용해도곡선을 그릴 수 있다. 한편 추출상(에테르상)의 용해도곡선도 그릴 수 있다. 또한 표 왼쪽에 있는 데이터 번호가 같은 데이터 점을 연결하는 번호가 대응선이 된다. 이렇게 해서 그림 6.7(a)와 같은 삼각선도를 얻을 수 있다. 데이터 번호 11은 추잔상과 추출상의 조성이 일치하기 때문에 플레이트 포인트 P를 나타내고 있다. 그림 6.7(b)는 같은 데이터 번호 $x_{AR}$을 가로축으로, $x_{AE}$를

세로축으로 한 곡선이며 평형곡선을 나타내고 있다.

(2) 원료 $F$와 용제 $S_1$의 혼합액 $M_1$의 조성은, 원료점 F와 용제점 C를 잇는 직선상에 있고 그 세로축 좌표 $x_{M1}$은 다음 식(6.12)에 의해

$$x_{M1} = \frac{Fx_F}{F+S_1} = \frac{40 \times 0.30}{40+60} = 0.12$$

가 되기 때문에, 점 $M_1$의 위치가 그림 6.7 위에 정해진다. 주어진 대응선 중 하나인 $R_1M_1E_1$이 거의 점 $M_1$을 통과하기 때문에, 그 대응선이 점 $M_1$을 지나는 대응선이라고 생각하면 된다. 그 대응선과 용해도곡선과의 교점이 추잔액 $R_1$과 추출액 $E_1$의 용질 A의 분율 $x_{R1}$과 $x_{E1}$이다. 그들 값은 그림에서 다음과 같이 구할 수 있다.

$$x_{R1} = 0.16 \qquad x_{E1} = 0.10$$

이들 값을 식(6.20)에 대입하면, 1회째의 추출액 $E_1$과 추잔액 $R_1$의 양은

$$E_1 = M_1 \cdot \frac{x_{M1} - x_{R1}}{x_{E1} - x_{R1}} = 100 \times \frac{0.12 - 0.16}{0.10 - 0.16} = 66.7\text{kg}$$

$$R_1 = M_1 - E_1 = 100 - 66.7 = 33.3\text{kg}$$

한편 용질의 회수율 $Y_1$은, 식(6.16)에서

$$Y_1 = \frac{E_1 x_{E1}}{Fx_F} = \frac{66.7 \times 0.10}{40 \times 0.3} = 0.556 = 55.6\%$$

(3) 2회째의 추출에서는 $R_1 = 33.3$ kg을 원료로 해서 그것을 용제 $S_2 = 40$ kg을 혼합시켜 추출하게 된다. 따라서 혼합액 $M_2$의 질량은 식(6.17)에 의해서

$$M_2 = R_1 + S_2 = 33.3 + 40 = 73.3\text{ kg}$$

이 되며 식(6.19)에서 혼합액의 조성 $x_{M2}$를 다음과 같이 계산할 수 있다.

$$x_{M2} = \frac{R_1 x_{R1}}{M_2} = \frac{33.3 \times 0.16}{73.3} = 0.0727$$

추잔액 $R_1$과 용제 $S$를 연결하는 직선에서 세로축 좌표가 0.0727인 점이 혼합액 $M_2$의 조성을 나타낸다. $M_2$를 지나는 대응선을 그려야 하는데 주어진 대응선에는 점 $M_2$를 지나가는 것은 보이지 않는다. 그 때, 그림 6.7(b)의 평형곡선을 이용해서 시행법으로 대응선을 구한다. 점 $M_2$ 부근을 지나가는 2개의 대응선(회색 파선으로 나타냈다)을 참고해서, 추잔량 $R_2$의 세로축 좌표의 위치가 $x_{R2} = 0.105$라는 걸 알 수 있다. 그것과 평형인 추출액의 조성 $x_{E2}$는 그림 6.7(b)를 보면 0.053이다. 이렇게 해서 1개의 대응선 $R_2E_2$를 그릴 수 있다. 이 직선이 혼합점 $M_2$를 지나가는 것을 확인할 수 있다. 만약 직선 $R_2E_2$가 점

$M_2$를 통과하지 않는 경우는 $R_2$의 위치를 다시 변경해서 직선이 점 $M_2$를 통과하도록 작도를 반복한다.
이와 같이 2회째의 추출에서의 추잔액 $R_2$와 추출액 $E_2$의 조성을 구할 수 있다.

$$x_{E2} = 0.053 \qquad x_{R2} = 0.105$$

이들 값을 식(6.20)에 대입하면, 2회 째의 추출액 $E_2$와 추잔액 $R_2$의 양은

$$E_2 = M_2 \cdot \frac{x_{M2} - x_{R2}}{x_{E2} - x_{R2}} = 73.3 \times \frac{0.0727 - 0.105}{0.053 - 0.105} = 45.5 \text{ kg}$$

$$R_2 = M_2 - E_2 = 73.3 - 45.5 = 27.8 \text{ kg}$$

(4) 2회에 걸친 다회추출에서의 총괄수지율은 식(6.21)에서

$$Y = \frac{E_1 x_{E1} + E_2 x_{E2}}{F x_F} = \frac{66.7 \times 0.1 + 45.6 \times 0.053}{40 \times 0.3} = 0.757 = 75.7\%$$

가 된다. 이렇듯, 다회추출 조작에 의해, 용질 A의 회수율은 단추출에서의 회수율인 55.6%에서 75.7%로 향상되었다는 것을 알 수 있다.

(5) 1회의 추출 조작에서 최종 추잔액조성인 $x_{R2} = 0.105$에 도달하기 위해서는 그림의 직선 FC와 대응선 $R_2E_2$의 교점 $M(x_M = 0.057)$에 혼합물 M이 오도록 용제량 $S$를 선택하면 된다. 즉, 식(6.12)를 $S$에 대해서 푼 다음의 식에서 필요한 용제량 $S$를 산출할 수 있다.

$$S = \frac{F(x_F - x_M)}{x_M} = \frac{40 \times (0.3 - 0.057)}{0.057} = 170.5 \text{ kg}$$

이 값은, 2번의 추출에서의 용제량 = 60 + 40 = 100 kg보다 크다.

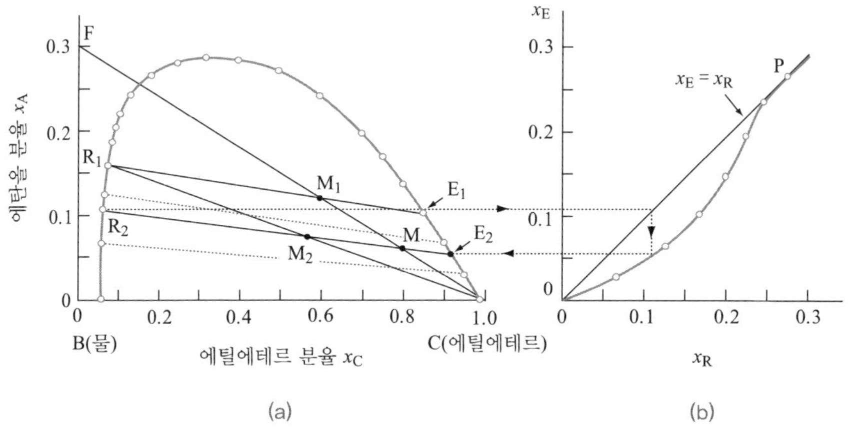


그림 6.7 단추출과 2회 추출의 계산작도

**One Point**

**우라늄 정제에 이용되는 추출법**

우라늄 광석을 질산에 녹여, 질산수용액으로 만들어 둔다. 또한 인산 트라이부틸(TBP)이라고 하는 약품을 경유에 녹인 용액을 만들어 두 개를 혼합시켜 강하게 교반해 방치해둔다. 그러면 질산수용액은 아래층으로 TBP 경유용액은 윗 층으로 나눠지는데, 그 때 광석 속의 우라늄만이 TBP 경유용액에 추출된다. 이 방법은 원자력발전용의 우라늄 분리정제법으로써 널리 사용되고 있다. 이처럼 광석을 일단 수용액으로 만든 후에 목적 성분을 용매 추출법으로 분리하는 방법을 **습식 정련법**이라고 하며 널리 사용되고 있다.

## 연습문제

**01.** 초산 - 물 - 클로로폼 계의 액액평형 데이터가 표 6.2에 있다. 직각 삼각선도 상에 이 데이터를 작도하라. 단, 직각삼각형의 꼭짓점에 초산(A), 밑변의 원점에 물(B), 밑변 오른쪽 끝에 클로로폼(C)를 각각 둔다. 또한 대응선의 평형곡선을 나타내는 그림을 그려라.

표 6.2 초산(A) - 물(B) - 클로로폼(C)계의 액액평형관계

| 데이터 번호 | 추잔(물)상 : $R$ | | 추출(클로로폼)상 : $E$ | |
|---|---|---|---|---|
| | 클로로폼 $x_{CR}$ | 초산 $x_{AR}$ | 클로로폼 $x_{CE}$ | 초산 $x_{AE}$ |
| 1 | 0.008 | 0.000 | 0.990 | 0.000 |
| 2 | 0.010 | 0.160 | 0.959 | 0.030 |
| 3 | 0.012 | 0.251 | 0.919 | 0.067 |
| 4 | 0.073 | 0.441 | 0.800 | 0.177 |
| 5 | 0.151 | 0.502 | 0.701 | 0.258 |
| 6 | 0.252 | 0.492 | 0.600 | 0.321 |

(주) 물의 분율 $x_B = 1.0 - (x_A + x_C)$

**02.** 연습문제 1에서 얻은 선도를 사용해서

(1) 초산 40%의 수용액 100 kg을 클로로폼 100 kg으로 추출하였을 때의 추출액 $E_1$과 추잔액 $R_1$의 양[kg]과 초산분율 및 초산의 회수율 $Y_1$을 구하라.

(2) (1)에서 얻은 추잔액 $R_1$을 100 kg의 클로로폼으로 2번째 추출을 했을 경우 추출액 $E_2$와 추잔액 $R_2$의 양[kg]과 초산분율을 구하라.

(3) (1)과 (2)의 2회 추출에 의한 총괄 회수율 $Y$를 구하라.

**03.** 초산 36%수용액 100 kg을 클로로폼으로 추출하여 추잔액 속의 초산농도를 28% 이하로 하고 싶다. 이것을 단추출 하는데 필요한 용제(클로로폼), 얻어진 추출량 E, 추잔량 R의 양[kg]을 구하라.

**04.** 에탄올 10%, 물 40%, 에틸에테르 50%의 용액 100 kg이 있다. 이 용액에 에탄올을 첨가해서 혼합액이 추출액과 추잔액으로 나눠지지 않고 균일한 용액상으로 하고 싶다. 첨가해야하는 에탄올의 양 $A$ [kg]을 구하라. 예제 6.1의 액액평형관계를 이용한다.

**05.** 예제 6.1의 (3)에서 구한 추출액($E_2$)에서 용제를 뺀 용액의 조성을 구하라.

Chapter

07

# 유체 흐름

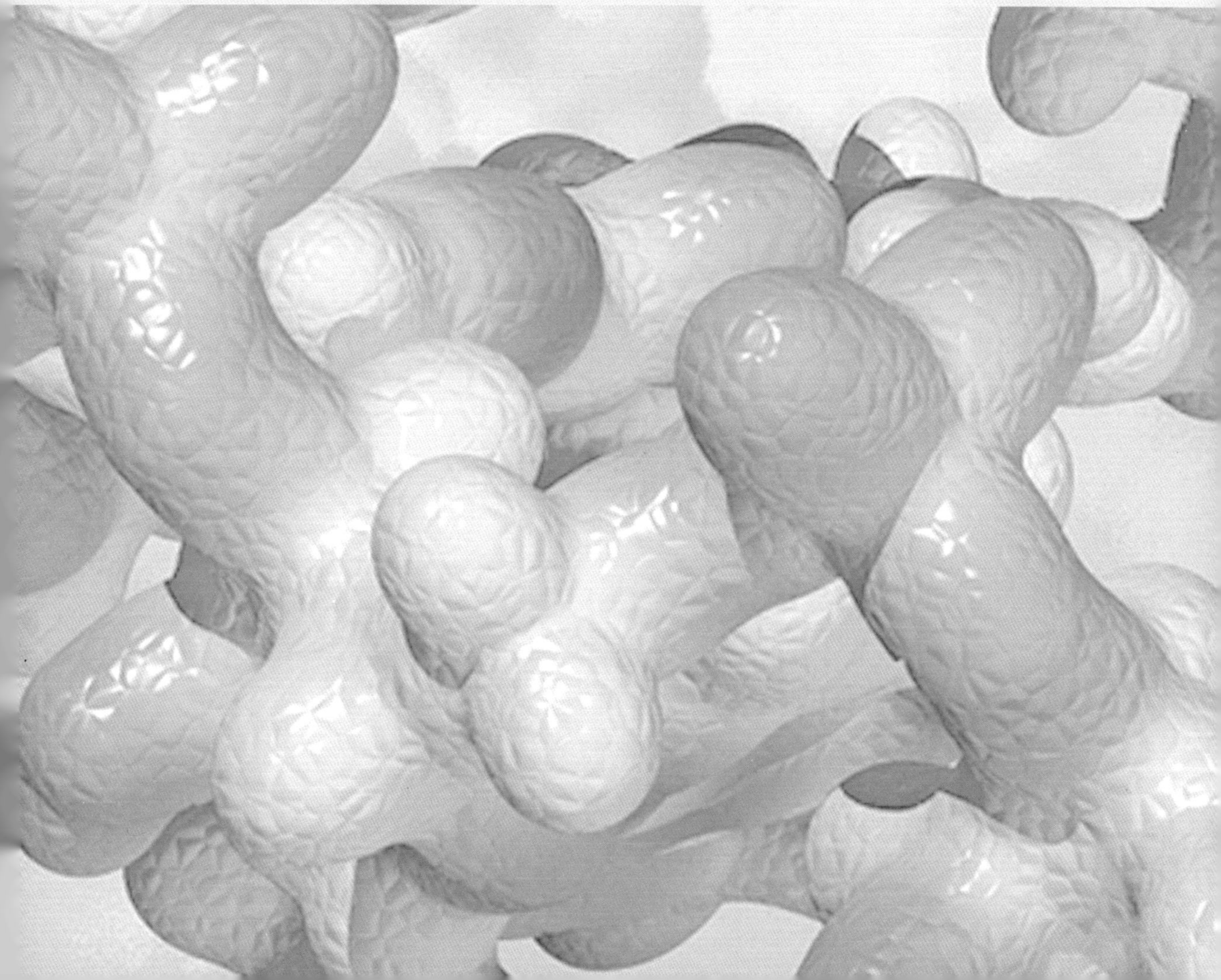

화학공장은 반응기, 분리장치, 열교환기 등의 화학장치 및 펌프나 송풍기 등의 수송기나 관로(管路)에 의해서 복잡하게 이어져 있는데 유체는 그 안을 흐른다. 이 장의 주된 목적은 파이프내의 유체 흐름에 대해서 배우는 것이다.

이 장에서는 우선 파이프 흐름에 대한 에너지수지를 도출할 것이다. 그리고 원관내의 유체 흐름에 주목하여 유체의 점성을 가리키는 점도가 얼마인지를 배운다. 또한 원관내 흐름에는 층류와 난류가 있어서 그것을 판정하는 변수로써 점도를 포함하는 레이놀즈수가 있다는 것과 원관의 유속분포 등에 대해서도 설명할 것이다.

유체가 관로를 흐르는 동안 유체의 점성에 의한 마찰이나 관로 내의 이음매, 콕, 밸브 등에 의해 에너지손실이 발생한다. 그것들의 값을 추정하면 에너지수지식이 완성되며 유체가 흐르는데 필요한 수송기(펌프나 송풍기 등)를 운전시키는데 필요한 동력을 계산할 수 있어서 관로 설계가 가능해진다.

## 7.1 관을 흐르는 유체 흐름의 물질수지

### 7.1.1 체적유량, 평균유속, 질량유량

유체가 원관단면을 채우면서 연속적으로 흐를 때 단위시간에 흐르는 유체의 체적을 **체적유량** $v\,[\mathrm{m^3 \cdot s^{-1}}]$이라고 한다. 관내의 유체 유속은 균일하지 않지만, 그 평균유속 $\bar{u}\,[\mathrm{m \cdot s^{-1}}]$, 관단면적을 $S\,[\mathrm{m^2}]$, 관내경을 $d\,[\mathrm{m}]$이라 하면, 다음과 같은 식이 된다.

$$\bar{u} = \frac{v}{S} = \frac{v}{(\pi/4)d^2} \tag{7.1}$$

한편, 단위시간에 흐르는 유체의 질량을 **질량유량** $w\,[\mathrm{kg \cdot s^{-1}}]$이라고 한다. 유체의 밀도를 $\rho\,[\mathrm{kg \cdot m^{-3}}]$이라 하면, 다음 식에서 질량유량 $w$를 계산할 수 있다.

$$w = v\rho = S\bar{u}\rho \tag{7.2}$$

### 7.1.2 연속식

관로의 임의의 단면에서, 유량 · 평균유속 · 온도 · 압력 등이 항상 일정하게 유지되고 있는 흐름을 정상흐름이라고 한다. 그림 7.1과 같이 관로를 유체가 정상흐름으로 흐를 때, 단면 ①과 단면 ② 사이에서 전체 물질수지를 구하면 질량유량 $w_1$과 $w_2$는 같기 때문에

$$w_1 = w_2 \tag{7.3}$$

이 식은 식(7.2)의 관계를 이용하면 다음과 같이 변환할 수 있다.

$$S_1\overline{u_1}\rho_1 = S_2\overline{u_2}\rho_2 \tag{7.4}$$

이 관계를 연속식이라고 한다.

액체일 경우에는 밀도 $\rho$는 일정한 값으로 볼 수 있으므로($\rho_1 = \rho_2$), 다음과 같은 간단한 식이 된다.

$$S_1\overline{u_1} = S_2\overline{u_2} \tag{7.5}$$

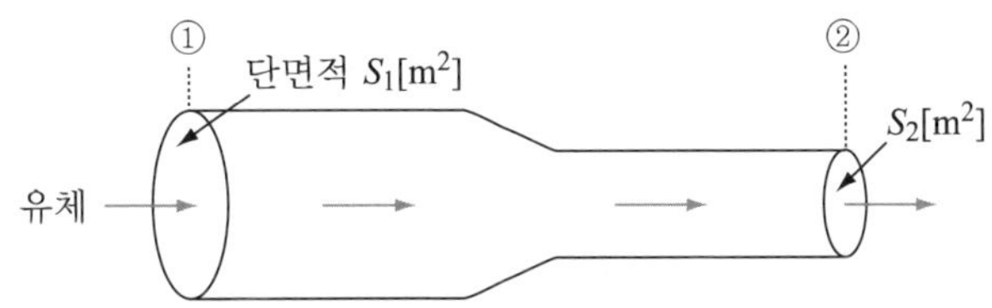


| | | |
|---|---|---|
| $v_1$ | 체적유량 [$m^3 \cdot s^{-1}$] | $v_2$ |
| $w_1$ | 질량유량 [$kg \cdot s^{-1}$] | $w_2$ |
| $\overline{u}_1$ | 평균유량 [$m \cdot s^{-1}$] | $\overline{u}_2$ |
| $\rho_1$ | 밀 도 [$kg \cdot m^{-3}$] | $\rho_2$ |
| $v_{m1}$ | 비 용 적 [$m^3 \cdot kg^{-1}$] | $v_{m2}$ |

그림 7.1 정상흐름의 물질수지

**예제 7.1**

내경 $d_1 = 80$ mm인 관 ①의 하류에 내경 $d_2 = 50$ mm의 관 ②가 접속되어있는 관로 속을 물이 정상흐름으로 흐르고 있고 관 ②내의 평균유속 $\overline{u_2}$가 2.8 m · s$^{-1}$이었다. 이때, 관 ①의 평균유속 $\overline{u_1}$[m · s$^{-1}$] 및 관로에 흐르는 물의 1시간당 체적유량 $v$[m$^3$ · h$^{-1}$]과 질량유량 $w$[kg · h$^{-1}$]을 구하라.

**해답**

물의 밀도 $\rho$는 1 g · cm$^{-3}$ = 1,000 kg · m$^{-3}$으로 일정하므로 식(7.5)를 적용할 수 있다. 관의 단면적 $S$는 내경 $d$의 2승에 비례한다는 것에 주의하면 식(7.5)에서 관 ①의 유속 $\overline{u_1}$은

$$\overline{u_1} = \overline{u_2}\frac{S_2}{S_1} = \overline{u_2}\left(\frac{d_2}{d_1}\right)^2 = 2.8 \times \left(\frac{0.05}{0.08}\right)^2 = 1.09\ \mathrm{m \cdot s^{-1}}$$

관로를 흐르는 물의 유량 $v$는 관 ①과 관 ②에서 같기 때문에 관 ②를 보면,

$$v = S_2\overline{u_2} = (\pi/4)d_2{}^2\overline{u_2} = (3.14/4) \times (0.050)^2 \times 2.8 = 5.500 \times 10^{-3}\ \mathrm{m^3 \cdot s^{-1}}$$
$$= (5.500 \times 10^{-3})(60 \times 60) = 19.8\ \mathrm{m^3 \cdot h^{-1}}$$
$$w = 19.8 \times 1{,}000 = 1.98 \times 10^4\ \mathrm{kg \cdot h^{-1}}$$

## 7.2 흐름의 에너지수지를 구한다.

### 7.2.1 전체 에너지수지식

2.3절에서 화학장치나 화학공정의 에너지수지를 구할 때, 유체의 위치에너지, 운동에너지, 기계적 일 등의 기여는 무시할 수 있다고 생각하고, 열에 주목한 에너지수지를 도출하였다. 하지만 이번 장에서 다루는 관로계에서는 그것들의 기계적 에너지에 대해서 고찰하는 것이 중요해진다.

또한 제 2장에서는 엔탈피 $H$를 각 성분의 물질량당 값[$\mathrm{J \cdot mol^{-1}}$]로 표기했는데, 이번 장에서는 각각의 성분이 아닌 하나의 유체로써 생각하기 때문에, 엔탈피는 유체 단위질량당 값인 $H_\mathrm{m}$[$\mathrm{J \cdot kg^{-1}}$]로 표기하기로 한다. 그 외의 양에 대해서도, 마찬가지로 유체 1 kg당 값에 주목하여, 첨자 m을 덧붙여 나타낼 것이다.

그림 7.2와 같이 관로계에 대해서 생각해보자. 관로 안에 유체를 수송하는 펌프나 가열기가 있어 기계적 일을 하고 있어서 외부와의 열 교환이 있다고 한다. 이 관로계에 관계된 에너지에는 다음과 같은 것들이 있어 각각의 크기를 유체 1 kg에 대해서 변환하면 다음과 같아진다.

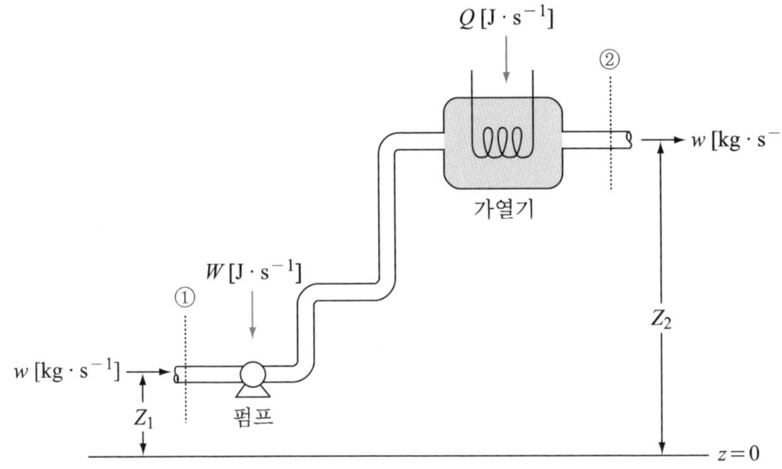


그림 7.2 관로계의 모식도

(1) **위치에너지** : 1 kg의 물체가 지표면에서 높이 $Z$[m]에 있을 때, 물체는 중력을 거슬러 일을 했다고 볼 수 있으며, $gZ$[J · kg$^{-1}$]의 위치에너지를 가진다. 여기서 $g$는 중력가속도=(9.8 m · s$^{-2}$)를 나타낸다.

$$\text{위치에너지} = gZ \tag{7.6}$$

(2) **운동에너지** : 1 kg의 물체가 속도 $\bar{u}$ [m · s$^{-1}$]로 운동하고 있을 때 그 물체는 $\overline{u^2}/2$ [J · kg$^{-1}$]의 운동에너지를 가지고 있다.

$$\text{운동에너지} = \frac{\overline{u^2}}{2} \tag{7.7}$$

(3) **내부에너지** : 물질내부에서의 분자 · 원자 운동에 기인하는 에너지를 내부에너지라고 부르며 온도의 함수이다. 그 크기는 $U_{\rm m}$ [J · kg$^{-1}$]로 표기한다.

$$\text{내부에너지} = U_{\rm m} \tag{7.8}$$

(4) **압력에너지** : 유체가 관 속을 흐르는 데는 관로 단면에 작용하는 압력에 거슬러서 일을 할 필요가 있다. 그것에 대응하는 에너지를 압력에너지라고 한다. 그 크기는 압력 $P$[Pa]와 유체 1 kg의 체적 $v_{\rm m}$ [m$^3$ · kg$^{-1}$]의 곱으로 주어진다.

$$\text{압력에너지} = Pv_{\rm m} \tag{7.9a}$$

이 $v_m$ [$m^3 \cdot kg^{-1}$]은 비용적이라고 하며 밀도 $\rho$ [$kg \cdot m^{-3}$]의 역수이므로 압력에너지는 다음 식과 같다.

$$\text{압력에너지} = \frac{P}{\rho} \tag{7.9b}$$

(5) **외부에서 가해진 일 $W_m$과 열량 $Q_m$** : 펌프나 송풍기로 유체가 일을 하게 되거나 또는 외부에서 열이 제공되거나 한다. 이들은 에너지이며 에너지수지에 더할 필요가 있다.

계에 가해진 일률을 $W$ [$J \cdot s^{-1}$], 가열속도를 $Q$ [$J \cdot s^{-1}$]로 하고, 계에 유입 유출되는 유체의 질량유량을 $w$ [$kg \cdot s^{-1}$]이라 하면 유체 1 kg에 대한 일 $W_m$은 $W/w$ [$J \cdot s^{-1}$], 1 kg에 대한 열량 $Q_m$은 $Q/w$ [$J \cdot kg^{-1}$]로 주어진다. 이 $W_m$과 $Q_m$을 이용하면 다음 식이 성립된다.

$$\text{유체 1 kg에 외부로부터 가해지는 에너지} : W_m + Q_m \tag{7.10a}$$

$$W_m = W/w \qquad Q_m = Q/w \tag{7.10b}$$

그림 7.2의 관로의 ①의 위치에서 ②의 위치까지의 구간을 하나의 계로 보면, 위에 열거한 모든 에너지를 고려한 유체 1 kg당 에너지수지식은 다음과 같아진다.

$$gZ_1 + \frac{\overline{u_1^2}}{2} + P_1 v_{m1} + U_{m1} + W_m + Q_m = gZ_2 + \frac{\overline{u_2^2}}{2} + P_2 v_{m2} + U_{m2} \tag{7.11}$$

이 식(7.11)을 전체 에너지수지식이라고 한다.

외부로부터의 열이나 일이 없이 계가 등온으로 유지되는 경우에는 $W_m = 0$, $Q_m = 0$, $U_{m1} = U_{m2}$가 성립된다. 따라서 이때 식(7.11)은 다음과 같이 간단해진다.

$$gZ_1 + \frac{\overline{u_1}^2}{2} + P_1 v_{m1} = gZ_2 + \frac{\overline{u_2}^2}{2} + P_2 v_{m2} \tag{7.12}$$

이 식을 **베르누이(Bernoulli)의 식**이라고 한다.

또한, 식(7.12)의 양변을 중력가속도 $g$로 나누면

$$Z_1 + \frac{\overline{u_2}^2}{2g} + \frac{P_1 v_{m1}}{g} = Z_2 + \frac{\overline{u_2}^2}{2g} + \frac{P_2 v_{m2}}{g} \tag{7.13}$$

를 얻을 수 있다. 이 식의 각 항은 길이[m]의 차원을 가지며 $Z$를 **위치수두,** $\overline{u^2}/2g$를 **속도수두,** $Pv_m/g$을 **정압수두**라고 한다. 각 에너지 항의 크기는 높이[m]로 표시된다.

### 예제 7.2

그림 7.3과 같이 물을 채운 큰 탱크의 밑 부분에 관을 접속시키고 있다. 기준면에서 탱크 수면까지의 높이가 8 m, 출구까지의 높이가 1 m이다. 이때 유출되는 물의 평균속도를 구하라.

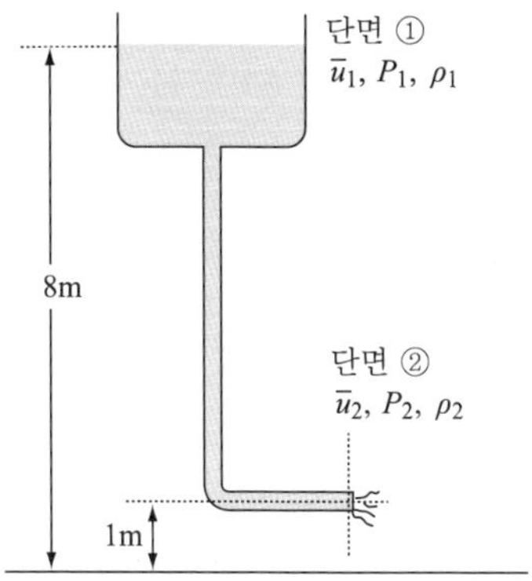


그림 7.3 큰 수조에서의 물의 유출

**해답**

탱크의 수면을 ①, 관출구를 ②라 하고, 높이로 나타낸 베르누이식(7.13)을 적용시킨다. 수조가 크기 때문에 물의 유출이 이어져도 수면의 위치는 변화하지 않는다고 볼 수 있으므로 식(7.13)에서의 물의 유입속도 $\overline{u_1}$은 0이다. 또한 수면과 관출구에서의 압력은 모두 대기압이다. 이들 조건을 식(7.13)에 대입하면

$$Z_1 = Z_2 + \overline{u_2}^2/2g$$

가 된다. 이것을 $\overline{u_2}$에 대해서 풀면

$$\overline{u_2} = \sqrt{2g(Z_1 - Z_2)}$$

여기에 $Z_1 = 8\text{ m}$, $Z_2 = 1\text{ m}$, $g = 9.8\text{ m}\cdot\text{s}^{-1}$을 대입하면,

$$\overline{u_2} = \sqrt{2\times 9.8\times(8-1)} = 11.7\text{ m}\cdot\text{s}^{-1}$$

이 값은 물이 높이 $Z_1 - Z_2 = 7\text{ m}$의 높이의 점에서 자유낙하할 때의 속도와 같다.

### 7.2.2 기계적 에너지수지식

베르누이의 식(7.12)는 일반 유통계의 에너지수지식(7.11)에서 유체가 비압축성으로 점성이 없고, 외부로부터의 열의 출입 $Q_{\mathrm{m}}$과 일 $W_{\mathrm{m}}$이 없어 계가 등온으로 유지된다고 가정하여 도출되었다. 하지만 실제 관로계에서는 펌프 등으로 인해 외부로부터의 일 $W_{\mathrm{m}}$이 가해진다. 또한 실제 유체에서는 유체의 점성저항력에 의해서 기계적 에너지의 일부는 열로 변해, 에너지손실이 발생한다. 이것을 마찰손실이라고 하며 $F_{\mathrm{m}}$[J · kg$^{-1}$]로 나타낸다. 출구유체에 이 $F_{\mathrm{m}}$을 가산한 것이 출구유체가 원래 가진 에너지가 된다. 따라서 마찰손실 $F_{\mathrm{m}}$과 외부로부터의 일 $W_{\mathrm{m}}$을 고려하면 식(7.11)은 다음과 같이 변환시킬 필요가 있다.

$$gZ_1 + \frac{\overline{u_1}^2}{2} + P_1 v_{\mathrm{m}1} + W_{\mathrm{m}} = gZ_2 + \frac{\overline{u_2}^2}{2} + P_2 v_{\mathrm{m}2} + F_{\mathrm{m}} \tag{7.14}$$

이 식을 $W_{\mathrm{m}}$에 대해 풀면 다음과 같다.

$$W_{\mathrm{m}} = (Z_2 - Z_1)g + \frac{1}{2}(\overline{u_2}^2 - \overline{u_1}^2) + (P_2 v_{\mathrm{m}2} - P_1 v_{\mathrm{m}1}) + F_{\mathrm{m}} \tag{7.15a}$$

이 식은 비압축성 유체의 기계적 에너지수지를 나타낸 것으로 일반적 베르누이식이라고 불린다.

액체와 같은 비압축성 유체인 경우는 비용적은 일정하고 $v_{\mathrm{m}1} = v_{\mathrm{m}2} = v_{\mathrm{m}} = 1/\rho$이다. 여기서 $\rho$은 유체의 밀도[kg · m$^{-3}$]이다. 이 관계를 이용하면 식(7.15a)는 다음과 같이 간단해진다.

$$W_{\mathrm{m}} = (Z_2 - Z_1)g + \frac{1}{2}(\overline{u_2}^2 - \overline{u_1}^2) + \frac{P_2 - P_1}{\rho} + F_{\mathrm{m}} \tag{7.15b}$$

한편, 기체인 경우는 온도, 압력 차이에 의해서 유체의 체적이 몹시 변화하기 때문에 비압축성일 때의 근사계산은 성립되지 않는다. 이러한 경우에는 유체 자체의 팽창, 압축 등에 의한 일도 에너지수지 안에 더할 필요가 있다. 하지만 압력차 또는 온도변화가 충분히 작고, 비용적 $v_{\mathrm{m}}$의 변화가 비교적 작을 때에는 관로의 입구 · 출구에서의 비용적의 평균치 $v_{\mathrm{m,av}} = (v_{\mathrm{m}1} + v_{\mathrm{m}2})/2$를 사용한 다음 식으로 근사계산할 수 있다.

$$W_{\mathrm{m}} = (Z_2 - Z_1)g + \frac{1}{2}(\overline{u_2}^2 - \overline{u_1}^2) + (P_2 - P_1)v_{\mathrm{m,av}} + F_{\mathrm{m}} \tag{7.16}$$

식(7.15) 또는 식(7.16)에서, 유체 1 kg을 수송하기 위해 필요한 일 $W_m$ [J · kg$^{-1}$]을 계산할 수 있다. 또한 식(7.10b)에서 계에 더해야 할 일 $W$ [J · s$^{-1}$]을 계산할 수 있다.

## 7.3 관내 흐름의 여러 가지 성질

관로의 펌프나 송풍기 등의 수송기를 움직이는데 필요한 동력을 계산하는 데는 마찰손실 $F_m$의 값이 필요하다. 마찰손실을 구하는 데는 관 속 흐름의 성질을 알 필요가 있으므로 그 성질에 대해서 익혀보자.

### 7.3.1 점도의 정의와 성질

물이나 알코올은 부드럽게 잘 흐르지만 기름이나 글리세린은 끈끈해서 유동시키기 어렵다. 이러한 유체의 끈끈함 유동시키기 어려움을 유체의 **점성**이라고 하며 점성의 크기를 나타내는 값이 **점도**이다.

그림 7.4와 같이, 유체 안에 있는 면적이 $A$[m$^2$]의 2개의 평행면에 대해서 살펴보자(두 개의 거리는 $h$[m]이다.). 이때, 윗면을 아랫면에 대한 속도 $u$ [m · s$^{-1}$]로 평행으로 이동시키는데 필요한 힘 $F$[N]은 면적 $A$와 속도 $u$에 비례하고 거리 $h$에 반비례한다. 이 힘은 점성에 의한 유체의 **저항력**이다. 이 관계를 식으로 나타내면 다음과 같다.

$$\text{점성에 의한 저항력 } F \propto \frac{Au}{h} \tag{7.17}$$

저항력 $F$를 면적 $A$로 나눈 값은 **전단응력** $\tau$ [N · m$^{-2}$]이라고 한다. 식(7.17)의 비례정수를 $\mu$라 하면, 다음 관계가 성립된다.

$$\tau = \frac{F}{A} = \mu\frac{u}{h} \tag{7.18}$$

이 비례정수 $\mu$를 점도라고 한다. 점도의 값이 클수록 큰 전단응력이 필요해지며 그 액체는 끈끈하다. 반대로 점도가 작은 유체는 부드럽게 흐른다.

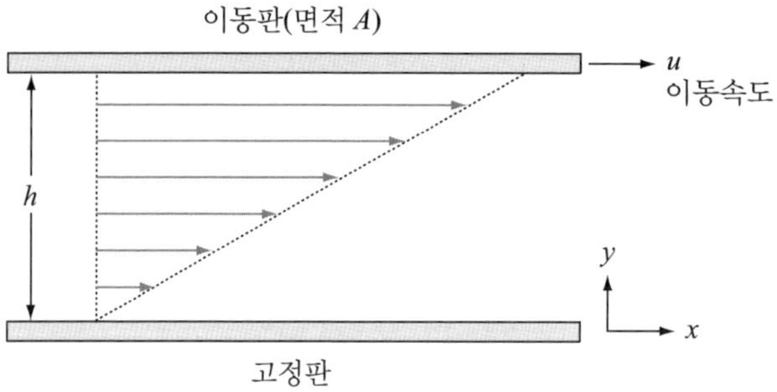


**그림 7.4** 유체 안의 두 개의 판

물 등의 액체는 점도가 온도에 따라 변화하는데 속도구배와는 관계가 없다. 이러한 유체를 **뉴턴(Newton) 유체**라고 한다. 이에 비해 고분자 용액 등은 점도가 속도구배에 의존한다. 이러한 액을 **비뉴턴 유체**라고 한다.

점도의 SI단위는 $[\mathrm{N \cdot s \cdot m^{-2}}]$, 또는 $[\mathrm{Pa \cdot s}]$, 또는 $[\mathrm{kg \cdot m^{-1} \cdot s^{-1}}]$로 적는다. 그 외에 $[\mathrm{g \cdot cm^{-1} \cdot s^{-1}}]$을 1포아즈[P]라는 단위로 나타내거나, 그 1/100을 1센티포아즈[cP]라는 단위로 표시한다. $1\ \mathrm{Pa \cdot s} = 10\ \mathrm{P}$가 된다.

또한 온도 상승에 동반하여, 액체의 점도는 감소하는데, 기체의 점도는 반대로 상승한다. 20℃에서의 물의 점도는 $1\ \mathrm{cP} = 1 \times 10^{-3}\ \mathrm{Pa \cdot s}$이며, 공기의 점도는 $1.8 \times 10^{-5}\ \mathrm{Pa \cdot s}$이다.

**One Point**

**뉴턴 유체**

전단응력 $\tau$와 속도구배 $du/dy$가 비례하는 유체를 뉴턴 유체라고 한다. 유동곡선(아래 그림)의 ①로 표현된다. 물, 공기, 물엿, 글리세린 등이 이에 속한다.

**One Point**

**비뉴턴 유체**

전단응력과 속도구배가 비례하지 않는 유체로 유동곡선(오른쪽 그림)의 ②~④와 같이 분류된다. ②는 Dilatant 유체라고 불리는 물을 포함한 모래층이, ③은 Pseudo-plastic 유체라 불리는 고분자 용액이, ④는 Bingham 유체라 불리는 슬러리가 각각에 속한다.

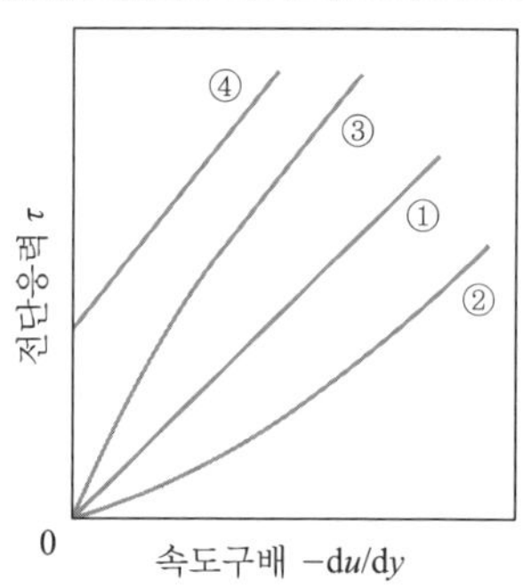

## 7.3.2 층류와 난류

유리관 안에 물을 넣고, 거기에 물과 밀도가 거의 같은 입자를 넣어 흐름 상태를 관찰한다. 유속이 낮은 동안은 입자는 동요하지 않고 직선으로 흐르는데 점점 속도를 올려 어느 정도가 되면 흐름 방향 이외에 불규칙적인 운동이 더해져 입자가 서로 흐트러지면서 흐르게 된다. 전자와 같이 유체의 흐름이 서로 벽면에 대해 평행인 경우를 **층류**, 후자와 같이 흐트러지며 흐르는 경우를 **난류**라고 한다. 보통의 흐름은 난류이며 층류는 가는 관 속의 흐름이나 고점도의 액체일 경우에 나타난다.

원관 속의 흐름이 층류에서 난류로 이동하는 조건은 속도 $\bar{u}\,[\mathrm{m \cdot s^{-1}}]$, 유체밀도 $\rho\,[\mathrm{kg \cdot m^{-3}}]$, 점도 $\mu\,[\mathrm{kg \cdot m^{-1} \cdot s^{-1}}]$, 관경 $d\,[\mathrm{m}]$이 관계되어 있다. 그것들의 값은 식(7.19)로 구해진 무차원수로 정리된 변수라는 것을 알 수 있다. 이 무차원 변수를 **레이놀즈(Reynolds)수**라고 하며 $Re$로 표기한다. 즉,

$$Re = \frac{\mathrm{d}\bar{u}\rho}{\mu} \tag{7.19}$$

유체의 종류에 상관없이 $Re$의 값이 약 2,100 이하일 때에는 층류이며, $Re$가 4,000 이상이 되면 난류가 된다. $Re$가 2,100에서 4,000 사이의 범위에 있을 때엔 흐름이 불안정한 상태이며 층류가 되거나 난류가 되거나 하기 때문에 이 범위의 흐름을 천이(遷移)영역이라고 한다.

**One Point**

**레이놀즈의 실험**

영국 공학자 레이놀즈는 유리관에 물을 흘려보내두고, 관의 중심축 위에 잉크를 흘려보내 그 궤적을 관찰했다. 물의 유속이 아주 작을 때에는 잉크는 동요하지 않고 직선상으로 흘렀지만, 유속이 어느 정도 높아지자 갑자기 잉크의 흐름은 흐트러지며 퍼졌다. 이 실험에서 전자의 흐름을 층류, 후자의 흐름을 난류라고 이름 붙였다. 또한, 유체의 종류, 관경, 유속을 여러 가지로 변화시켜 실험한 결과, 층류에서 난류로 이행되는 조건은 식(7.19)로 주어진 무차원수에 의해 지배되어있다는 것이 분명해졌다.

### 예제 7.3

경내 100 mm의 직관에, 물이 평균속도 $2\ \mathrm{m \cdot s^{-1}}$로 흐르고 있을 때의 레이놀즈수 $Re$를 구해, 그 흐름이 층류인지 난류인지를 판정하라. (단, 물의 점도는 1 cP, 밀도는 $1{,}000\ \mathrm{kg \cdot m^{-3}}$이다.)

**해답**

단위를 SI로 통일하면, 관의 경내 $d = 100\ \mathrm{mm} = 0.1\ \mathrm{m}$, 물의 평균유속 $\bar{u} = 2\ \mathrm{m \cdot s^{-1}}$, 물의 점도 $= 1\ \mathrm{cP} = 0.01 \times 0.1\ \mathrm{Pa \cdot s} = 1 \times 10^{-3}\ \mathrm{Pa \cdot s}$가 된다. 이들의 값을 식(7.19)에 대입하면

$$Re = \frac{d\bar{u}\rho}{\mu} = \frac{0.1 \times 2 \times 1{,}000}{10^{-3}} = 2 \times 10^5 > 4{,}000$$

$Re$가 4,000보다 크기 때문에, 이 흐름은 난류이다.

### 7.3.3 유속분포와 유체경계막

그림 7.5(a)와 (b), 원관내 단면에서의 층류와 난류의 속도분포 모식도이다. 층류의 속도분포는 포물선으로 주어지고, 난류에서는 층류보다 평탄한 형상이 된다. 두 경우 모두 관의 중심축 위에서의 속도는 최고치 $u_{\max}$로 표시하고, 평균속도 $\bar{u}$와 최고속도 $u_{\max}$의 비는 층류에서는 $\bar{u}/u_{\max} = 0.5$, 난류에서는 $\bar{u}/u_{\max} \fallingdotseq 0.8$이 되는 것을 알 수 있다.

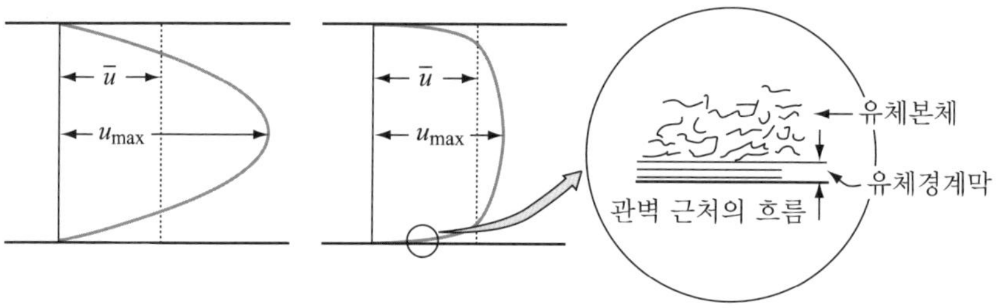


(a) 층류　(b) 난류　(c) 유체경계막

**그림 7.5** 층류와 난류의 속도분포

또한 난류에서는 관의 속도분포는 거의 균일하지만 그림 7.5(c)와 같이 관벽에 가까운 부분에서는 유체의 흐트러짐이 없이 층류와 같은 흐름이 되어있다. 이 부분을 유체경계막이라고 한다.

예를 들어, 관의 중심부에서 관벽을 향해 열 또는 물질이 이동하는 경우 난류에서는 유체경계막을 제외한 부분에서는 유체가 격하게 섞여있기 때문에 큰 저항 없이 열이나 물질이 빠르게 이동한다. 하지만 유체경계막에서는 유체가 흐트러져있지 않기 때문에 큰 이동저항이 발생한다. 유체경계막은 몹시 얇지만 열이나 물질이 반경방향으로 이동할 때의 주

된 저항은 유체경계막에 있다. 열 이동에서의 유체경계막의 역할에 대해서 제 8장에서 설명할 것이다.

**One Point**

**층류와 난류의 속도분포**

원관의 층류 속도분포는 해석적으로 도출된 다음 포물선으로 나타낼 수 있다.

$$u/u_{max} = 1-(r/R)^2$$

$$u_{max}/\bar{u} = 2$$

난류일 경우의 속도분포는 실험을 통해 다음 식이 사용된다.

$$u/u_{max} = (1-r/R)^n$$

$$u_{max}/\bar{u} = (1+n)(2+n)/2$$

$$n = 1/6 \sim 1/10$$

$n = \frac{1}{n}$일 때는, 특별히 $\frac{1}{n}$승 법칙의 속도분포라고 불리운다. 이때, $u_{max}/\bar{u} = 1.22$가 된다.

**One Point**

**유체경계막**

물체 주변에 유체가 흐를 때, 물체에 접해있는 부분에 몹시 옅은 층류의 층이 남아있는데, 그것을 유체경계막이라고 한다. 유체경계막의 두께는 $Re$의 약 7/8승에 반비례한다. 예를 들면, 원관 내 흐름에서 $Re$가 $10^5$일 때, 반경의 약 0.5%가 유체경계막이다. 또한 경계막내의 속도분포는 거의 직선적이다.

## 7.4 마찰 등에 의한 흐름의 에너지손실

### 7.4.1 마찰손실과 압력강하의 관계

유체의 마찰손실에 의해서 관로를 흐르는 유체의 압력은 관이 길어지면서 저하해간다. 이, 관로에서의 압력강하와 마찰손실과의 관계를 구해보자. 지금, 수평으로 놓아진 단면적이 일정한 직관(直管)에 유체를 흘려보내는 경우를 생각해보자. 식(7.15b)에서, 관로에는 외부로부터 일이 가해지지 않는다고 하면 $W_m = 0$이며 또한 $Z_1 = Z_2$, $\overline{u_1} = \overline{u_2}$가 성립되기 때문에 관의 입구와 출구에서의 압력손실 $\Delta P = P_1 - P_2$와 마찰손실 $F_m$ 사이에는 다음과 같은 관계가 성립된다.

$$\Delta P = P_1 - P_2 = \rho F_{\mathrm{m}} \tag{7.20}$$

이 식으로 마찰손실 $F_{\mathrm{m}}$에 상당하는 압력강하 $\Delta P$[Pa]의 값을 구할 수 있다.

### 7.4.2 직관의 마찰손실

직경이 일정한 긴 직관에 유체가 흐를 때의 유체의 마찰손실 크기 $F_{\mathrm{m}}$[J · kg$^{-1}$]은, 유체 운동에너지 $\bar{u}^2/2$와 관 길이 $L$에 비례하고, 관경 $d$에 반비례하는 것을 알 수 있고 다음의 **패닝(Fanning)의 식**을 통해 계산할 수 있다.

$$F_{\mathrm{m}} = 4f\frac{\bar{u}^2}{2} \cdot \frac{L}{d} \tag{7.21}$$

여기서, $f$는 마찰계수[－]라고 하는 무차원수이다.

마찰계수 $f$는 레이놀즈수 $Re$의 함수이며 층류인 경우는 다음 식을 적용할 수 있다.

$$f = 16/Re \tag{7.22}$$

식(7.22)를 식(7.21)에 대입하여 얻은 $F_{\mathrm{m}}$의 함수식을 압력강하 $\Delta P$[Pa]로 나타내면

$$\Delta P = \frac{32\mu L\bar{u}}{d^2} \tag{7.23}$$

이 된다. 이 식을 **Hagen-Poiseuille의 식**이라고 부른다.

난류상태의 $f$는, 층류처럼 일반적인 식으로 나타내는 것이 어렵고, 거기다 관내벽의 미세한 울퉁불퉁함에도 좌우되기 때문에 상관도로 표시한다. 그림 7.6에는 조면관과 평활관으로 크게 나눠 2개의 곡선으로 나타나있다. 또한 층류의 식(7.22)도 동시에 표시되어 있다.

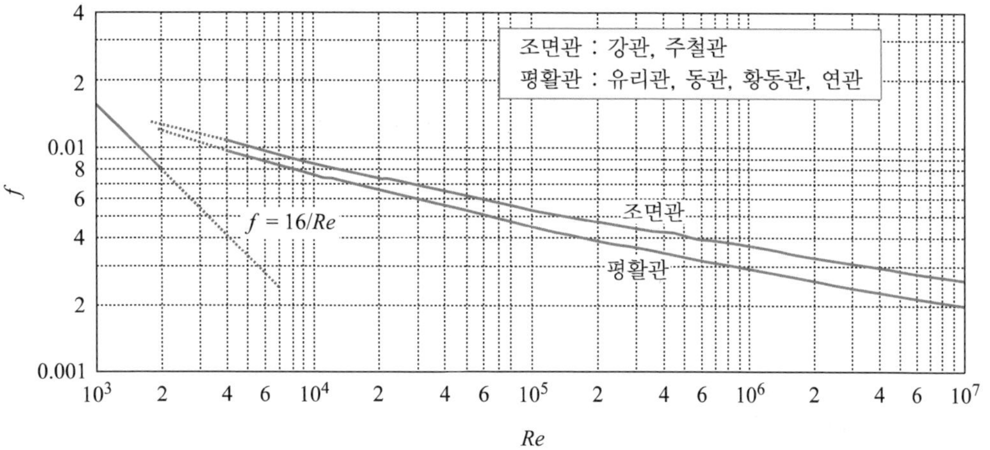


그림 7.6 원관내 흐름 마찰계수 $f$와 레이놀즈수와의 관계

**One Point**

**수력 상당직경**

원관 이외의 관에 유체가 흐르는 경우는, 관경 $d$ 대신 다음 식 수력 상당직경 $d_e'$를 쓴다.

$d_e' = 4$(유로 단면적) / (젖은 변 길이)

젖은 변 길이란, 유로(流路) 단면에서 유체가 유로벽과 접하고 있는 부분의 길이를 말한다. 예를 들면, 관이 단면 $a \times b$의 사각형인 경우는 $d_e' = 2ab/(a+b)$가 되고, 그 환상부(環狀部)를 흐르는 경우에는 $d_e' = d_0 - d_1$ ($d_0$=외관내경, $d_1$=내관외경)이 된다.

### 예제 7.4

내경 30 mm의 강관(鋼管)을 사용해서, 20℃의 물을 유속 2.0 m · s$^{-1}$로 100 m 수송한다. 이때, 마찰에 의한 에너지손실 $F_m$과 압력손실 $\Delta P$를 계산하라.

**해답**

관의 내경 $d = 30$ mm $= 0.03$ m, 관 길이 $L = 100$ m, 유속 $\bar{u} = 2.0$ m · s$^{-1}$, 물의 밀도 $\rho = 1{,}000$ kg · m$^{-3}$, 물의 점도 $\mu = 1 \times 10^{-3}$ Pa · s이므로 레이놀즈수 $Re$는

$$Re = \frac{d\bar{u}\rho}{\mu} = \frac{0.03 \times 2.0 \times 1{,}000}{10^{-3}} = 60{,}000(\text{난류})$$

그림 7.6의 조면관의 곡선에서 관 마찰계수 $f$의 값을 구하면, $f = 0.006$이다. 따라서 식(7.21)의 패닝식에서 에너지손실을 계산하면

$$F_{\mathrm{m}} = 4f\frac{\overline{u}^2}{2}\cdot\frac{L}{d} = 4\times 0.006\times\frac{2.0^2}{2}\times\frac{100}{0.03} = 160\ \mathrm{J}\cdot\mathrm{kg}^{-1}$$

이 마찰손실에 상당하는 압력손실 $\Delta P$는 식(7.20)에서

$$\Delta P = \rho F_{\mathrm{m}} = 1{,}000\times 160 = 1.6\times 10^5\ \mathrm{Pa} = 1.60\times 10^5/1.013\times 10^5$$
$$= 1.58\ \mathrm{atm}$$

---

### 7.4.3 마찰 이외의 에너지손실

실제 관로에는 구부러지거나 갑자기 확대·축소되거나 관에 접속하는 이음새나 유량을 절제하는 밸브 등이 있어서 그것들에 의한 **기계적 에너지손실**이 발생한다. 이 기계적 에너지손실에는 어떤 것이 있는지 순서대로 살펴보자.

#### (1) 관로단면적의 급격한 변화에 의한 손실

내경이 $d_1$인 직관 ①과 내경이 $d_2$인 직관 ②가 있다. 관 ①이 더 가늘어 즉, $d_1 < d_2$라고 하자. 이 직관 ①에 직관 ②를 접속시켜 흐름이 급격히 확대되었을 경우의 에너지손실 $F_{\mathrm{e}}[\mathrm{J}\cdot\mathrm{kg}^{-1}]$은 다음 식과 같아진다.

$$\text{급격한 확대}\quad F_{\mathrm{e}} = \left[1-\left(\frac{d_1}{d_2}\right)^2\right]^2\frac{\overline{u_1}^2}{2} \tag{7.24}$$

반대로 직관 ②에 직관 ①을 접속시켜 흐름이 급격히 축소된 경우의 손실 $F_{\mathrm{c}}[\mathrm{J}\cdot\mathrm{kg}^{-1}]$은 관의 내경비의 2승 $(d_1/d_2)^2$에 의해 변화되는데, 근사적으로 다음 식을 이용할 수 있다.

$$\text{급격한 축소}\quad F_{\mathrm{c}} = 0.47\left[1-\left(\frac{d_1}{d_2}\right)^2\right]\frac{\overline{u_1}^2}{2} \tag{7.25}$$

흐름의 확대·축소 모두 가는 관에서의 평균 유속 $\overline{u_1}$을 사용한다.

#### (2) 이음새, 밸브, 관 부속품에 의한 손실

관로에는 이음매, 밸브 등이 있어서 거기에서도 에너지손실이 발생한다. 그것들의 손실분은 관의 직경 $n$배에 상당하는 수평직관의 길이로 변환한 **상당길이** $L_{\mathrm{e}}[\mathrm{m}]$으로 표시한다.

$$L_e = nd \tag{7.26}$$

여러 가지 부속품의 $n$의 개략치는 그림 7.7과 같다. 식(7.26)으로 계산한 상당길이 $L_e$를 실제 직관의 길이에 더하는 것으로, 이음새나 밸브에 의한 에너지손실을 계산할 수 있다.

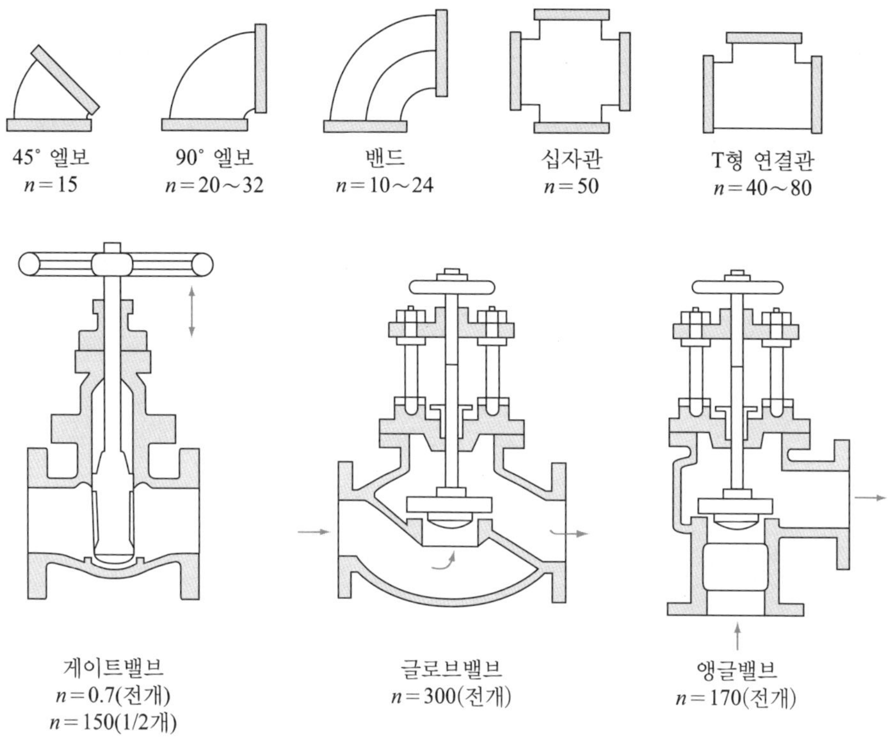


**그림 7.7** 관로의 부속품과 상당길이 $L_e$의 값

## 7.5 유체 유송기에 주어지는 동력 계산

### 7.5.1 이론동력과 축동력

관로 안으로 유체를 흘려보내는 데는 관로계의 에너지손실보다 많은 에너지를 펌프 또는 송풍기에 부여할 필요가 있다. 이때, 단위시간에 필요한 에너지를 **동력** $W$라 하고, [J

$\cdot$ $s^{-1}$]의 단위를 가진다.

앞에서 익힌 것에서 관로계의 흐름에 동반되는 각종 에너지손실을 계산할 수 있다. 즉, 직관부에서의 손실, 흐름의 확대·축소, 관 이음새나 밸브 등에 의한 에너지손실을 모두 계산하여, 그것들의 총 합을 $\Sigma F_m$[J·$kg^{-1}$]로 나타내면 식(7.15b)의 $F_m$을 $\Sigma F_m$으로 변환한 식(7.27)에 의해 관로계에 제공해야 할 일 $W_m$[J·$kg^{-1}$]을 산출할 수 있다.

$$W_m = (Z_2 - Z_1)g + \frac{1}{2}(\overline{u_2}^2 - \overline{u_1}^2) + \frac{P_2 - P_1}{\rho} + \Sigma F_m \tag{7.27}$$

유체를 일정한 유량으로 관로 수송할 때에 필요한 **이론상 동력** $L_W$[J·$s^{-1}$]은, 식(7.27)로 구한 일 $W_m$[J·$kg^{-1}$]에 유체의 질량유량 $w$[kg·$s^{-1}$]을 곱한 $W_m \cdot w$[J·$s^{-1}$]에 의해 주어진다. 동력[J·$s^{-1}$]은 일률이라고도 불리며, 와트[W]라는 단위도 사용된다.

$$L_W = W_m \cdot w\ [\mathrm{J \cdot s^{-1}}] = W_m \cdot w\ [\mathrm{W}] \tag{7.28}$$

유체 수송기에 제공된 동력의 일부는 수송기 내부에서의 마찰 등에 의해서 소비된다. 그 때문에 유체 수송기에 제공해야 하는 동력은 이론동력 $L_W$에 마찰 등으로 소비되는 동력을 더한 것이 된다. 그 값을 **축동력** $L_S$[W]이라고 한다.

유체 수송기에 제공되는 동력 중 유효하게 사용되는 동력의 비율을 그 유체 수송기의 **효율** $\eta$이라고 한다. 즉,

$$\eta = L_W / L_S \tag{7.29}$$

$\eta$은 수송기의 성능을 나타내는 값이며 그 값은 1보다도 작다.

식(7.27) 및 식(7.28)에서 축동력 $L_S$[W]는 다음과 같다.

$$L_S = \frac{W_m \cdot w}{\eta}\ [\mathrm{W}] \tag{7.30}$$

**예제 7.5**

내경 30 mm의 강관을 사용해서 20℃의 물을 유속 2.0 m·$s^{-1}$로, 큰 저장탱크조(貯槽) A에서 10 m의 높이에 있는 저조 B로 퍼낸다. 관로 직경부의 전체 길이는 100 m로 관로에는 90° 엘보 5개와 글로브밸브 2개가 삽입되어있다. 이때 다음 값을 구하라.

(1) 마찰로 인한 에너지손실
(2) 펌프와 모터의 종합 효율 $\eta$을 65%로 했을 때의 필요동력[kW]

**해답**

여기서는 예제 7.4와 같은 강관이 이용되어 물의 유속, 직관부의 전체 길이도 같지만 관로 속에 엘보와 밸브의 내삽물이 있어 그것들에 의한 에너지손실을 고려할 필요가 있다.

(1) 그림 7.7에서, 표준형 90° 엘보와 글로브밸브의 상당길이는 각각 $32d$와 $300d$이며, $d = 0.03$ m이므로, 내삽물의 합계의 상당길이 $L_e$는

$$L_e = (32 \times 5 + 300 \times 2) \times 0.03 = 22.8 \text{ m}$$

가 된다. 따라서 직관부의 길이 $L = 100$ m에 $L_e = 22.8$ m를 가산한 값이 겉보기 관 길이가 된다. 관 마찰계수 $f$는 예제 7.4에서 구한 0.006을 쓸 수 있기 때문에 전체 에너지손실 $\Sigma F_m[\text{J} \cdot \text{kg}^{-1}]$은,

$$\Sigma F_m = 4f\frac{\bar{u}^2}{2} \cdot \frac{L}{d} = 4 \times 0.006 \times \frac{2.0^2}{2} \times \frac{100 + 22.8}{0.03} = 197 \text{ J} \cdot \text{kg}^{-1}$$

(2) 물을 퍼 올리는 동력 $W_m[\text{J} \cdot \text{kg}^{-1}]$은 식(7.27)로 계산할 수 있다. 점 ①을 저장탱크 A의 수면, 점 ②를 저장탱크 B에 붓는 관 출구에 둔다. 저장탱크 A는 크기 때문에 물을 퍼 올려도 그 수면은 거의 변하지 않는다고 생각할 수 있으므로, $\bar{u}_1 = 0$이다. 한편, 관출구에서의 유속 $\bar{u}_2 = 2.0 \text{ m} \cdot \text{s}^{-1}$이다. 또한 높이 차 $= Z_2 - Z_1 = 10$ m로, 압력 $P_1$과 $P_2$는 모두 대기압이므로, $P_2 = P_1$이 된다. 또한 (1)의 계산에서, $\Sigma F_m = 197 \text{ J} \cdot \text{kg}^{-1}$이다. 이것들의 수치를 식(7.27)에 대입하면 유체 1 kg당 동력 $W_m$은

$$W_m = (Z_2 - Z_1)g + (1/2)\bar{u}_2^{\,2} + \Sigma F_m = 10 \times 9.8 + (1/2) \times 2.0^2 + 197$$
$$= 98 + 2 + 197 = 297 \text{ J} \cdot \text{kg}^{-1}$$

퍼 올린 물의 질량유량 $w\,[\text{kg} \cdot \text{s}^{-1}]$은 식(7.1)과 식(7.2)로 직경 $d = 0.03$ m, 유속 $\bar{u} = 2.0 \text{ m} \cdot \text{s}^{-1}$, 물의 밀도 $\rho = 1{,}000 \text{ kg} \cdot \text{m}^{-3}$이라 하면,

$$w = \frac{\pi}{4}d^2\bar{u}\rho = \frac{3.14}{4} \times (0.03)^2 \times 2.0 \times 1{,}000 = 1.413 \text{ kg} \cdot \text{s}^{-1}$$

따라서 유체를 관로 수송할 때의 이론소요동력 $L_W$는 식(7.28)이므로,

$$L_W = W_m \cdot w = 297 \times 1.413 = 420 \text{ J} \cdot \text{s}^{-1} = 0.420 \text{ kW}$$

관로 내의 펌프를 운전하는데 필요한 동력 $L_S$는 식(7.30)에 효율 $\eta = 0.65$를 대입하여

$$L_S = L_W/\eta = 0.420/0.65 = 0.646 \text{ kW}$$

## 칼럼

### 유동층을 이용한 방법
### - 입자 속에 가스를 통과시킨다 -

이 장에서는 빈 관에 유체를 흘려보내는 경우를 다루고 있는데 관에 미세한 입자를 채워 넣어 가스를 밑 부분에서 불어넣는 방법도 있다. 가스 유속이 낮으면 입자는 움직이지 않지만(이것을 고정층이라고 한다) 유속을 올리면 입자가 활발하게 움직이기 시작해 가스가 기포가 되어 층을 상승한다. 이 상태를 유동층이라고 한다.

유동화된 고체입자는 마치 끓는 액체처럼 움직이기 때문에 입자를 액체처럼 관에서 꺼내서 수송할 수도 있다. 또한 입자의 거센 운동에 의해 열이 이동하기 때문에 층내 온도는 균일하게 유지된다. 이러한 유동층의 장점을 활용해서 실제 예를 살펴보자.

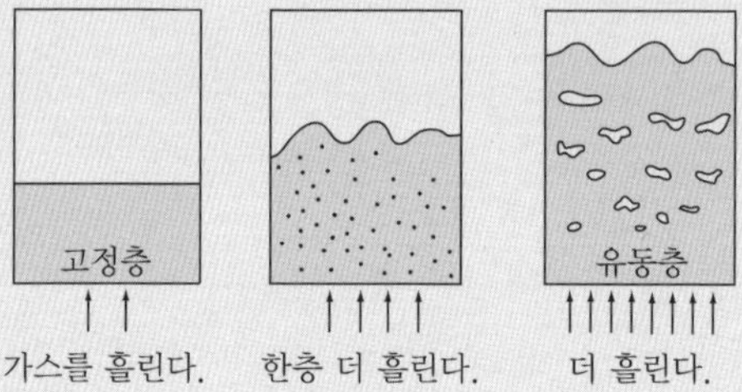


유동층의 이미지

(1) 석유의 접촉분해반응에 의한 가솔린 제조

석유 접촉분해반응에서는 카본이 촉매표면에 석출되어 촉매 활성을 저하시키기 때문에 그것을 연소시켜 제거할 필요가 있다. 종래에는 반응탑을 2기 설치해 반응과 카본제거를 짧은 주기로 번갈아 행하고 있는데, 그것은 너무 번잡했다. 그래서 카본이 들어있는 촉매를 반응기에서 재생탑으로 파이프로 이동시켜, 공기에 의한 연소재생이 끝나면 반응탑에 반송하는 이탑식 유동층 반응기가 개발되었다. 촉매는 두 개의 유동층 사이를 수분 이내의 주기로 이동하면서 반응과 재생을 반복하는 것이 된다. 그 후 장치 개량이 발전되어 반응탑과 재생탑이 일체화된 구조가 되었고, 더욱이 현재에는 촉매의 성능이 비약적으로 향상되어 재생탑에서의 파이프인 라이저 부분에서 접속분해 반응이 완료되기 때문에 반응용의 유동층이 불필요해졌다.

(2) 에틸렌이나 프로필렌의 중합

이 중합반응은 이전에는 액상으로 행해졌지만 현재에는 기상 중합법으로 행해지고 있다. 이 방법에서는 촉매입자를 반응기에 유동상태로 두고, 거기에 원료가스를 불어넣으면 고체의 중합입자가 바로 생성된다. 이것을 연속적으로 유동층 밖으로 꺼내는 것이다.

이 밖에도, 유동층은 건조, 조립・코팅, 석탄연소, 폐기물소각등에도 활용되고 있다.

## 연습문제

**01.** 내경 50 mm의 직관에 밀도가 900 kg · m$^{-3}$의 유체가 유속 2.5 m · s$^{-1}$로 흐르고 있다. 이 유체의 체적유량 $v$와 질량유량 $w$를 구하라.

**02.** 내경 70 mm의 관을 이용해서, 어떤 수용액을 체적유량 30 m$^3$ · h$^{-1}$로 보낼 때, 관내의 평균유속[m · s$^{-1}$]을 구하라.

**03.** 물을 채운 커다란 수조가 있다. 물의 깊이는 5 m로, 수조 밑에서 1 m부분에 작은 구멍이 뚫려 있다. 구멍에서 유출되는 물의 유속을 구하라.

**04.** 80A의 강관(내경 80.7 mm)을 사용해서, 물을 35 m$^3$ · h$^{-1}$의 유량으로 지하 탱크에서 30 m의 높이까지 퍼 올린다. 흐름 에너지손실을 16 J · kg$^{-1}$이라 하면, 물 1 kg에 대한 펌프의 일은 얼마인가?

**05.** 물이 관로를 흐르고 있다. 관 입구에서의 압력이 1 atm , 출구에서는 1.5 atm으로, 출구는 입구보다 5 m 높은 곳에 있다. 관로 중간에 펌프가 있어서, 150 J · kg$^{-1}$의 엘보가 주어져 있을 때, 마찰에 의한 에너지손실은 얼마인가?

**06.** 내경 25 mm의 관내를 밀도 850 kg · m$^{-3}$, 점도 0.85×10$^{-3}$ Pa · s의 유체가 체적유량 4 m$^3$ · h$^{-1}$의 배율로 흐르고 있다. 이 흐름은 층류인가, 난류인가?

**07.** 2B 강관 (내경 52.9 mm)을 이용해서, 비중 0.9, 점도 0.08 Pa · s의 기름을, 12 m$^3$ · h$^{-1}$의 배율로 수평으로 1.5 km 수송할 때, 마찰에 의한 흐름 에너지손실 및 압력손실을 구하라.

**08.** 65A 강관(내경 67.9 mm)에서 관로 125 m 사이에, 90° 엘보(표준형) 4개, 글로브밸브(전개)와 앵글밸브(전개)가 1개씩 삽입되어 있다. 이 관로에 물이 27 m$^3$ · h$^{-1}$의 유량으로 흐르고 있을 때, 마찰에 의한 흐름 에너지손실 및 압력손실을 구하라. 물의 점도는 1×10$^{-3}$ Pa · s이다.

**09.** 4번 문제에서의 펌프 축동력을 구하라. (단, 펌프 효율을 60%로 한다.)

**10.** 3B 강관(내경 80.7 mm)을 이용해서, 큰 저조 안에 있는 비중 0.85, 점도 65×10$^{-3}$ Pa · s의 기름을 14 m$^3$ · h$^{-1}$의 속도로 수평방향으로 700 m 흘려보낼 때의 펌프의 축동력 $L_S$[kW]를 구하라. (단, 펌프의 효율을 60%로 한다.)

***One Point***

**배관용 강관인 JTS규격**

배관용 강관인 JTS규격에는 B계열과 A계열의 2종류가 있다. B계열은 인치로 관의 직경을 나타내는데, 예를 들면 2B 강관이라고 하면 직경이 약 2인치(2 × 25.4 mm = 50.8 mm)인 관을 연상하면 된다(하지만 실제 2B 강관의 내경은 52.9 mm, 외경은 60.5 mm이다). 한편, A계열의 수치는 mm를 의미하고 있다. 예를 들면, 65A 강관이라고 하면 직경이 약 65 mm의 관을 나타낸다(단, 실제 내경은 67.9 mm, 외경은 76.3 mm이다.). 각각의 관의 엄밀한 수치(외경, 내경, 두께 등)는 표(화학공학 전문서에 실려 있는)로 조사할 필요가 있다. 공업계에서는 역사적 경위에서 인치 기준인 B계열을 사용하는 경우가 많다.

Chapter 08

# 열 이동

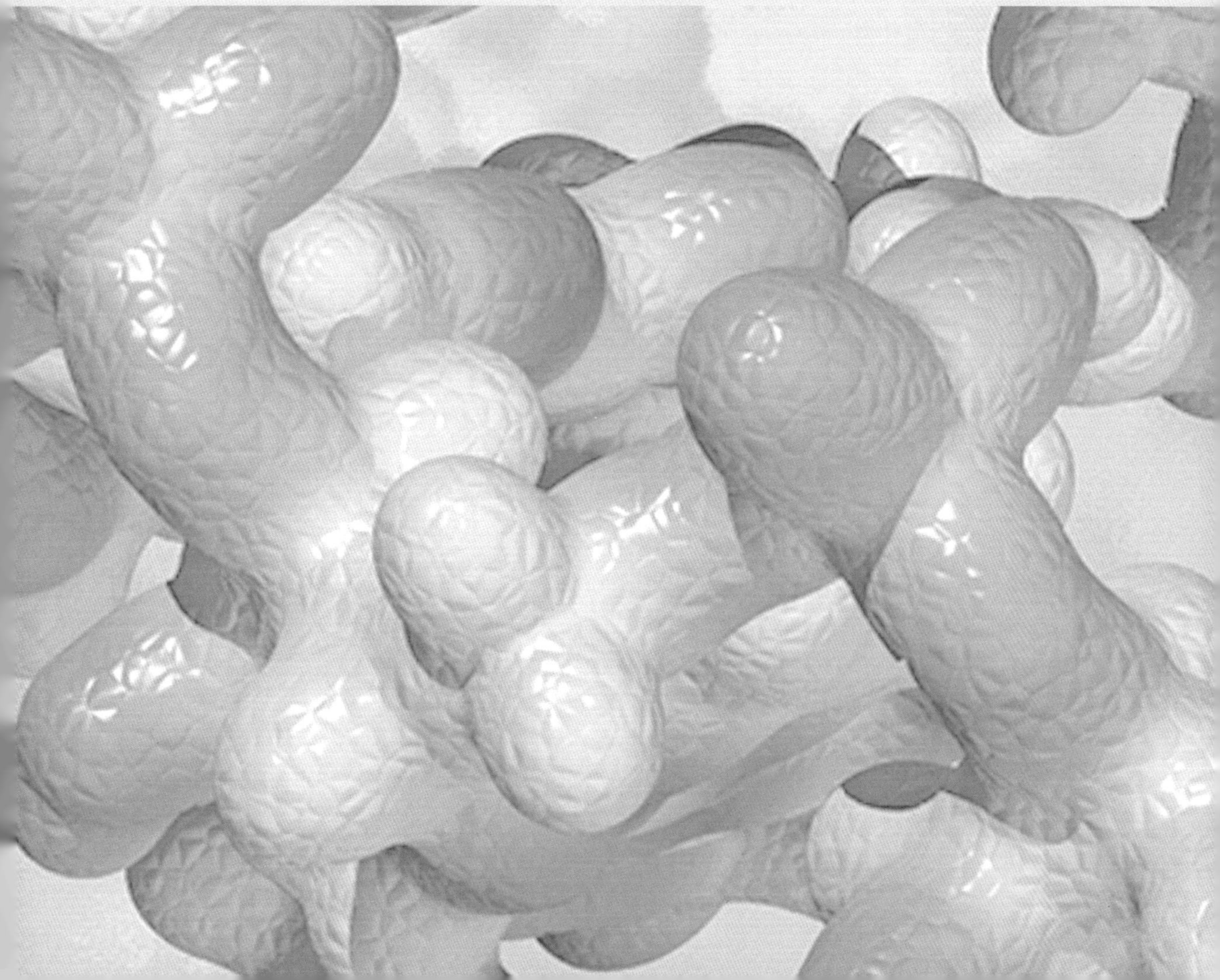

화학공정에는 유체의 가열·냉각, 증기의 응축, 증발, 고체의 건조 또는 반응기의 제거·보급 등 열 이동을 동반하는 조작이 많다. 열은 고온에서 저온으로 이동하는데 기본적인 이동방식에는 전도전열(열전도), 대류전열, 방사전열의 세 가지가 있다.

금속봉의 한 끝을 고온 상태로 잠시 두면 봉 전체의 온도가 상승하는 것에서 알 수 있듯이 전도전열은 고온 측 원자의 열 진동이 인접하는 저온 측 원자에 순차적으로 전해지는 것에 의해서 발생하는 현상이다.

대류전열은 액체·기체의 운동에 의해서 열이 이동한다. 온도차가 있으면 유체에 밀도차가 생기며 유체의 이동이 자연스럽게 발생하며 열도 동시에 이동한다. 이 현상을 자연대류라고 한다. 그에 반해 교반 등으로 유체를 강제적으로 운동시켜서 열 이동을 하는 경우를 강제대류라 한다. 공업적으로는 강제대류가 중요하다.

방사전열은 고온의 물체 표면에서 발생되는 열선이 공기 등의 매체를 통하지 않고 직접 저온물체 표면에 전해지는 현상이다. 태양이나 스토브를 따뜻하다고 느끼는 것은 방사전열에 의해서 열을 받아들이기 때문이다.

화학공정에서 열 이동을 할 때 사용하는 대표적인 장치는 열교환기이다. 이것은 고체벽을 사이에 두고 흐르는 고온유체에서 저온유체로 열 이동을 시키는 장치이며 강제대류와 열전도가 주요 전열기구가 된다.

이 장에서는 열 이동의 기본법칙과 열교환기 설계의 기초를 중심적으로 배워가 보자.

## 8.1 열전도에 의한 열의 이동

### 8.1.1 퓨리어의 법칙과 열전도도

고체는 열전도에 의해 열은 고온부에서 저온부로 이동한다. 단위시간에서의 열 이동속도(전열속도) $q$[J·s$^{-1}$]는 열의 이동방향에 수직인 면의 면적 $A$[m$^2$]와 온도구배 $-qT/\mathrm{d}x$에 비례한다. 이것을 **퓨리어의 법칙**(Fourier's law)이라고 한다. 이 비례정수를 $k$로 나타내면 열 이동속도 $q$는 다음과 같다.

$$q = -kA\frac{\mathrm{d}T}{\mathrm{d}x} \tag{8.1}$$

여기서, $T$는 온도[K], $x$는 열 이동방향 거리[m]이다. 온도는 열 이동방향에 따라 감소하기 때문에 $\mathrm{d}T/\mathrm{d}x$는 마이너스가 되며 따라서 마이너스 기호를 붙이면 양수가 된다. 또한 $k$는 열전도도라고 하며, 물질이 잘 열전도 되는가를 나타내는 물성치이며, 그 단위는 [$\mathrm{J \cdot m^{-1} \cdot s^{-1} \cdot K^{-1}}$] 또는 [$\mathrm{W \cdot m^{-1} \cdot K^{-1}}$]이다.

열전도도는 고체뿐만 아니라 액체, 기체의 열이 전해지기 쉬운지를 나타내는 물성치이기도 하다. 그 크기는 일반적으로 금속재료, 비금속재료, 액체, 기체 순서로 작아진다.

각종 물질 열전도도 $k$의 값이 표 8.1에 나와 있다.

표 8.1 각종물질의 열전도도의 개략치(단위 [$\mathrm{J \cdot m^{-1} \cdot s^{-1} \cdot K^{-1}}$])

| 물 질 | 개략치 | 물질명 |
|---|---|---|
| 금 속 | 10～500 | 동(400), 알루미늄(200), 철(50) |
| 비금속 | 1～10 | 유리(0.75), 벽돌(0.7～2), 모래(0.3～1) |
| 단열재 | 0.1 이하 | 우레탄폼(0.03), 유리솜(0.05) |
| 액 체 | 0.1～0.5 | 물(0.64), 에탄올(0.17), 벤젠(0.15), 석유(0.14) |
| 기 체 | 0.01～0.5 | 수소(0.23), 공기(0.03), 수증기(0.023), 산소(0.03) |

**One Point**

**퓨리어의 법칙**

열이 전도에 의해 고온부에서 저온부로 이동할 때, 단위시간당 이동하는 열량 $q$[$\mathrm{J \cdot s^{-1}}$]은, 열 이동 방향($x$방향)에 직각인 면적 $A$[$\mathrm{m^2}$]와 $x$방향으로의 온도구배($-\mathrm{d}T/\mathrm{d}x$)의 곱에 비례하여, 식(8.1)과 같이 쓸 수 있다는 것이 경험적으로 알려져 있다. 이것을 퓨리어의 법칙이라 한다.

## 8.1.2 평판의 열전도

그림 8.1과 같이 평판상 고체에서 좌측 변의 온도를 $T_1$[K], 좌측면의 온도를 $T_2$[K]로 유지하고, $T_1 > T_2$로 하면, 열은 좌측에서 우측으로 정상적으로 이동한다. 평판의 면적을 $A$[$\mathrm{m^2}$], 평판의 두께를 $x$[m]이라고 할 때, 식(8.1)에서 전열속도 $q$[$\mathrm{J \cdot s^{-1}}$]은 다음과 같다.

$$q = -kA\frac{\mathrm{d}T}{\mathrm{d}x} = -kA\frac{T_2 - T_1}{x} = \frac{T_1 - T_2}{x/kA} = \frac{\Delta T}{R} \tag{8.2}$$

여기서, 분자인 $(T_1 - T_2) = \Delta T$는 온도차이며, 열 이동의 추진력을 나타내고 있다. 한편, 분모인 $x/kA = R$[$\mathrm{s \cdot K \cdot J^{-1}}$]은 평판의 두께를 열전도도와 전열면적과의 곱으로 나눈 값이며, 그 값이 클수록 전열속도가 작아지며, 열전도속도의 저항을 나타낸다.

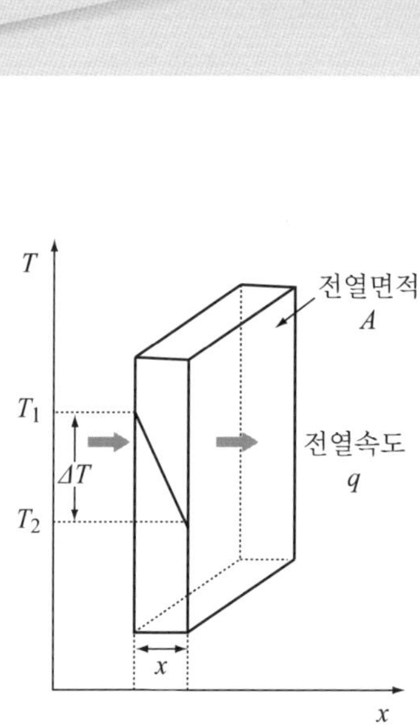


그림 8.1 평판의 열전도

### 8.1.3 다층평판내의 열전도

그림 8.2와 같이 복수의 평판이 겹쳐져 있는 경우 정상상태에서 각 층의 전열속도는 모두 같다. 각각 평판에 대해 식(8.2)의 가장 오른쪽 변의 식을 적용해서 분모, 분자의 각 항을 가산하여 가비의 리를 이용하면 다음 관계가 나온다.

$$q = \frac{\Delta T_1}{R_1} = \frac{\Delta T_2}{R_2} = \frac{\Delta T_3}{R_3} = \frac{\Delta T_1 + \Delta T_2 + \Delta T_3}{R_1 + R_2 + R_3} = \frac{\Delta T}{\sum R} \tag{8.3}$$

여기서, $\Delta T$는 다층평판 전체의 온도차이며 $\sum R$은 각 층의 **전열저항**의 총합을 나타낸다.

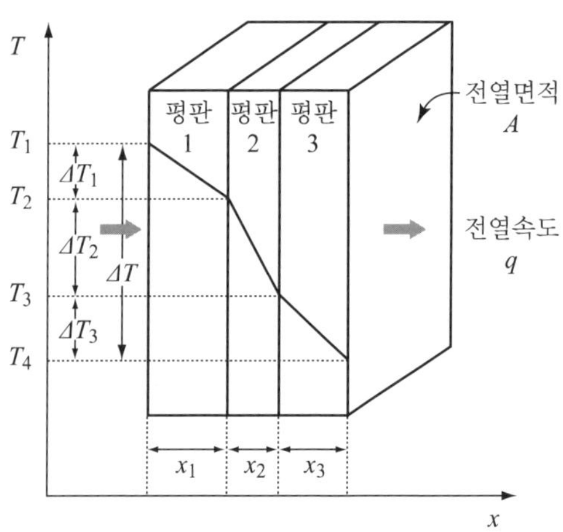


그림 8.2 다중평판의 열전도

**예제 8.1**

두께 250 mm의 내화벽돌 바깥쪽에 120 mm의 단열벽돌을 겹친 노벽(爐壁)이 있다. 노내 온도가 950℃, 단열벽돌 외면의 온도가 53℃일 때, 다음 값을 구하라. (단, 내화벽돌 및 단열벽돌의 열전도도를 각각 1.2, 0.23 $\mathrm{J \cdot m^{-1} \cdot s^{-1} \cdot K^{-1}}$로 한다.)

(1) 이 벽면 1 $\mathrm{m^2}$에서의 열손실속도[$\mathrm{J \cdot s^{-1}}$]

(2) 두 벽돌의 경계 온도

**해답**

(1) 식(8.2)에서 내화벽돌층과 단열벽돌층의 전열저항 $R_1$, $R_2$[$\mathrm{s \cdot K \cdot J^{-1}}$]은,

$$R_1 = \frac{x_1}{k_1A_1} = \frac{250\times10^{-3}}{1.2\times1} = 0.2083 \qquad R_2 = \frac{x_2}{k_2A_2} = \frac{120\times10^{-3}}{0.23\times1} = 0.5217$$

이것들을 식(8.3)에 대입하면, 전열속도(열손실속도) $q$를 계산할 수 있다.

$$q = \frac{\Delta T_1}{R_1} = \frac{\Delta T_2}{R_2} = \frac{\Delta T}{\Sigma R} = \frac{950-53}{0.2083+0.5217} = 1.23\times10^{-3}\ \mathrm{J \cdot s^{-1}} \qquad ①$$

또한, 식①의 $\Delta T_1/R_1$을 보면,

$$\Delta T_1 = 950 - T_2 = qR_1 = (1.23\times10^3)\times0.2083 = 256$$

$$\therefore\ T_2 = 950-256 = 694℃$$

가 되며, 두 벽돌이 접해있는 온도 $T_2$를 구할 수 있다.

### 8.1.4 원통상 고체의 열전도

그림 8.3과 같이 내반경 $r_1$, 외반경 $r_2$, 길이 $L$의 원통에서 내표면의 온도를 $T_1$, 외표면의 온도를 $T_2$로 한다. $T_1 > T_2$일 때, 열은 내표면에서 외표면을 향해 이동한다. 평판과 달리 원통에서의 전열면적 $A$는 반경위치 $r$에 비례하여 변화하므로 식(8.1)은 다음과 같다.

$$q = -k(2\pi rL)\frac{\mathrm{d}T}{\mathrm{d}r} \qquad (8.4)$$

정상상태에서 $q$는 $r$에 영향을 받지 않고 일정하다는 것에 주의하여 이 식을 변수 $r$과 변수 $T$에 대해 적분하면

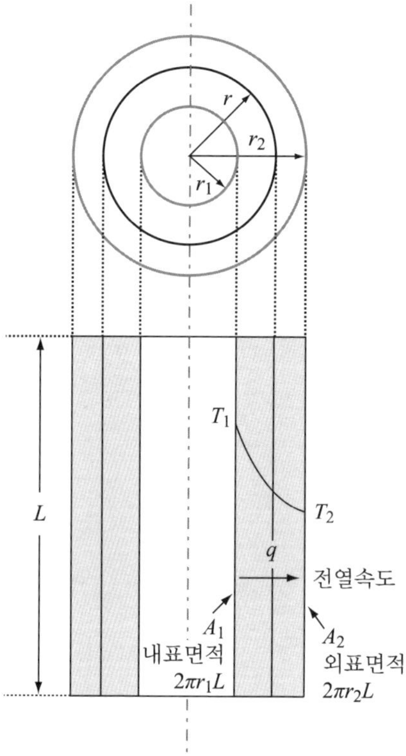


그림 8.3 원통상 고체의 열전도

$$q\int_{r_1}^{r_2}\frac{\mathrm{d}r}{r} = -k \cdot 2\pi L\int_{T_1}^{T_2}\mathrm{d}T$$

$$\therefore\ q\ln\frac{r_2}{r_1} = k \cdot 2\pi L(T_1 - T_2) \tag{8.5}$$

가 도출된다. 이 식을 $q$에 대해서 풀어 분모와 분자에 $(r_2 - r_1)$을 곱해 $2\pi r_1 L = A_1$(원통의 내표면), $2\pi r_2 L = A_2$(원통의 외표면)을 두면 다음 관계식이 된다.

$$q = \frac{k \cdot 2\pi L(T_1 - T_2)}{\ln(r_2/r_1)} = \frac{k(r_2 - r_1)(2\pi L)(T_1 - T_2)}{(r_2 - r_1)\ln(2\pi L r_2/2\pi L r_1)}$$

$$= \frac{k(T_1 - T_2)}{r_2 - r_1} \cdot \frac{A_2 - A_1}{\ln(A_2/A_1)} \tag{8.6}$$

한편, $A_1$과 $A_2$의 대수평균치 $A_{\mathrm{lm}}$은

$$A_{\mathrm{lm}} = \frac{A_2 - A_1}{\ln(A_2 - A_1)} \tag{8.7}$$

이라 정의할 수 있어서 이 함수를 사용하면 식(8.6)은 다음과 같이 변환할 수 있다.

$$q = \frac{kA_{\mathrm{lm}}(T_1 - T_2)}{(r_2 - r_1)} = \frac{\Delta T}{x/kA_{\mathrm{lm}}} \tag{8.8}$$

여기서, $x = r_2 - r_1$이며 원통의 두께를 나타낸다.

이처럼 전열면적으로서 내표면적 $A_1$과 외표면적 $A_2$의 대수평균치 $A_{\mathrm{lm}}$을 취하고, 두께 $x$에 원통의 두께($x = r_2 - r_1$)를 취하면 평판과 같은 식(8.8)에 의해 전열속도를 나타낼 수 있다. 또한 다층 원통상 고체에도 식(8.3)을 적용할 수 있다. 또한 원통의 두께가 얇아 $A_2/A_1 < 2$일 경우에는 산술평균과의 차가 4% 이하이기 때문에 전열면적으로써 대수평균을 이용하는 것이 아니라 산술평균으로 근사계산해도 된다.

**One Point**

**대수평균을 산술평균으로 근사계산할 수 있는 이유**

일반적으로 두 개의 수 $a$와 $b$에 대해서 $b/a$의 값을 0.5에서 2.0까지 변화시켜서 대수평균치 $(b-a)/\ln(b/a)$를 산술평균치 $(a+b)/2$로 근사계산하였을 때의 상대오차는 아래 표와 같다. 단, 오차가 양수일 때엔 (산술평균)>(대수평균)의 함수인 것을 나타낸다.

| $a/b$ | 0.5 | 1.2 | 2 |
|---|---|---|---|
| 오차(%) | 3.97 | 0.28 | 3.97 |

이 범위에서는 오차는 4% 이하이며, 산술평균으로 근사계산해도 된다는 것을 알 수 있다.

**예제 8.2**

외경 30 mm의 관에 두께 40 mm의 보온재를 두르고 있다. 관 외면의 온도가 120℃, 보온재 외표면의 온도가 35℃일 때, 관 길이 10 m당 열손실속도를 구하라. (단, 보온재의 열전도도는 0.048 J·m$^{-1}$·s$^{-1}$·K$^{-1}$이다.)

**해답**

보온재의 내경 $d_1 = 30$ mm, 두께를 $x$라 하면 보습재 외면의 직경 $d_2 = d_1 + 2x = 30 + 2\times40 = 110$ mm이므로

내표면적 $A_1 = \pi d_1 L = 3.14 \times (30 \times 10^{-3}) \times 10 = 0.942\ \mathrm{m}^2$

외표면적 $A_2 = \pi d_2 L = 3.14 \times (110 \times 10^{-3}) \times 10 = 3.45\ \mathrm{m}^2$

또한, 전열면적의 대수평균치 $A_{\mathrm{lm}}$는

$$A_{\mathrm{lm}} = \frac{A_2 - A_1}{\ln(A_2/A_1)} = \frac{3.45 - 0.942}{\ln(3.45/0.942)} = 1.93\ \mathrm{m}^2$$

이들 수치를 식(8.8)에 대입하면 전열속도 $q$(열손실속도)는 다음과 같이 계산할 수 있다.

$$q = kA_{\mathrm{lm}}\frac{\Delta T}{\Delta r} = 0.048 \times 1.93 \times \frac{120 - 35}{40 \times 10^{-3}} = 197\ \mathrm{J \cdot s^{-1}}$$

**One Point**

**열손실속도**

보온재의 전열속도가 관으로부터 외부로 잃게 되는 열량, 즉, 열손실속도가 된다.

## 8.2 대류에 의한 열 이동

화학공정에서는 온도가 다른 2종류의 유체 사이에서 열의 열 교환이 이루어지는 일이 많다. 이 조작에는 열교환기(8.4 참고)라 불리는 장치를 사용한다. 열교환기는 복수의 직관 또는 U자관이 원통형의 동체에 넣어져 있는 구조로 되어있어 관 속을 흐르는 유체와 관과 동체 사이를 흐르는 유체끼리 열 교환을 한다. 이 경우, 온도가 다른 유체는 원관의 금속벽을 사이에 두고 접해있고 열은 고체벽을 통해 고온유체에서 저온유체로 전해진다. 이러한 열 전달형식을 **열관류**라고 한다.

**One Point**

**경막전열계수**

고체와 유체가 접해있어 온도차가 있을 때, 두 개 사이에는 열 교환이 이루어진다. 그 때의 전열속도 $[\mathrm{J \cdot s^{-1}}]$는 면적 $A[\mathrm{m^2}]$과 온도구배 $-\mathrm{d}T/\mathrm{d}x$에 비례하여, 식(8.9)로 표시한다. 그 비례정수 $h[\mathrm{J \cdot m^{-2} \cdot s^{-1}K^{-1}}]$를 경막전열계수라고 한다. 그 값은 유체가 흐름 상태일 때 존재한다.

### 8.2.1 경막전열계수와 총괄전열계수

고체벽을 사이에 두고 온도가 다른 2종류의 유체가 흐르고 있을 때의 온도구배를 그림 8.4에 나타낸다. 좌측의 유체 1이 더 고온이고 오른쪽의 유체 2가 저온이라고 하면 열관류는 유체 1에서 2를 향해 발생한다. 제 7장에서 설명한 듯이 유체본체가 난류상태로 흐르고 있어도 고체와의 접촉면 부근에서는 층류상태로 흐르는 유체경계막이 존재한다. 이 경우는 고체벽의 좌우의 양면에 근접하여 유체경계막이 생긴다.

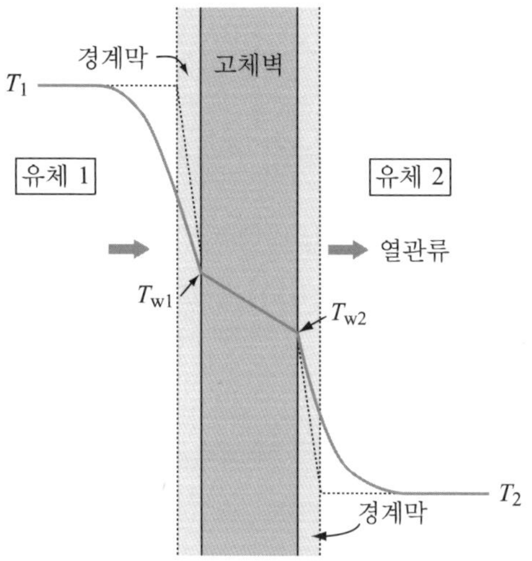


**그림 8.4** 열관류

이러한 유체경계막에서는 고체벽에 직각방향인 유체 이동은 일어나지 않는다. 따라서 열이 고온유체본체에서 고체벽으로 전해지기 위해서는 열은 열전도만으로 이 유체경계막을 통과하지 않으면 안된다. 저온유체 쪽의 유체경계막에서도 같은 현상이 일어난다. 이 유체경계막에서는 큰 전열저항이 있기 때문에 큰 온도구배가 발생한다. 그것에 대해 유체본체에서는 유체 혼합에 의해 대류전열이 빨리 일어나서 전열저항이 작고 따라서 온도구배도 작다.

고체벽에서는 전도전열에 의해 온도는 직선적으로 변화한다. 그림 8.4의 실선은 실제 온도분포를 나타낸다. 이 그래프에서 경계막 내의 온도분포가 직선이고 또한 유체본체의 온도는 단면 평균 온도로 균일에 가까운 온도분포를 점선으로 나타냈다.

경계막내 열전도도 고체벽과 마찬가지로 식(8.2)를 적용할 수 있다. 하지만 경계막의 두께 $\delta$ 및 고체벽 표면의 고온 $T_w$를 구하는 것은 어렵기 때문에 열전도도 $k[\mathrm{J \cdot m^{-1} \cdot s^{-1}}$

$\cdot \mathrm{K}^{-1}$]을 경계막 두께 $\delta$[m]로 나눈 값 $k/\delta$를 새롭게 도입한다. 그것을 경막전열계수라고 부르며 $h$로 나타낸다. $h$의 단위는 [$\mathrm{J \cdot m^{-2} \cdot s^{-1} \cdot K^{-1}}$] 또는 [$\mathrm{W \cdot m^{-2} \cdot K^{-1}}$]이다.

이 경막전열계수를 이용하면, 고온유체의 유체경계막에서의 전열속도는 다음과 같다.

$$q = h_1 A_1 (T_1 - T_{\mathrm{w1}}) = \frac{T_1 - T_{\mathrm{w1}}}{1/h_1 A_1} \tag{8.9}$$

또한 고체벽에서의 전열속도는 식(8.2)를 적용하면 다음과 같다.

$$q = \frac{T_{\mathrm{w1}} - T_{\mathrm{w2}}}{x/k_{\mathrm{s}} A_{\mathrm{av}}} \tag{8.10}$$

여기서, $x$는 고체벽의 두께, $k_{\mathrm{s}}$는 고체의 열전도도, $A_{\mathrm{av}}$ 고체벽의 외부면적과 내표면적의 평균치를 나타낸다. 고체벽이 원통인 경우에는 $A_{\mathrm{av}}$에 대수평균치를 이용하지만 원통의 두께가 얇을 때에는 산술평균치로 근사계산 할 수 있다.

한편, 저온유체 쪽의 유체경계막 전열속도는 식(8.9)와 마찬가지로 다음과 같아진다.

$$q = h_2 A_2 (T_{\mathrm{w2}} - T_2) = \frac{T_{\mathrm{w2}} - T_2}{1/h_2 A_2} \tag{8.11}$$

정상상태에서는 식(8.9)~(8.11)의 전열속도 $q$는 모두 같기 때문에 그것들을 등호로 묶고 가비의 리를 적용하면 다음 식이 된다.

$$\begin{aligned} q &= \frac{T_1 - T_{\mathrm{w1}}}{1/h_1 A_1} = \frac{T_{\mathrm{w1}} - T_{\mathrm{w2}}}{x/k_{\mathrm{s}} A_{\mathrm{av}}} = \frac{T_{\mathrm{w2}} - T_2}{1/h_2 A_2} \\ &= \frac{T_1 - T_2}{1/h_1 A_1 + x/k_{\mathrm{s}} A_{\mathrm{av}} + 1/h_2 A_2} \end{aligned} \tag{8.12}$$

이 식의 분모는 전체 전열저항을 나타내고 있으며 그것을 $1/U_1 A_1$ 또는 $1/U_2 A_2$로 한다. 여기서 $U_1$을 면적 $A_1$ 기준의 **총괄전열계수**(또는 **열관류계수**)라 하면 단위는 [$\mathrm{J \cdot m^{-2} \cdot s^{-1} \cdot K^{-1}}$] 또는 [$\mathrm{W \cdot m^{-2} \cdot K^{-1}}$]이다. 또한 면적 $A_2$를 기준으로 한 경우의 총괄전열계수 $U_2$이다. 그렇게 하면,

$$\frac{1}{U_1 A_1} = \frac{1}{U_2 A_2} = \frac{1}{h_1 A_1} + \frac{x}{k_{\mathrm{s}}} \cdot \frac{1}{A_{\mathrm{av}}} + \frac{1}{h_2} \cdot \frac{1}{A_2} \tag{8.13}$$

을 얻을 수 있기 때문에 이것을 식(8.12)에 대입하면 열전도도 $q$는 다음과 같이 나타낼 수

있다.

$$q = U_1 A_1 (T_1 - T_2) = U_2 A_2 (T_1 - T_2) \tag{8.14}$$

면적 $A_1$을 기준으로 했을 때의 총괄전열계수 $U_1$은, 식(8.13)의 양변에 $A_1$을 곱하면

$$\frac{1}{U_1} = \frac{1}{h_1} + \frac{x}{k_s}\left(\frac{A_1}{A_{av}}\right) + \frac{1}{h_2}\left(\frac{A_1}{A_2}\right) \tag{8.15}$$

과 같이 쓸 수 있다. 또한 $A_2$를 기준으로 했을 때의 $U_2$에 대해서도 같은 식을 얻을 수 있다.

원관을 사용하는 열교환기에서는 원관의 내면과 외면에 2종류의 유체가 흘러서 열 교환이 이루어진다. 이 경우의 관경을 $d$, 관 길이를 $L$이라 하면 전열면적 $A = \pi d \cdot L$이기 때문에 식(8.15)는 다음과 같다.

$$\frac{1}{U_1} = \frac{1}{h_1} + \frac{x}{k_s}\left(\frac{d_1}{d_{av}}\right) + \frac{1}{h_2}\left(\frac{d_1}{d_2}\right) \tag{8.16}$$

또한, 열교환기를 오랫동안 사용하면 기벽에 오염물질(**스케일**이라 한다)이 부착되어 전열저항이 증대한다. 스케일에 의한 전열저항을 유체경계막 저항과 마찬가지로 생각해서 **오염계수** $h_s$[J · m$^{-2}$ · s$^{-1}$ · K$^{-1}$]을 도입한다. 전열관의 내 · 외면에 여기저기 오염계수를 고려하면 식(8.16)의 전열계수 $U_1$은 다음과 같이 변환할 수 있다.

$$\frac{1}{U_1} = \frac{1}{h_1} + \frac{1}{h_{s1}} + \frac{x}{k_s}\left(\frac{d_1}{d_{av}}\right) + \frac{1}{h_2}\left(\frac{d_1}{d_2}\right) + \frac{1}{h_{s2}}\left(\frac{d_1}{d_2}\right) \tag{8.17}$$

여기서, $h_{s1}$, $h_{s2}$는 각각 면 1, 면 2의 오염계수이다.

오염계수의 값은 유체의 종류나 온도에 의해서 달라지며 경험적으로 구할 수 있다. 수돗물이 3,000~10,000, 하수물이 1,000~3,000, 중유 등의 가열 경우에서 1,000 정도이다.

***One Point***

**총괄전열계수**

열교환기 등과 같이 고체벽을 사이에 두고 온도가 다른 유체 간에 열 이동이 이루어 질 때 고온유체의 온도 $T_1$과 저온유체의 온도 $T_2$와의 차($T_1 - T_2$)를 온도의 추진력으로 하고, 열 이동속도 $q$[J · s$^{-1}$]는 식(8.14)와 같이 나타내며 계수 $U_1$은 식(8.15)로 나타낸다. 이 $U_1$을 면적 $A_1$ 기준의 총괄전열계수[J · m$^{-2}$ · s$^{-1}$ · K$^{-1}$]라고 한다.

**예제 8.3**

외경 24 mm, 내경 20 mm의 전열관이 있다. 관 속에 냉각수를 관 바깥에 알코올을 흘려보내고 있다. 관 속과 관 바깥의 경막전열계수를 각각 3360, 2100 $J \cdot m^{-2} \cdot s^{-1} \cdot K^{-1}$, 전열관의 열전도도를 98 $J \cdot m^{-1} \cdot s^{-1} \cdot K^{-1}$로 한다. 단, 냉각수가 오염되어 있어 오염계수를 1700 $J \cdot m^{-2} \cdot s^{-1} \cdot K^{-1}$로 한다. 이때 관내면 기준의 총괄전열계수를 구하라.

**해답**

관 내면을 면 1로 하면 식(8.17)을 적용할 수 있다. 관 내면과 외면의 평균경은 산술평균치를 사용할 수 있기 때문에 $d_{av} = (24+20)/2 = 22$ mm가 된다. 또한 관의 두께 $x = (24-20)/2 = 2$ mm이다. 이 수치들을 식(8.17)에 대입한다. 단, $1/h_{s2} = 0$으로 해도 좋다.

$$\frac{1}{U_1} = \frac{1}{3360} + \frac{1}{1700} + \frac{2\times10^{-3}}{98}\times\frac{20}{22} + \frac{1}{2100}\times\frac{20}{24}$$

$$= (2.98+5.88+0.186+3.96)\times10^{-4} = 13.0\times10^{-4}\ m^2 \cdot s \cdot K \cdot J \qquad ①$$

$$\therefore\ U_1 = 769\ J \cdot m^{-2} \cdot s^{-1} \cdot K^{-1}$$

또한, 식①의 각 항의 값이 각각 전열저항이다. 오염계수의 전열저항과 금속벽의 전열저항이 전체 전열저항에 차지하는 비율은 각각

$$(5.88/13.0)\times100\% = 45.2\% \qquad (0.186/13.0)\times100\% = 1.43\%$$

이 된다. 오염계수를 무시할 수 없다는 것과 금속벽의 전열저항은 무시할 수 있다는 것을 알 수 있다.

## 8.2.2 경막전열계수를 구하는 법

**경막전열계수** $h$의 값은 유체의 여러 가지 성질(열전도도, 비열용량, 점도, 밀도), 유동상태(유속), 전열면의 형상(관경, 관 길이, 구조)에 영향을 받는다. 그러한 인자들을 몇 개의 무차원수로 정리해 그것들의 거듭제곱함수의 곱인 형태로 표시해 지수와 계수를 실험적으로 정해 상관식이 제출되어있다. 대표적인 예를 다음에서 살펴보자.

### (1) 관내 난류인 경우

$Re = du\rho/\mu > 10^4$로, 관 길이가 충분히 긴($L/d > 60$) 경우

$$\frac{hd}{k} = 0.023\left(\frac{du\rho}{\mu}\right)^{0.8}\left(\frac{c_p\mu}{k}\right)^{0.4} \tag{8.18}$$

이 성립된다. 위 식에서 $(hd/k)$는 무차원화된 경막전열계수이고 **넛셀(Nusselt)수**라고 불리며 $Nu$로 표기된다. $(du\rho/\mu)$는 흐름 상태를 나타내는 무차원수인 레이놀즈수 $Re$이며 이미 제 7장에서 설명했다. $(c_p\mu/k)$는 유체 열적특성을 나타내는 무차원수이며 **프란틀(Prandtl)수**라고 불리며 $Pr$로 표기된다. 또한 이 식은 $Pr = 0.7 \sim 10$의 범위에서는 $Re = 2100 \sim 10^4$의 난류범위에서도 성립된다.

관단면이 원형이 아닌 유로에 유체가 흐르는 경우는 다음 식으로 계산된 **전열적 상당직경** $d_e$를 식(8.18)의 $d$ 대신으로 사용함으로써 경막전열계수를 계산할 수 있다.

$$d_e = 4 \times (\text{유로단면적}) / (\text{전열변길이}) \tag{8.19}$$

예를 들면, 내경 $d_0$의 외관과 외경 $d_i$의 내관으로 된 이중관의 환상부 유로단면적 $(\pi/4)(d_0{}^2 - d_i{}^2)$, 전열변길이는 내관의 외경의 원주길이 $\pi d_i$가 되므로 식(8.19)에서 환상부의 상당직경은 다음과 같다.

$$d_e = (d_0{}^2 - d_i{}^2) / d_i \tag{8.20}$$

### (2) 관내 층류인 경우

$Re < 2{,}100$에서 관내경이 크지 않고 유체-관벽면의 온도차가 별로 크지 않을 때에는 다음 식을 적용할 수 있다.

$$\frac{hd}{k} = 1.86\left(\frac{du\rho}{\mu}\right)^{1/3}\left(\frac{c_p\mu}{k}\right)^{1/3}\left(\frac{d}{L}\right)^{1/3}\left(\frac{\mu}{\mu_w}\right)^{0.14} \tag{8.21}$$

여기서, $L$은 관 길이이며 $\mu_w$는 벽면온도 $T_w$에서의 유체의 점도이며 그 이외는 유체본체 온도에서의 값이다.

**예제 8.4**

증기 응축기의 전열관(내경 = 25 mm) 속을 냉각용수가 1.2 m · s$^{-1}$로 흐르고 있다. 물의 평균온도가 35℃일 때, 물 쪽의 경막전열계수를 구하라. (단, 다음 물성치를 사용하라. 물의 밀도 : 994 kg · m$^{-3}$, 점도 : 7.2×10$^{-4}$ Pa · s, 비열용량 $c_p$ : 4.19×10$^3$ J · kg$^{-1}$ · K$^{-1}$, 열전도도 $k$ : 0.615

$J \cdot m^{-1} \cdot s^{-1} \cdot K^{-1}$).

해답

$Re$수와 $Pr$수를 계산하면

$$Re = \frac{du\rho}{\mu} = \frac{(25 \times 10^{-3}) \times 1.2 \times 994}{7.2 \times 10^{-4}} = 4.142 \times 10^4 > 10^4$$

$$Pr = \frac{c_p \mu}{k} = \frac{(4.19 \times 10^3) \times (7.2 \times 10^{-4})}{0.615} = 4.91$$

이들 수치를 식(8.18)에 대입하면, 전열계수 $h$는

$$\begin{aligned} h &= 0.023 \times (4.142 \times 10^4)^{0.8} (4.91)^{0.4} (0.615/25 \times 10^{-3}) \\ &= 5{,}282 \text{ J} \cdot \text{m}^{-2} \cdot \text{s}^{-1} \cdot \text{K}^{-1} \end{aligned}$$

## 8.3 방사에 의한 열 이동

모든 물체는 그 온도에 응해 표면에서 열방사선을 내고 있다. 그 주체는 적외선인데 공간을 뛰어넘어 저온의 물체표면에 도달하여 흡수되어 열로 변한다. 이 현상을 **열방사**라고 한다. 열방사는 고체뿐만 아니라 가스에서도 이루어지고 있다.

### 8.3.1 고체의 열방사

물체의 열방사가 다른 물체로 입사하면 그 일부는 흡수되어 열이 되고 나머지는 반사 또는 투과된다. 그 분율을 각각 흡수율, 반사율, 투과율이라고 하며 그것들의 총 합은 1이 된다. 여기서 흡수율이 1인 이상적인 물체를 흑체(黑體)라고 한다. 진정한 흑체는 실존하지 않지만 검댕이 혹은 검댕이를 칠한 고체면 등 흑체에 가까운 물체는 많다.

온도 $T$[K]의 고체면 $A$[m$^2$]에서 단위시간에 방사되는 열량 $q_r$[J · s$^{-1}$]은 다음 식과 같다.

$$q_r = \sigma A \epsilon T^4 \tag{8.22}$$

여기서 $\sigma$는 **슈테판 – 볼츠만**(Stefan–Boltzmann)**상수**라고 하며 그 값은 $5.67\times10^{-8}\,\mathrm{J\cdot s^{-1}\cdot m^{-2}\cdot K^{-4}}$이다. $\epsilon$는 고체면의 **열방사율** 또는 **흑도**라고 불리는 값으로 고체의 종류, 표면 상태, 온도 등에 의해 변하며 흑체에서는 $\epsilon=1$이다. 대부분의 물체는 $\epsilon<1$이지만 그 값이 온도에 의존하지 않는 물체를 **재색체**(gray body)라고 한다. 비금속은 $\epsilon=0.75\sim0.95$ 정도의 값을 가진다.

### 8.3.2 두 물체간의 방사교환

온도가 $T_1$, $T_2(T_1>T_2)$인 두 개의 물체를 면 1, 2가 상대하고 있을 때, 물체 1로부터 물체 2로의 열방사를 생각해보자. 면 1에서 방사된 총열량은 식(8.22)로 나타나지만 면 2에는 그 일부밖에 닿지 않는다. 그 비율을 $F_{12}$로 표시한다. 한편 면 2에서 열방사로 면 1에 도달한 열량에 대해서도 마찬가지다. 따라서 면 1에서 면 2로의 순수 열방사전열속도 $q_{12}$는 두 개의 물체가 흑체인 경우 다음 식으로 나타낼 수 있다.

$$q_{12}=5.67\times10^{-8}(A_1F_{12}{T_1}^4-A_2F_{21}{T_2}^4) \tag{8.23}$$

여기서 $F_{12}$는 면 1에서 본 면 2의 **각관계**라고 한다. 두 물체의 온도가 같을 때에는 $q_{12}=0$이기 때문에, $A_1F_{12}=A_2F_{21}$인 관계가 성립된다. 계산하기 편하도록 절대온도 $T$를 100으로 나눠두면, 식(8.23)은 다음과 같아진다.

$$q_{12}=5.67A_1F_{12}\left[\left(\frac{T_1}{100}\right)^4-\left(\frac{T_2}{100}\right)^4\right] \tag{8.24}$$

두 물체가 흑체가 아닌 경우는 면 1에서 면 2에 도달한 방사열 중 흡수되는 것은 일부로 그 외는 면 2에서 반사되어 다시 면 1에 닿는다는 과정을 반복하게 되어 복잡하다. 그것들의 영향을 종합적으로 고려한 **총괄 흡수율** $\phi_{12}$를 각관계 $F_{12}$ 대신 도입하면 식(8.24)는 다음과 같아진다.

$$q_{12}=5.67A_1\phi_{12}\left[\left(\frac{T_1}{100}\right)^4-\left(\frac{T_2}{100}\right)^4\right] \tag{8.25}$$

총괄 흡수율 $\phi_{12}$는 두 물체의 열방사율 $\epsilon$과 양면의 면적 $A_1$, $A_2$ 등의 함수이다. 표 8.2에 간단한 경우의 총괄 흡수율을 구하는 식을 정리했다.

표 8.2 총괄 흡수율 $\phi_{12}$의 계산식

| 양면의 형상 | $\phi_{12}$ |
|---|---|
| 무한 평행 평면 | $\frac{1}{\phi_{12}}=\frac{1}{\epsilon_1}+\frac{1}{\epsilon_2}-1$ |
| 면 1이 면 2에 둘러싸인 경우 | $\frac{1}{\phi_{12}}=\frac{1}{\epsilon_1}+\frac{A_1}{A_2}\left(\frac{1}{\epsilon_2}-1\right)$ |
| 대기 중으로 열방사 | $\phi_{12}=\epsilon_1$ |

**One Point**

**총괄 흡수율**

흑체 간의 방사전열속도는 각관계 $F_{12}$를 이용한 식(8.24)로 나타낼 수 있지만 둘 다 불투명체인 물체 사이에서는 흑체인 경우와는 다르게 방사와 반사를 반복하여 복잡해진다. 하지만 각관계 $F_{12}$ 대신에 $\phi_{12}$를 쓴 식(8.25)로 불투명체 사이의 방사전열속도를 나타낼 수 있다. 이 $\phi_{12}$를 총괄 흡수율이라고 한다.

**예제 8.5**

온도가 800℃의 평면벽(열방사율 $\epsilon_1=0.9$)과 온도 200℃의 저온면벽(열방사율 $\epsilon_2=0.6$)이 좁은 틈에서 평행으로 마주하고 있다. 각각의 면적이 충분히 크다고 하고, 고온 벽면에서 저온 벽면으로의 단위면적당 방사전열속도를 구하라.

**해답**

표 8.2의 무한 평행 평면인 경우에 해당되기 때문에 총괄 열방사 흡수율 $\phi_{12}$은,

$$\frac{1}{\phi_{12}}=\frac{1}{\epsilon_1}+\frac{1}{\epsilon_2}-1=\frac{1}{0.90}+\frac{1}{0.6}-1=1.78$$

$$\therefore\ \phi_{12}=0.562$$

식(8.25)에서 면 1의 온도 $T_1=800+273.2=1073.2\ \mathrm{K}$, 면 2의 온도 $T_2=200+273.2=473.2\ \mathrm{K}$ 이므로 고온면 1에서 저온면 2로의 단위면적당 방사전열속도 $q_{12}=A_1$은

$$\frac{q_{12}}{A_1}=5.67\times0.562\times\left[\left(\frac{1073.2}{100}\right)^4-\left(\frac{473.2}{100}\right)^4\right]=40.7\times10^3\ \mathrm{J\cdot s^{-1}\cdot m^{-2}}$$

$$=40.7\ \mathrm{kJ\cdot s^{-1}\cdot m^{-2}}$$

## 8.4 열교환기의 설계

화학공정에서는 온도가 다른 2종류의 유체가 열 교환을 하게 할 필요가 있고 그를 위해 사용하는 장치를 열교환기라고 한다. 열 교환의 목적에 의해 가열기, 냉각기, 증발기, 응축기 등으로 분류할 수 있다. 여기서는 열교환기의 기본적인 구조를 우선 익히고 열교환기의 전열면적을 어떻게 계산할 수 있는가에 대해서 간단한 모델을 따라서 설명해 가겠다.

### 8.4.1 열교환기의 구조

그림 8.5에 열교환기 기본적 구조의 모식도를 나타낸다. 그림 8.5(a)는 **이중관식**이라고 하는 교환기로 내관과 환상부에 온도가 다른 2개의 유체를 향류 또는 병류(竝流)로 흘려 보내며 가열 또는 냉각 목적으로 이용된다. 그림 8.5(b)는 **다관식**이라고 하는 열교환기이며 관벽을 양끝의 관판으로 지탱시켜 동체에 넣어 관내와 동체 측에 2종류의 유체를 흘려 보내는 장치이다. 관다발과 수직방향으로 반원형 방해판을 여러 개 설치해서 동체의 유체가 관다발에 대해 병행하는 것이 아니라, 직교하면서 느린 흐름으로써 동체 측의 유체 체류시간을 늘려 전열효과 향상을 꾀한다.

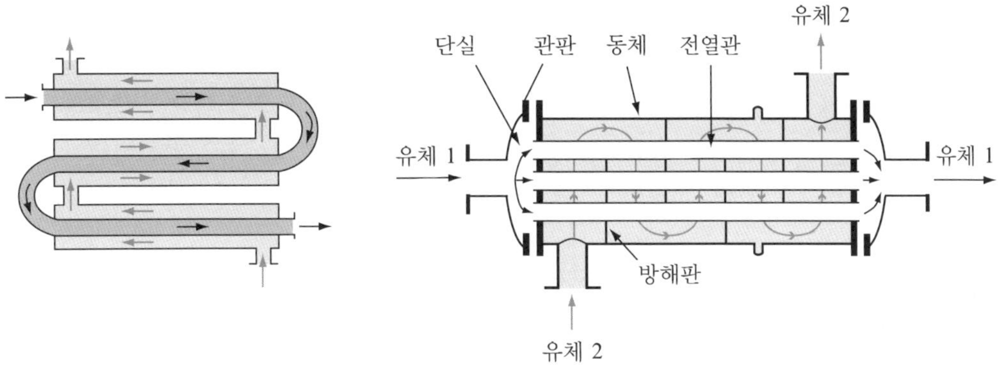


(a) 이중관식 (b) 다관식

그림 8.5 열교환기의 기본적 구조

**One Point**

**다관식 열교환기의 유체를 흘려보내는 법**

열 교환시키는 두 액체 모두를 관 속에 흘려보내 어느 쪽을 관 밖으로 흘려보낼지를 어떻게 선택하는 것일까. 관 속에 흐르는 유체로써는 ① 청소 점에서 오염유체 ② 동체에 고급재료 사용을 피하기 위해 부식성 유체 ③ 고압유체가 선택된다. 한편 관 바깥쪽의 유체는 더 흐트러지도록 ④ 양이 적은 유체 ⑤ 고점성 유체가 선택된다.

## 8.4.2 열교환기의 전열면적의 계산법

그림 8.6은 향류식의 이중관식 열교환기 모델이며 그 유체흐름 방향의 온도분포를 나타내고 있다. 고온유체(내부관)는 온도 $T_{\mathrm{h1}}$[K]에서 $T_{\mathrm{h2}}$[K]까지 냉각시키고, 저온유체(원환부)는 고온유체 출구부분에 온도 $T_{\mathrm{c2}}$[K]로 제공되어 $T_{\mathrm{c1}}$까지 가열된다. 고온유체의 질량유량을 $w_{\mathrm{h}}$[kg · s$^{-1}$], 비열용량을 $c_{\mathrm{h}}$[J · kg$^{-1}$ · K$^{-1}$]로 해서 각각에 대응하는 저온유체의 값을 $w_{\mathrm{c}}$, $c_{\mathrm{c}}$로 표기한다. 그러면 고온유체에서의 열 이동량과 저온유체가 얻은 열량은 같기 때문에 전열속도를 $q$[J · s$^{-1}$]로 하면 다음 식이 성립된다.

$$q = w_{\mathrm{h}}c_{\mathrm{h}}(T_{\mathrm{h1}} - T_{\mathrm{h2}}) = w_{\mathrm{c}}c_{\mathrm{c}}(T_{\mathrm{c1}} - T_{\mathrm{c2}}) \tag{8.26}$$

이 식에서 전열속도 $q$ 및 네 개의 온도 중 세 개의 값이 있으면 남은 하나의 온도를 구할 수 있어진다.

열교환기의 고온유체의 입구를 원점으로 가로축으로써 관 길이에 비례하는 전열면적 $A$를 직접 취한다. 입구에서 $A$와 $(A+\mathrm{d}A)$ 사이에 있는 미세 구간에 대해서 생각하면 고온유체는 온도 $T_{\mathrm{h}}$로 들어가 $(T_{\mathrm{h}}+\Delta T_{\mathrm{h}})$로 나오기 때문에 그 사이에 고온유체에서 저온유체로 이동한 열량 d$q$는 다음 식으로 나타낼 수 있다.

$$\mathrm{d}q = w_{\mathrm{h}}c_{\mathrm{h}}T_{\mathrm{h}} - w_{\mathrm{h}}c_{\mathrm{h}}(T_{\mathrm{h}} - \mathrm{d}T_{\mathrm{h}}) = -w_{\mathrm{h}}c_{\mathrm{h}} \cdot \mathrm{d}T_{\mathrm{c}} \tag{8.27}$$

한편, 저온유체가 고온유체로부터 얻은 열량 d$q$는 다음과 같이 쓸 수 있다.

$$\mathrm{d}q = w_{\mathrm{c}}c_{\mathrm{c}}T_{\mathrm{c}} - w_{\mathrm{c}}c_{\mathrm{c}}(T_{\mathrm{c}} + \mathrm{d}T_{\mathrm{c}}) = -w_{\mathrm{c}}c_{\mathrm{c}} \cdot \mathrm{d}T_{\mathrm{c}} \tag{8.28}$$

식(8.27)과 식(8.28)은 같기 때문에

$$\mathrm{d}q = -w_{\mathrm{h}}c_{\mathrm{h}} \cdot \mathrm{d}T_{\mathrm{h}} = -w_{\mathrm{c}}c_{\mathrm{c}} \cdot \mathrm{d}T_{\mathrm{c}} \tag{8.29}$$

한편, 이 전열속도 d$q$는 온도차 $T_h - T_c = \theta$, 및 미세 구간에서의 전열면적 d$A$를 사용하면 다음 식으로 나타낼 수 있다. 여기서 $U$는 총괄전열계수이다.

$$\mathrm{d}q = U \cdot \mathrm{d}A(T_h - T_c) = U\theta \cdot \mathrm{d}A \tag{8.30}$$

식(8.29)의 열수지는 온도 $T_h$와 $T_c$에 대해서 별도로 적혀있지만 온도차 $T_h - T_c = \theta$를 이용한 식으로 나타내기 위해 가비의 리를 이용해 다음과 같이 변형한다.

$$\mathrm{d}q = \frac{\mathrm{d}T_h}{-1/w_h c_h} = \frac{\mathrm{d}T_c}{-1/w_c c_c} = \frac{\mathrm{d}(T_h - T_c)}{-(1/w_h c_h - 1/w_c c_c)} = \frac{\mathrm{d}\theta}{-\alpha} \tag{8.31}$$

여기서, $\alpha = (1/w_h c_h - 1/w_c c_c)$이다. 식(8.31)과 식(8.30)을 이으면

$$-\mathrm{d}\theta/\alpha = U\theta \cdot \mathrm{d}A \tag{8.32}$$

를 얻을 수 있고, 우변 $\theta$를 좌변으로 이동시켜 적분하면

$$-\int_{\theta_1}^{\theta_2} \frac{\mathrm{d}\theta}{\theta} = \ln\frac{\theta_1}{\theta_2} = \int_0^a \alpha U \cdot \mathrm{d}A = \alpha UA$$

$$\therefore \ \ln(\theta_1/\theta_2) = \alpha UA \tag{8.33}$$

이 된다.

다음으로, 식(8.31)을 적분하면 식(8.34)를 얻을 수 있다.

$$\alpha \int_0^q \mathrm{d}q = -\int_{\theta_1}^{\theta_2} \mathrm{d}\theta$$

$$\therefore \ \alpha q = -(\theta_2 - \theta_1) = \theta_1 - \theta_2 \tag{8.34}$$

식(8.33)의 $\alpha$를 식(8.34)에 대입하면 $\alpha$를 소거할 수 있어서 입구, 출구에서의 온도차의 대수평균치$(T_h - T_c)_{lm}$를 전열속도의 추진력으로 취한 형태의 식,

$$q = UA\frac{\theta_1 - \theta_2}{\ln(\theta_1/\theta_2)} = UA\theta_{lm} = UA(T_h - T_c)_{lm} \tag{8.35}$$

를 구할 수 있다.

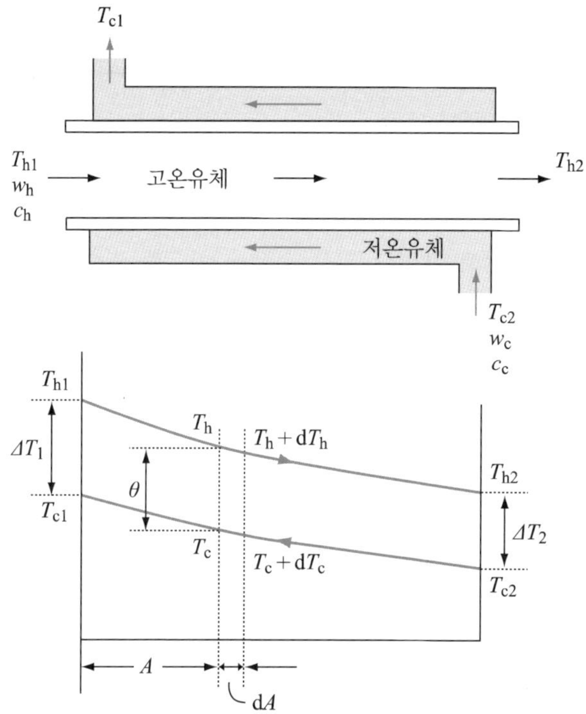


그림 8.6 향류식 이중관식 열교환기와 온도분포

식(8.26)과 식(8.35)가 열교환기 설계의 기초식이 된다. 우선 식(8.26)로 장치 전체의 열교환량 $q$와 입구, 출구에서의 온도차가 정해지며 대수평균온도차 $(T_h - T_c)_{lm}$를 계산할 수 있다. 전열관의 내, 외면에서의 경막전열계수 및 오염계수 값에서, 총괄전열계수 $U$의 값을 식(8.17)로 계산할 수 있다. 이렇게 해서 구한 $q$, $(T_h - T_c)_{lm}$, $U$의 값을 식(8.35)에 대입하면 전열면적 $A$를 산출할 수 있어서 전열관의 길이, 개수, 배치 등을 정할 수 있다.

**칼럼**

**열방사와 지구온난화**

**– 탄산가스 농도와 지표온도의 관계 모델 –**

탄산가스(이산화탄소) 농도 증가에 따른 지구온난화는 열방사현상과 밀접한 관계가 있다. 이 칼럼에서는, 그 구조를 살펴보도록 하자.
태양광선에 수직인 단위면적당 입사하는 태양에너지를 태양정수 $I_0$이라 하고, 그 값은

1,360 W · $m^{-2}$ 정도이다. 여기서 지구의 반경을 $a$, 지구표면의 반사계수를 $A$, 지표온도를 $T_s$로 하면,

$$\text{태양으로부터의 입사에너지} = \pi a^2(1-A)I_0$$

$$\text{지구로부터의 방사에너지} = 4\pi a^2 \sigma T_s{}^4$$

두 개가 비슷한 상태에서는, 두 식이 같다고 하고 다음 식이 성립한다.

$$T_s = [(1-A)I_0/4\sigma]^{1/4} \qquad ①$$

볼츠만상수 $\sigma = 5.67\times10^{-8}$ W · $m^{-2}$ · $K^{-4}$, 반사계수 $A=0.3$을 식①에 대입하면 $T_s = 254.5$ K $= -18.7$℃를 얻을 수 있다. 하지만 실제 지표온도는 이것보다도 고온이다.
그래서 지표와 대기의 온도를 별도로 생각하여 각각에 대해 열방사를 고려해 열수지를 세워 그것들을 풀면 다음 식이 된다.

$$T_s = [(1-A)I_0/4\sigma(1-\epsilon/2)]^{1/4} \qquad ②$$

식①과는 달리 식②는 대기의 열방사율 $\epsilon$가 포함되어있다. $\epsilon = 0.8$이라 하면 지표의 평균온도 $T_s$는 289.2 K = 16.0℃가 되고 거의 안정한 값이 된다.
대기 중의 질소나 산소에 비해 탄산가스의 적외선 흡수율은 크기 때문에 대기 중의 $CO_2$의 농도가 증가하면 대기의 $\epsilon$의 값이 상승한다. 예를 들면, 탄산가스 농도가 상승하여 $\epsilon$가 0.8에서 0.82로 증가하면 지표온도 $T_s$는 16.0℃에서 17.2℃가 되며 1.2℃도 기온이 상승하는 계산이 된다. 이렇듯 탄산가스의 농도가 조금 증가한 것만으로도 지표기온이 크게 상승하는 것을 알 수 있다.

**예제 8.6**

이중관식의 향류 열교환기가 있다. 외관의 내경이 53 mm, 내관의 내경은 36 mm이다. 이 열교환기의 원환상부에 20℃의 열매체를 질량유량 3 kg · $s^{-1}$로 흘려보내 60℃까지 가열하고 싶다. 내관에 온도 95℃, 질량유량 2.28 kg · $s^{-1}$의 뜨거운 물을 열매체와는 향류방향으로 흘려보낸다. 여기서 뜨거운 물과 열매체의 비열용량을 각각 $4.20\times10^3$, $1.60\times10^3$ J · $kg^{-1}$ · $K^{-1}$로 하고, 내관의 내경기준의 총괄전열계수 $U_1$을 1,940 J · $m^{-2}$ · $s^{-1}$ · $K^{-1}$로 할 때, 관 길이 $L$을 구하라.

**해답**

이 경우, 내관에 흐르는 뜨거운 물이 고온유체, 원환부에 흐르는 열매체가 저온유체이다. 온도 분포는 그림 8.7과 같다. 열수지식의 식(8.26)에서, $w_h = 2.28$ kg · $s^{-1}$, $c_h = 4.20\times10^3$ J · $kg^{-1}$ · $K^{-1}$, $w_c = 3$ kg · $s^{-1}$, $c_c = 1.60\times10^3$ J · $kg^{-1}$ · $K^{-1}$, $T_{c1} - T_{c2} = 60 - 20 = 40$℃이므로, 다음 식이 성립된다.

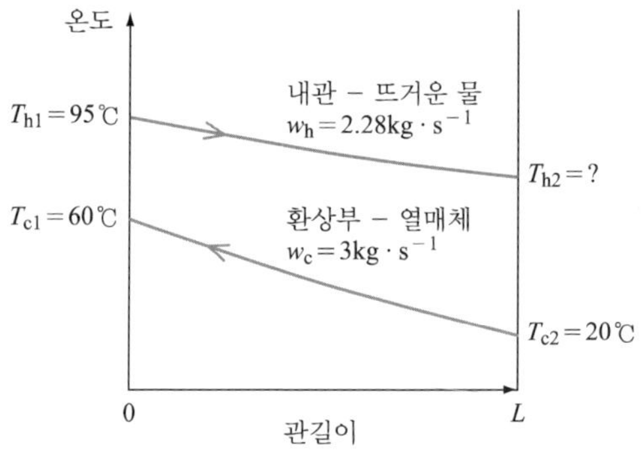


그림 8.7 이중관식 열교환기의 온도분포

$$q = 2.28 \times (4.20 \times 10^3) \times (95 - T_{h2}) = 3 \times (1.60 \times 10^3) \times 40 = 192 \times 10^3 \text{ J} \cdot \text{s}^{-1}$$

이 식을 풀면, $95 - T_{h2} = 20$℃가 되므로 $T_{h2} = 75$℃가 된다.

따라서, 향류식의 열교환기에서의 입구, 출구에서의 온도차와 대수 평균 온도차는,

$$T_{h1} - T_{c1} = 95 - 60 = 35℃ \qquad T_{h2} - T_{c2} = 75 - 20 = 55℃$$

$$(T_h - T_c)_{lm} = (55 - 35)/\ln(55/35) = 44.2℃$$

여기서, 내관의 내경기준의 전열면적을 $A_1$이라 하면 식(8.35)에 의해

$$A_1 = \frac{q}{U_1(T_h - T_c)_{lm}} = \frac{192 \times 10^3}{1{,}940 \times 44.2} = 2.24 \text{ m}^2$$

따라서, 구하는 전열관의 전체 관 길이를 $L$이라 하면

$$A_1 = \pi d_1 L = 3.14 \times (36 \times 10^{-3}) L = 0.113L$$

$$\therefore \ L = 2.24/0.113 = 19.8 \text{ m}$$

이 된다. 구한 전열관의 필요길이가 꽤 크기 때문에, 직관 1개만으로는 할 수 없다. 따라서 실제 열교환기의 형상은 그림 8.5(a)와 같은 형태가 된다는 걸 예상할 수 있다.

## 연습문제

**01.** 두께 100 mm의 벽돌벽이 있다. 내면의 온도가 230℃, 외벽 온도가 80℃일 때, 이 벽면 1 $m^2$당 열손실속도[$J \cdot m^{-2} \cdot h^{-1}$]을 구하라. (단, 벽돌 열전도도는 0.75 $J \cdot m^{-1} \cdot s^{-1} \cdot K^{-1}$로 한다.)

**02.** 두께 110 mm의 내층 내화벽돌과 두께 230 mm의 보통 벽돌 외층으로 된 노벽이 있다. 내층내면의 온도가 860℃, 외층외벽의 온도가 145℃였다. 이 노벽에서의 열손실과 내외층의 경계의 온도를 구하라. (단, 내화벽돌과 보통 벽돌의 열전도도를 각각 1.20과 0.85 $J \cdot m^{-1} \cdot s^{-1} \cdot K^{-1}$로 한다.)

**03.** 내반경 50 mm, 외반경 125 mm의 원통벽의 열전도도가 0.15 $J \cdot m^{-1} \cdot s^{-1} \cdot K^{-1}$이다. 내면온도가 100℃, 외면온도가 15℃일 때, 원통 1 m당 전열속도를 구하라.

**04.** 수증기를 통과하는 외경 120 mm의 강관을 두께 60 mm의 보온재 A($k$ =0.072 $J \cdot m^{-1} \cdot s^{-1} \cdot K^{-1}$)로 두르고 더욱이 그 위를 두께 30 mm의 보온재 B($k$ =0.087)로 둘렀다. 열전대로 보온재 A의 내면 및 보온재 B의 외면 온도를 측정한 결과 160℃ 및 38℃였다. 이때, 관 길이 1 m에 대한 열손실속도 및 두 보온재 경계면에서의 온도를 구하라.

**05.** 벽면온도가 20℃로 일정한 실내에 반경 50 mm, 표면온도 600℃, 흑도 0.7의 금속구가 가는 철사에 매달려있다. 방사전열에 의해 금속구가 잃는 단위시간당 열량[$J \cdot s^{-1}$]을 구하라. (단, 실내의 기체가 흡수하는 방사에너지 양은 무시할 수 있다.)

**06.** 50 cm 입방의 전기로에 직경 30 cm의 강철구가 들어온다. 전기로의 벽에는 내화벽돌이 깔려있어 표면온도는 전면 1,000℃이다. 강철구의 표면온도가 500℃일 때 강철구에 전해지는 방사전열량[$kJ \cdot s^{-1}$]을 구하라. (단, 강철의 흑도는 0.79, 내화벽돌의 흑도를 0.38로 한다.)

**07.** 1B 강관(내경 27.6 mm)에 60℃의 공기를 10 $m \cdot s^{-1}$로 흘려보낼 때의 관내 경막전열계수를 구하라. (단, 60℃에서의 공기의 점도 $\mu$는 $2 \times 10^{-5}$ $Pa \cdot s$, 열전도도 $k$는 0.03 $J \cdot m^{-1} \cdot s^{-1} \cdot K^{-1}$, 비례용량 $c_p$는 $0.95 \times 10^3$ $J \cdot kg^{-1} \cdot K^{-1}$이다. 또한 공기 밀도는 1.06 $kg \cdot m^{-3}$으로 한다.)

**08.** 1 1/4B 강관(내경 35.7 mm)을 사용해서 70℃의 벤젠을 1.5 $m \cdot s^{-1}$로 흘려보내 40℃로 냉각한다. 관 바깥측으로 20℃의 냉각수를 향류로 흘려보낼 때 출구온도는 40℃이다. 벤젠의 비열용량은 1,760 $J \cdot kg^{-1} \cdot K^{-1}$, 밀도는 880 $kg \cdot m^{-3}$으로 하고 냉각수량[$kg \cdot h^{-1}$]을 구하라.

**09.** [예제 8.6]에서 뜨거운 물을 열매체와 병류방향으로 흐르도록 변경한다. 그 때의 열교환기의 관 길이를 구하라. 단, 총괄전열계수의 값은 변하지 않는다. 또한 향류와 병류 중 무엇이 더 유리한가?

**10.** 길이가 8 m인 이중관식 열교환기의 내관(2B 강관 : 내경 52.9 mm)에 물을 5.0 $m^3 \cdot h^{-1}$로 흘려보내고, 바깥 측을 110℃의 수증기로 가열한다. 물 입구온도가 20℃, 출구온도가 50℃일 때, 관내 경막전열계수를 구하라. (단, 관벽 및 증기의 전열저항은 무시할 수 있고 또한 증기 온도는 110℃로 유지되는 걸로 한다.)

**11.** 내경 100 mm의 외관과 외경 50 mm, 두께 3 mm의 강관으로 된 향류식의 이중관 열교환기에 의해 60℃의 톨루엔 1,500 $kg \cdot h^{-1}$을 30℃까지 냉각시킨다. 톨루엔은 내관을 통과해, 환상부에는 냉각수 1,300 $kg \cdot h^{-1}$을 흘려보낸다. 냉각수는 20℃의 하천수를 사용한다. 톨루엔과 냉각수의 전열계수를 각각 540, 400 $J \cdot m^{-2} \cdot s^{-1} \cdot K^{-1}$, 냉각수의 오염계수를 2,000 $J \cdot m^{-2} \cdot s^{-1} \cdot K^{-1}$로 하고, 톨루엔의 오염계수는 무시해도 좋다. 또한 내관 관벽의 전열저항도 무시해도 좋다. 필요한 관 길이를 계산하라. 또한 톨루엔과 냉각수의 비열용량은 각각 $1.78 \times 10^3$, $4.2 \times 10^3$ $J \cdot kg^{-1} \cdot K^{-1}$로 한다.

***One Point***

**열전대**

서모커플(thermocouple)이라고도 불린다. 2종류의 금속선의 양 끝을 이어 한쪽의 접점을 0℃로 유지하고 다른 쪽의 접점을 온도 측정 장소에 접속시켜 발생하는 열기전력을 측정하면 온도를 측정할 수 있다. 금속선으로써는 백금 – 백금, 로듐, 동 – 콘스탄탄(동과 니켈 등의 합금) 등의 조합이 잘 사용된다.

Chapter

09

# 조습과 건조

기온과 습도는 일상생활에서도 사용되는 친근한 수치이며 우리들은 쾌적한 생활을 하기 위해서 에어컨으로 온도와 습도를 조절하고 있다. 공장에서, 온도와 습도 조정은 중요하다. 특히 필름, 섬유제품, 인쇄, 반도체 제조 공장에서는 온도와 습도를 제어할 필요가 있다. 이들 공장에서는 일반 가정과는 달리 다루는 공기의 양이 몹시 많기 때문에 온도와 습도를 경제적으로 조정 조작할 필요가 있다.

습도 조절에 대해서는 습도를 올리는 것을 증습, 낮추는 것을 감습, 두 개를 합쳐 조습이라고 한다. 일반적으로는 물을 공기에 접촉시키는 조습법이 사용되고 있다. 또한 화학공장에서는 대량의 냉각수가 사용되는데 다 쓴 냉각수를 공기에 접촉시켜 물의 증발잠열에 의해 물의 온도를 낮춰 다시 이용하는 냉수조작을 하고 있다. 이 조작은 공기 쪽에서 보면 증습 조작이 된다.

물체를 건조시키는 것은 세탁물이나 식기 건조로 일상적으로 경험 해보았을 것이다. 건조는 수분을 포함하는 재료에 열을 가해 수분을 증발시키는 조작이다. 화학공장에서도 고체제품의 수분제거, 액상물질의 건조에 의한 과립상의 세제 제조 등 건조는 매우 중요하다. 건조에는 열원이 필요한데 공기를 가열해서 이용하는 경우가 일반적이다.

또한 조습 및 건조에는 열 이동과 수분의 물질이동이 동시에 발생하는데 이 책의 제 5장과 제 8장의 지식을 이용할 수 있다.

## 9.1 습공기의 성질을 익힌다.

조습 계산에서는 습공기의 각종 특성치가 필요해진다. 그 때 건공기 1 kg을 기준으로 한 값을 사용한다. 각 특성치가 어떤 식으로 나타내는가를 다음에서 배워보자.

> **One Point**
>
> **습공기와 건공기**
>
> 공기는 주로 질소와 산소의 혼합물인데 그 외에도 수증기도 포함되어 있다. 수증기를 포함하는 공기를 습공기, 거기서 수증기를 제거한 공기를 건공기라고 한다.

### 9.1.1 습도 표시법

공학계산에서는 건공기 1 kg과 공존하는 수증기 질량[kg]에 의해서 습공기의 **습도**를 나타낸다. 즉, 습도 $H$는 습공기에서의 수증기와 건공기의 질량비이며 온도와는 관계가 없는 값이다. 습공기의 전압 $P$[Pa], 수증기의 분압을 $p$[Pa]로 하면 $p/(P-p)$는 수증기와 건공기와의 몰비가 된다. 따라서 그 분자($p$)에 공기의 분자량인 29, 분모 $(P-p)$에 물의 분자량인 18을 각각 곱하면 질량비가 되므로 습도 $H$는 다음과 같다.

$$H = \frac{18}{29} \times \frac{p}{P-p} = 0.62 \times \frac{p}{P-p} \tag{9.1}$$

또한 습도 $H$와 같은 온도에서의 **포화습도** $H_s$는 식(9.1)의 $p$를 포화수증기압 $p_s$로 변환한 다음 식으로 나타낼 수 있다.

$$H_s = 0.62 \times \frac{p_s}{P-p_s} \tag{9.2}$$

또한 포화수증기압 $p_s$[kPa]와 온도 $T$[℃] 사이에는 다음 관계가 성립된다.

$$\log p_s[\mathrm{kPa}] = 7.2117 - \frac{1740.27}{T[℃] + 234.3291} \tag{9.3}$$

여기서, 좌변은 상용대수를 나타낸다.

습공기의 수증기분압 $p$[Pa]와 그 온도에서의 포화수증기압 $p_s$[Pa]의 비(퍼센트)를 **관계습도** $\phi$라 하고,식(9.4)에 나타낸다. 이 관계습도는 기상정보에서는 상대습도라고 불리며 일상생활에서 사용되고 있는 값이다.

$$\phi = \frac{p}{p_s} \times 100[\%] \tag{9.4}$$

관계습도(상대습도) 값은 온도에 따라 변하기 때문에 공학계산에서는 불편하다.

또한 습도 $H$와 그 온도에서의 포화습도 $H_s$의 비를 **비교습도** $\Psi$라고 하며 다음 식으로 나타낸다.

$$\Psi = \frac{H}{H_s} \times 100[\%] \tag{9.5}$$

### 9.1.2 이슬점(露點)

불포화 공기를 냉각하면 어떤 온도 $T_d$에서 습도가 포화상태가 되며 그 이하의 온도로 조금이라도 냉각되면 물방울이 석출된다. 그 온도를 **이슬점**(露點)이라고 한다.

### 9.1.3 습비열용량

건공기 1 kg에 수증기 $H$[kg]이 포함되어 있는 습공기를 1 K만 상승시키는데 필요한 열량을 **습비열용량**이라고 한다. 공기와 수증기의 비열용량의 평균치(0~200℃)를 각각 1.00 kJ · (kg − 건조공기)$^{-1}$ · K$^{-1}$과 1.93 kJ · (kg − 수증기)$^{-1}$ · K$^{-1}$로 하면 습비열용량 $c_{\rm H}$는 다음 식과 같다.

$$c_{\rm H} = 1.00 + 1.93H \ [\text{kJ} \cdot (\text{kg} - \text{건조공기})^{-1} \cdot \text{K}^{-1}] \tag{9.6}$$

### 9.1.4 습비용

온도 $T$[K], 습도 $H$의 공기 $(1+H)$ kg의 체적 $v_{\rm H}$[m$^3$ · (kg − 건조공기)$^{-1}$]을 **습비용**이라고 한다. 공기와 수증기의 분자량은 29와 18이므로, 압력 $P_{\rm t} = 1.013\times10^5$ Pa로 하면 온도 $T$[K]에서의 공기와 수증기의 비체적 $v_{\rm s}$와 $v_{\rm w}$는 기체의 상태방정식 $pv = nRT$에서

$$v_{\rm a} = (1/29\times10^{-3})(8.314/1.013\times10^5)T = 2.83\times10^{-3}T\,[\text{m}^3]$$

$$v_{\rm w} = (H/18\times10^{-3})(8.314/1.013\times10^5)T = 4.56\times10^{-3}HT\,[\text{m}^3]$$

이 된다. 습비용 $v_{\rm H}$는 $v_{\rm a}$와 $v_{\rm w}$의 합이므로 다음과 같아진다.

$$v_{\rm H} = (2.83 + 4.56H)T\times10^{-3} \tag{9.7}$$

### 9.1.5 습공기의 엔탈피

온도 $T$[K], 습도 $H$의 습공기 **엔탈피** $i$는 273.2 K, 대기압의 건조공기와 273.2 K의 액체인 물을 기준으로 하면 다음과 같다.

$$\begin{aligned} i &= c_{\rm H}(T-273.2) + r_0H \\ &= c_{\rm H}(T-273.2) + 2490H \ [\text{kJ} \cdot (\text{kg} - \text{건조공기})^{-1}] \end{aligned} \tag{9.8}$$

여기서, $r_0 = 2{,}490$ kJ · kg$^{-1}$은 0℃ = 273.2 K에서의 물의 증발잠열[kJ · kg$^{-1}$]을 나타내고 있다.

## 9.2 열과 물질이 동시에 이동

조습조작에서는 습공기의 수증기와 공기 사이에서 열 이동과 물질 이동이 동시에 발생하고 있다. 그와 함께 습구온도, 단열포화온도, 단열냉각선 개념이 도입된다. 일상적으로 사용되는 습도계는 물방울과 습공기 간의 열과 물질 이동현상 원리에 기반 하여 만들어진 것이다.

### 9.2.1 습구온도와 습도계

그림 9.1과 같이 온도 $T$, 습도 $H$(수증기분압 $p$)의 공기 중의 물방울을 두면 공기에서 열이 물방울표면의 경계막을 통해 유입되고 물의 일부가 증발한다. 그 때, 증발열이 빼앗기기 때문에 물방울의 습도는 떨어진다. 공기로부터의 열 공급속도와 물방울표면으로부터의 물의 증발속도가 균형을 이루는 평형상태에 도달하면 물방울의 온도는 일정해진다. 이 물방울온도를 **습구온도** $T_w$라 한다. 습구온도는 항상 공기 중의 온도 $T$(건구온도라 한다)보다 낮다. 다음에 공기와 물방울 사이의 열 교환속도 균형상태를 식으로 나타내 보자.

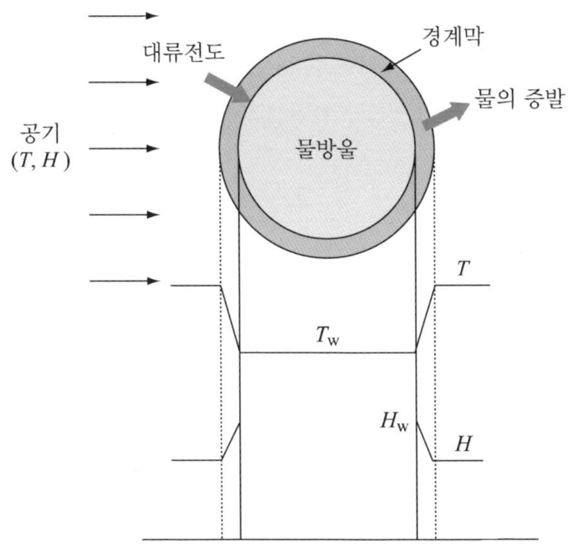


그림 9.1 공기 - 물의 열과 물질의 동시이동

우선 공기에서 물방울로의 열 공급속도 $q$[J · s$^{-1}$]은 공기와 물방울표면온도(습구온도)의 차($T-T_w$)와 물방울의 표면적 $A$[m$^2$]에 비례한다고 볼 수 있어

$$q = hA(T-T_w) \tag{9.9}$$

라 쓸 수 있다. 비례정수 $h$는 물방울표면의 액체 경계막의 전열계수[J · m$^{-2}$ · s$^{-1}$ · K$^{-1}$]이다.

**One Point**

**전열계수**

8.2 단원을 참고. 고체표면과 마찬가지로 물방울표면에도 공기의 유체경계막이 있다고 보고 거기에서의 전열저항을 경막전열계수 $h$로 표시한다.

한편, 물방울표면에서의 물의 증발속도 $N_w'$[kg · s$^{-1}$]은, 습구온도에서의 습도 $H_w$와 공기 중의 습도 $H$의 차($H_w-H$) 및 물방울면적 $A$에 비례한다고 볼 수 있어 다음과 같다.

$$N_w' = k_H A(H_w - H) \tag{9.10}$$

여기서 $k_H$는 습도차를 추진력으로 하는 물질이동계수[kg−수증기 · s$^{-1}$ · m$^{-2}$ · $\Delta$H$^{-1}$]이다.

식(9.10)의 증발속도 $N_w'$에 물의 증발잠열 $r_w$를 곱하면, 증발에 동반되는 물방울에서의 열 이동속도가 된다. 평형상태에서는 그것과 식(9.9)가 같다고 할 수 있으므로 다음 식이 성립된다.

$$hA(T-T_w) = k_H A(H_w - H)r_w \tag{9.11}$$

이 식으로 표시되는 습도 $H$와 온도 $T$의 관계를 **건습구온도선**이라고 한다.

식(9.11)을 $H$에 대해서 풀면 다음 식이 된다.

$$H = H_w - \frac{h}{k_H r_w}(T-T_w) \tag{9.12}$$

공기로의 물 증발에서는 $h/k_H$의 값이 습비열용량 $c_H$와 거의 같다는 것이 실험적으로 확인되었기 때문에 다음 식이 성립된다. 이것을 **루이스(Lewis)의 관계**라고 한다.

$$h/k_H \fallingdotseq c_H \tag{9.13}$$

이 식을 식(9.12)에 대입하면 다음 식이 된다.

$$H = H_{\mathrm{w}} - \frac{c_{\mathrm{H}}}{r_{\mathrm{w}}}(T - T_{\mathrm{w}}) \tag{9.14}$$

여기서 $r_{\mathrm{w}}$는 온도 $T_{\mathrm{w}}$에서의 물의 증발잠열이다. 식의 형태로 알 수 있듯이 식(9.14)로 나타난 건습구온도선은 온도의 상승과 함께 거의 직선적으로 감소하는 함수가 된다.

공기 중의 습도 $H$의 측정에는 건습구온도계가 사용된다. 이것은 통상의 온도계와 물에 젖은 가제로 온도계의 감온부를 감싼 습구온도계로 되어있다. 전자로 건구온도 $T$, 후자로 습구온도 $T_{\mathrm{w}}$를 각각 측정하여 식(9.14)의 관계를 이용해 공기의 습도 $H$를 계산한다. 또한 식(9.3)에서 포화수증기압 $p_{\mathrm{s}}$를 계산하여 그것을 식(9.2)에 대입하면 포화온도 $H_{\mathrm{w}}$를 계산할 수 있다.

**One Point**

**건습구온도계**

건습구온도계를 그림에 나타낸다. 보통 온도계를 2개 늘어놓아 한 개로는 기온(건구온도)을 잰다. 다른 한 개로는 감온부에 가제를 감싸 그 끝에 실을 묶어 물에 담근다. 모세관 현상에 의해 물이 감온부에 항상 보급되어 습구온도를 측정할 수 있게 되어 있다.

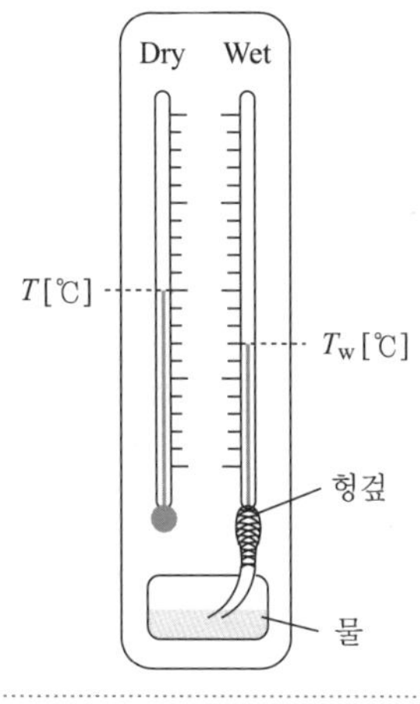


## 9.2.2 단열포화온도

외부와 완전히 단열된 용기에, 온도 $T$, 습도 $H$의 불포화 습공기와 온도 $T_{\mathrm{s}}$(단, $T > T_{\mathrm{s}} > T_{\mathrm{d}}$)의 다량의 물을 장시간 접촉시키면 공기의 온도는 저하되어 수온과 비슷해진다. 하지만 물은 공기에 비해 다량으로 존재하므로, 그 온도는 $T_{\mathrm{s}}$로 유지된다고 생각해도 좋다. 따라서 평형상태에서는 공기와 물의 온도는 모두 $T_{\mathrm{s}}$가 되며, 공기의 습도는 온도 $T_{\mathrm{s}}$

에서의 포화습도 $H_s$에 도달한다.

이런 상황에서의 온도 $T_s$를 온도 $T$, 습도 $H$의 습공기에 대한 **단열포화온도** $T_s$로 정의한다. 이러한 변화에서, 공기가 잃은 현열은 물의 증발에 의한 습도의 증가에 사용되므로, 다음 식이 성립된다.

$$c_H(T - T_s) = (H_s - H)r_s \tag{9.15}$$

이 $H$와 온도 $T$와의 관계를 **단열냉각선**이라고 하며 포화습도선상의 점 $(T_s, H_s)$을 지나고 기울기가 $-c_H/r_s$인 직선으로 나타난다. 공기 - 물 계에서의 건습구온도선은 식(9.14)로 나타낼 수 있으므로 그것과 식(9.15)를 비교하면 두 개는 거의 일치해서 $T_s = T_w$의 관계가 근사적으로 성립한다. 즉, 단열냉각선과 건습구온도선과는 거의 겹치므로 이론적으로 건습구온도선은 단열냉각선으로 대표되는 경우가 많다.

## 9.3 온도 도표와 그 사용법

습공기 특성을 선도 형태로 나타낸 것이 그림 9.2의 **습도 도표**이다. 전압 1 atm, 온도 0~120℃의 범위에서 습공기의 특성이 나타나고 있다. 습도 도표에서는 온도 $T$의 단위는 [K]가 아닌, [℃]를 사용한다. 아래측 가로축에 온도 $T$[℃]를 우측 세로축에 습도 $H$를 취하고 그 두 개가 주축이 된다. 그 외에 좌측 세로축에는 습비용 $v_H$와 증발잠열 $r$을 위 가로축에는 습비열용량 $c_H$를 각각 취한다.

도표의 오른쪽으로 올라가는 곡선들은 관계온도 $\phi$를 파라미터로 하여 $T$와 $H$의 관계를 나타내고 있다. 오른쪽으로 내려가는 직선은 단열냉각선이다. 오른쪽 위로 올라가는 직선은 습도 $H$를 파라미터로 하여 습비용 $v_H$와 온도 $T$의 관계를 나타내고 있다.

습도 도표의 사용법을 그림 9.3의 개념도를 사용해 설명하겠다. 점 a로 나타나는 습공기($T_a$, $H_a$)의 이하에 나타나는 물성치를 습도 도표를 이용하여 구할 수 있다.

(1) **이슬점 $T_d$** : 점 a에서 수평선을 그어, 포화습도곡선과의 교점 d의 온도.

(2) **관계습도 $\phi$** : 점 a를 지나는 관계습도 $\phi$의 곡선 또는 이웃하는 곡선에서 내삽한다.

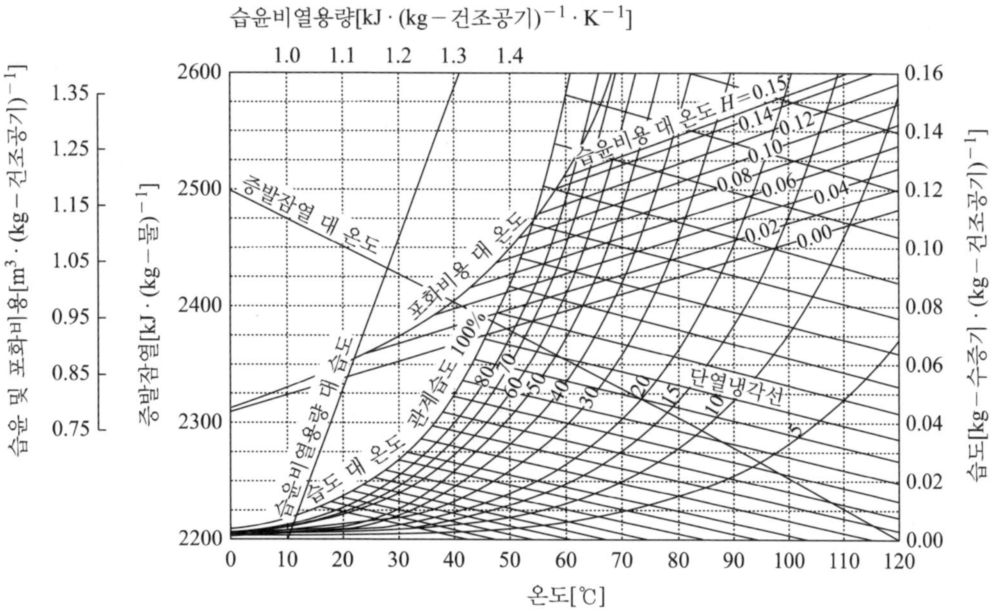


그림 9.2 습도 도표

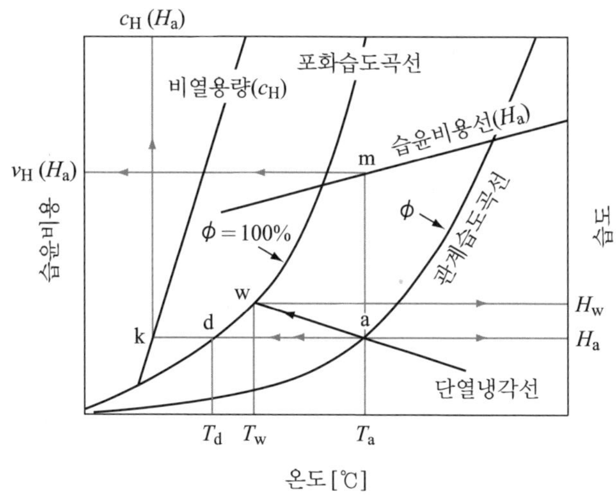


그림 9.3 습도 도표 사용법

(3) **습구온도 $T_w$와 단열포화습도 $H_w$** : 점 a를 지나가는 단열냉각선과 $\phi=100\%$의 관계습도곡선과의 교점 w의 온도와 습도.

(4) **습비용 $v_H$** : 점 a를 지나가는 수직선과 습도 $H_a$에 대한 습비용 대 습도의 직선과의 교점 m에서 수평선을 왼쪽으로 그어 습비용의 세로축과의 교점의 값.

(5) **습비열용량 $c_H$** : 점 a를 지나가는 수평선과 습비열용량 대 습도의 직선의 교점 k에 대한 위쪽 가로축의 값.

**One Point**

**파라미터를 이용한 그래프 표시**

파라미터란 매개변수, 조변수를 말한다. 관계습도 $\phi$의 값을 지정하면 식(9.3)에서 온도 $T$에서의 포화수증기압 $p_s$ 식(9.4)에서 분압 $p$를 구할 수 있고 식(9.1)에서 온도 $H$를 계산할 수 있다.
온도를 변화시키면 $T$와 $H$의 관계를 나타내는 곡선을 그릴 수 있다. 이렇듯 $\phi$를 매개변수(파라미터)로 해서 온도 $T$와 습도 $H$의 관계함수를 나타낸 것이 된다. 한편, 습비용 $v_H$는 식(9.7)에서 온도 $T$의 함수이지만 동시에 습도 $H$에도 의존한다. $H$를 조변수(파라미터)로 하면 $v_H$와 온도 $T$의 관계가 직선으로써 나타낼 수 있다. 이렇듯 적당한 파라미터를 선정하면 복잡한 함수 관계를 그래프위에 나타낼 수 있다.

### 예제 9.1

건습구온도계를 사용해서 건구온도 47℃, 습구온도 30℃를 얻었다. 이 공기의 (1) 습구온도에서의 포화습도 $H_w$, (2) 습도 $H$, (3) 관계습도 $\phi$, (4) 비교습도 $\Psi$, (5) 습비용 $v_H$, (6) 습비열용량 $c_H$, (7) 이슬점 $T_d$, (8) 엔탈피 $i$를 구하라.

**해답**

(1) $T_w=30℃$에 대한 포화습도곡선상 점의 우측 세로축에서 $H_w=0.028\ \mathrm{kg\cdot kg^{-1}}$이다.

(2) $T_w=30℃$에서의 단열냉각선이 온도 47℃에 도달한 점의 우측가로축에서 습도 $H=0.02\ \mathrm{kg\cdot kg^{-1}}$이 된다.

(3) $T=47℃$, $H=0.02$의 점을 지나는 관계습도곡선은 $\phi=30\%$이다.

(4) 47℃에서의 포화습도 $H_s=0.074$이다. 식(9.5)에서 비교습도 $\Psi=H/H_s\times100\%=(0.02/0.074)\times100\%=27.0\%$

(5) 습비용 대 온도 곡선들에서 $H=0.02$의 선(밑에서 두 번째)을 선택해 $T=47℃$에서의 수직선과의 교점에 대한 좌측 가로축에서 $v_H=0.935\ \mathrm{m^3\cdot kg^{-1}}$을 얻는다. 식(9.7)에서 산출해도 좋다.

(6) $H=0.02$의 수평선과 습비열용량 대 습도의 오른쪽으로 올라가는 직선과의 교점에 대한 위쪽 가로축에서 $c_H=1.04\ \mathrm{kJ\cdot kg^{-1}\cdot K^{-1}}$을 얻는다. 식(9.6)로 산출해도 좋다.

(7) $H=0.02$의 수평선과 습도 대 온도의 $\phi$=100%의 곡선과의 교점의 온도에서 $T_d=25$℃이다.
(8) 식(9.6)에서 습비열 $c_H=1.00+1.93\times0.02=1.04$가 된다. 이것을 식(9.8)에 대입하면,

$$i = c_H(T-273.2)+2{,}490H = 1.04\times47+2{,}490\times0.02$$
$$= 98.7\ \text{kJ}\cdot(\text{kg}-\text{건조공기})^{-1}$$

## 9.4 조습 조작과 냉수 조작

### 9.4.1 증습 조작

공기의 습도를 증가시키는 데는 수증기를 직접 넣어 온수와 접촉시키는 등의 방법을 생각할 수 있는데 수증기나 온수의 온도 조절은 쉽지 않다. 일반적으로 그림 9.4와 같은 증습법이 이용된다. 점 a의 습도 $H_1$의 공기($T_1$, $H_1$)을 점 d의 습도 $H_2$의 공기($T_2$, $H_2$) 상태까지 증습시키는 경우 공기를 상태 a에서 b($T_b$, $H_1$)까지 예열하여 단열냉각선을 따라 점 c($T_c$, $H_2$)가지 증습하여 마지막으로 점 d까지 재가열한다. 이때 완전히 증습할 수 있으면 점 c′(습도 $H_w'$)까지 증습할 수 있지만 실제 장치에서는 점 c까지 밖에 증습할 수 없다. 여기서 $\eta=(H_2-H_1)/(H_w'-H_1)$을 **증습 효율**이라고 하며 보통은 90% 정도이다.

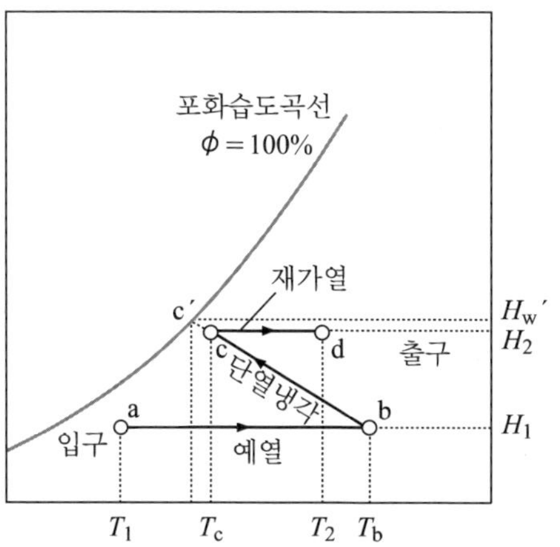


그림 9.4 증습법

**예제 9.2**

습도 $H_1 = 0.02$, 온도 $T_1 = 30$℃의 공기를 단열냉각을 이용하는 증습법에 의해서 $T_2 = 80$℃, $H_2 = 0.04$로 한다. 공기 처리량을 5,000 $m^3 \cdot h^{-1}$, 증습효율을 83%로 해서 예열온도 $T_1'$ 및 예열실과 재열실에서의 가열속도 $q_1$, $q_2$ [$kJ \cdot h^{-1}$]을 구하라.

**해답**

이 문제 조건을 그림 9.4에 대응시키면 점 a의 공기($T_1 = 30$℃, $H_1 = 0.02$)와 점 d의 공기($T_2 = 80$℃, $H_2 = 0.04$)의 위치가 주어져 있다. 단열냉각선 c′cb는 증습효율 $\eta = 0.83$에서 다음과 같이 정해진다.

단열냉각선이 포화습도곡선과 교차하는 점 c′의 포화습도를 $H_w'$라고 하면 증습효율 $\eta$에 대해

$$\eta = \frac{H_2 - H_1}{H_w' - H_1} = \frac{0.04 - 0.02}{H_w' - 0.02} = 0.83$$

이 성립된다. 이것을 풀면 $H_w' = 0.0441$을 얻을 수 있다. 포화습도곡선상의 $H_w' = 0.0441$의 점을 기점으로써 오른쪽으로 내려가는 단열냉각선을 습도 도표상에 그린다. 이 경우 마침 그것에 가까운 선이 있어, $H_1 = 0.02$와 $H_2 = 0.04$의 수평선과의 교점 c와 b가 정해지며 각각 온도 $T_2' = 46$℃, $T_1' = 93.5$℃를 결정할 수 있다. 이렇게 해서 증습 조작의 예열, 단열증습 및 재가열의 순서가 그림 9.5와 같이 정해진다.

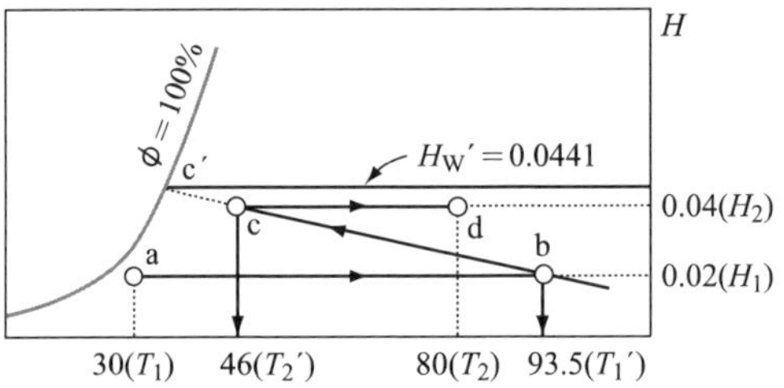


그림 9.5 단열증습 경로

점 a에서의 습비열 $v_H$는 습도 도표로 구할 수 있는데 식(9.7)에 $H_1 = 0.02$, $T_1 = 30 + 273.2 = 303.2$ K를 대입해서도 구해진다.

$$v_H = (2.83 + 4.56H)T \times 10^{-3} = (2.83 + 4.56 \times 0.02) \times 303.2 \times 10^{-3}$$
$$= 0.886\ m^3 \cdot (kg - 건조공기)^{-1}$$

따라서 처리공기량 5,000 $m^3 \cdot h^{-1}$의 건조공기 질량유량 $w$는

$$w = 5{,}000/0.886 = 5.64 \times 10^3\ kg \cdot h^{-1}$$

또한 습비열용량 $c_{\mathrm{H}}$는 식(9.6)에 $H_1=0.02$와 $H_2=0.04$를 대입하면

$$c_{\mathrm{H1}} = 1.00+1.93\times 0.02 = 1.04\ \mathrm{kJ}\cdot(\mathrm{kg}-\text{건조공기})^{-1}\cdot\mathrm{K}^{-1}$$

$$c_{\mathrm{H2}} = 1.00+1.93\times 0.04 = 1.08\ \mathrm{kJ}\cdot(\mathrm{kg}-\text{건조공기})^{-1}\cdot\mathrm{K}^{-1}$$

따라서 예열에 필요한 열량 $q_1$과 재가열에 필요한 열량 $q_2$는 각각 다음과 같이 계산할 수 있다.

$$q_1 = w\,c_{\mathrm{H1}}(93.5-30) = 5.64\times 10^3\times 1.04\times 63.5 = 372\times 10^3\ \mathrm{kJ}\cdot\mathrm{h}^{-1}$$

$$q_2 = w\,c_{\mathrm{H2}}(80-46) = 5.64\times 10^3\times 1.08\times 34 = 207\times 10^3\ \mathrm{kJ}\cdot\mathrm{h}^{-1}$$

### 9.4.2 감습 조작

공기를 이슬점보다도 낮은 냉각면과 접촉시키면 공기중의 수증기가 응축되므로 습도가 떨어진다. 이것을 **냉각 감습법**이라고 한다. 이 조작법을 그림 9.6에 나타낸다.

점 a의 공기 ($T_1$, $H_1$)를 습도가 낮은 점 d의 공기 ($T_2$, $H_2$)로 감습시키는 방법을 살펴보자. 우선 점 a의 공기를 냉각하면 그 이슬점 $T_{\mathrm{d1}}$의 점 b에 도달하였을 때부터 응축되기 시작하여 공기 온도는 포화곡선을 따라 내려가며, 습도 $H_2$에 상당하는 이슬점 $T_{\mathrm{d2}}$인 점 c에 도달하면 응축수를 분리하여 남은 습공기를 소정의 온도 $T_2$까지 가열하면 희망하는 공기 d에 도달한다. 이때 냉각면의 온도는 이슬점 $T_{\mathrm{d2}}$ 이하로 유지할 필요가 있다.

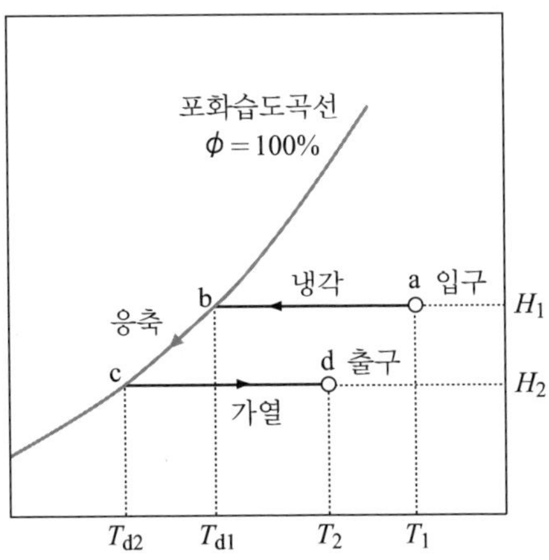


그림 9.6 냉각 감습법

그 외 에틸렌글리콜이나 염화 리튬 등에 의한 흡수법 또는 활성 알루미나, 실리카겔 등에 의한 흡착법 등으로도 공기 감습을 할 수 있다.

### 9.4.3 냉수 조작

화학공장에서는 대량의 냉각수를 사용한다. 이미 사용해 온도가 올라간 냉각수를 다시 한 번 냉각하여 재사용하는 냉수탑을 쓰고 있다. 물과 공기를 향류 접촉시키면 물이 증발하여 그 잠열 때문에 수온이 떨어지는 것을 이용한다. 냉수탑 내부에는 수평의 판을 조합한 나무격자 또는 플라스틱 성형판이 충전물로써 들어있다. 탑정에서 온수가 산포되어 탑저에서 공기가 팬에 의해 보내진다.

물은 이 충전물 표면을 따라 흘러내리며 공기와 접촉한다. 물이 충전물의 표면을 충분히 적셔서 낙하하고 또한 공기흐름의 압력손실을 최대한 낮추도록 충전물이 배치된다.

## 9.5 건조가 진행되는 과정을 분석한다.

수분을 포함하는 재료에 열을 가해 재료의 수분을 기화 증발시키는 조작을 건조라고 한다. 습재료에는 고체이외에 흙탕물, 액상재료도 포함된다. 열원으로써는 열풍의 현열이 이용된다.

### 9.5.1 함수율의 계산

$W$[kg]의 습재료가 있는데 그 안에 무수(無水)재료의 질량을 $W_0$[kg]으로 하면 수분량은 $(W-W_0)$[kg]로 주어진다. 이 습재료의 수분량을 나타내는데 습량기준의 함수율 $w'$와 건량기준의 함수율 $w$의 두 개의 표시법이 있어 각각 식(9.16)과 식(9.17)로 나타낼 수 있다.

$$w' = \frac{\text{수분질량}}{\text{습재료질량}} = \frac{W-W_0}{W} = 1 - \frac{W_0}{W} \tag{9.16}$$

$$w = \frac{\text{수분질량}}{\text{무수재료질량}} = \frac{W-W_0}{W_0} = \frac{W}{W_0} - 1 \tag{9.17}$$

두 개 사이의 관계를 보기 위해서 우선 $w$를 $w'$로 나타내보자. 식(9.16)에서 $(W-W_0)=w'W$ 및 $W_0/W=1-w'$의 관계가 되어 그것들을 식(9.17)에 대입하면 다음 식을 구할 수 있다.

$$w = w'\left(\frac{W}{W_0}\right) = \frac{w'}{1-w'} \tag{9.18}$$

다음으로, 식(9.17)에서 $(W-W_0)=wW_0$, $W/W_0=1+w$가 되므로 이것을 식(9.16)에 대입하면

$$w' = \frac{w}{1+w} \tag{9.19}$$

를 얻을 수 있다. 보통 습재료의 수분량은 습량기준으로 표시되는데 건조 계산에서는 건조의 경과에 따라 그 기준이 변화하지 않는 건량기준의 함수량 $w$를 이용한다. 이 책도 그에 따른다.

일정한 습도와 온도로 유지시킨 공기중에서 습재료를 건조시키면 함수율이 있는 일정치로 안정되어 변화하지 않는 상태가 된다. 이때의 함수율을 **평형함수율**이라고 하며 $w_e$로 표시한다. $w_e$의 값은 재료에 따라 달라지며 공기 온도보다도 습도의 영향을 강하게 받는다. 공기의 관계습도가 50℃일 때의 평형함수율은 가죽 : 16%, 양모 : 12%, 비누 : 8%, 신문지 : 5%의 값이다.

어떤 특정 온도와 습도인 공기에서 습고체에서 건조로 제거가능한 수분량을 **자유함수율** $F$라고 한다. $F$는 재료의 함수율 $w$에서 평형함수율 $w_e$를 뺀 값이다.

$$F = w - w_e \tag{9.20}$$

**예제 9.3**

건량기준 함수율 $w_1=0.6$의 습재료 100 kg이 있다. 다음 질문에 대답하라.

(1) 습기준의 함수율 $w_1'$을 구하라.

(2) 함수율 $w_2=0.02$까지 건조시킬 때의 증발수분을 구하라.

**해답**

(1) 식(9.19)에서, 습기준의 함수율 $w_1'$은

$$w_1' = w/(1+w) = 0.6/(1+0.06) = 0.375$$

(2) 습재료 $W=100\,\text{kg}$에 포함되어있는 무수재료 $W_0$는, 100 kg이 $(1+w_1)$에 무수재료가 1에 각각 대응하므로 비례계산으로

$$\text{무수재료 } W_0 = 100 \cdot \frac{1}{1+w_1} = \frac{100}{1+0.6} = 62.5\,\text{kg}$$

∴ 증발 수분량 = (무수재료 질량)(건량기준 함수율 감소)

$$= W_0(w_1 - w_2) = 62.5(0.6-0.02) = 36.3\,\text{kg}$$

## 9.5.2 건조의 진행과정

표면까지 충분히 젖어있는 재료를 일정한 습도와 온도의 열풍 기류에 놓고 재료의 함수율 $w$와 온도 $T_m$의 시간에 따른 변화를 측정하면 그림 9.7(a)와 같은 그림이 된다. 그림으로 알 수 있듯이 건조 과정은 세 가지 시기로 나눠진다.

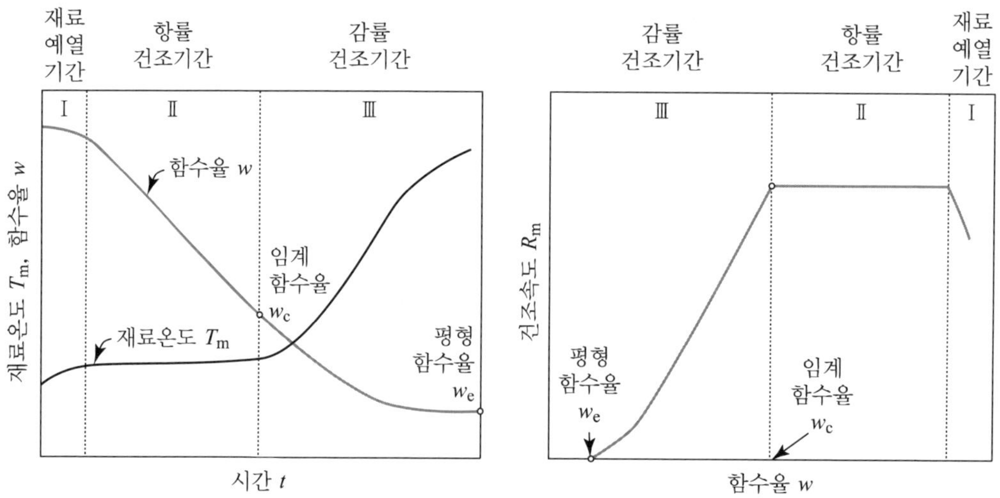


(a) 함수율과 재료온도의 변화 (b) 건조특성곡선

그림 9.7 건조에 동반되는 함수율과 재료온도의 변화와 건조특성곡선

기간 I에서 공기의 열은 물의 증발보다도 재료온도의 상승에 소비되어 함수율 저하는 느리다. 이처럼 기간 I은 **재료 예열기간**이라고 볼 수 있다. 기간 II는 재료표면이 충분히 젖어있어 재료표면의 온도는 습구온도로 유지되며 열풍으로부터의 열은 물의 증발에만 소비되어 재료온도는 상승하지 않는다. 수분은 재료내부로부터 액상수로써 정상적으로 재료표면에 보급되므로 표면은 항상 축축하고, 수분의 증발은 일정속도로 진행되므로 함수율 $w$는 직선적으로 감소한다. 이 기간 II에서는 건조속도가 일정하게 유지되므로, **항률 건조기간**이라고 한다. 하지만 함수율이 저하되는 기간 III이 되면 표면으로의 액상수의 보급이 충분하지 않아 재료표면의 일부에 마른 부분이 발생한다. 그와 함께 건조가 진행되는 영역은 재료표면으로부터 재료내부로 이동하여 건조속도가 저하되고 함수율의 감소도 느려지는데 평형함수율 $w_e$에 도달하면 건조 진행이 정지된다. 한편, 열풍의 열은 물 증발보다도 재료온도의 상승에 원인이 되어 재료온도가 상승한다. 이 기간을 **감률 건조기간**이라고 한다. 또한 항률 건조기간에서 감률 건조기간으로 이행될 때의 함수율 $w_c$를 **한계함수율**이라고 한다. 이 값은 재료의 물성, 내부구조, 건조조건에 의존한다.

### 9.5.3 건조속도를 나타내는 법과 건조특성곡선

건조속도를 나타내는 데는 무수재료의 단위질량당 **건조속도** $R_m$ [kg−수증기·(kg−무수재료)$^{-1}$·s$^{-1}$]이나 재료의 단위건조면적당 건조속도 $R_s$ [kg−수증기·(m$^2$−무수재료)$^{-1}$·s$^{-1}$]이 사용된다. 판상 재료처럼 건조면적이 확실하게 정해져 있는 경우는 $R_s$를 쓰지만 그렇지 않은 경우는 $R_m$을 쓴다. 습재료 질량이 $W$[kg], 그 안의 무수재료 질량이 $W_0$[kg] 재료의 건조면적이 $A$[m$^2$]이라 하면 $R_m$과 $R_s$ 사이에는 다음 관계가 성립된다.

$$W_0 R_m = A R_s$$

$$\therefore\ R_m = (A/W_0)R_s = aR_s \tag{9.21}$$

여기서, $a$는 무수재료당 건조면적[m$^2$·(kg−무수재료)$^{-1}$]을 나타낸다.

미소시간 $dt$[s]에서의 습재료의 질량감소를 $dW$라 하면 건조면적 기준의 건조속도 $R_s$에 대해 다음 물질수지식이 성립된다.

$$-\frac{dW}{dt} = AR_s \tag{9.22}$$

이 식을 $R_s$에 대해서 풀면

$$R_s = -\frac{1}{A} \cdot \frac{\mathrm{d}W}{\mathrm{d}t} = -\frac{W_0}{A} \cdot \frac{\mathrm{d}(W/W_0)}{\mathrm{d}t} = -\frac{1}{a} \cdot \frac{\mathrm{d}w}{\mathrm{d}t} \tag{9.23}$$

을 얻을 수 있어 식(9.21)에서 질량기준의 건조속도 $R_m$은 다음 식으로 쓸 수 있다.

$$R_m = -\frac{\mathrm{d}w}{\mathrm{d}t} \tag{9.24}$$

식(9.24)는 그림 9.7(a)의 함수율 $w$의 시간에 따른 변화 곡선의 접선의 기울기$(-\mathrm{d}w/\mathrm{d}t)$가 함수율 $w$의 건조속도 $R_m$을 표시하고 있다는 것을 나타내고 있다. 건조속도 $R_m$에 대응하는 함수율 $w$에 대해 작도한 것이 그림 9.7(b)이며 그것은 **건조특성곡선**이라고 하며 건조장치 설계를 위한 기초 데이터로서 중요하다. 건조속도는 함수율의 함수임과 동시에 열풍의 습도에도 의존한다.

다음으로 건조의 각 기간에서의 건조속도가 어떠한 식으로 표시되는지를 생각해보자.

### 9.5.4 항률 건조기간의 건조속도

**항률 건조기간**(첨자 c로 나타낸다)에서는 습재료 표면은 충분히 젖어 있어, 그 온도는 열풍의 습구온도 $T_w$로 유지되고 있다. 온도 $T$의 열풍에 의한 습구온도 $T_w$의 습재료 단위표면면적당 전열속도[$\mathrm{J \cdot m^{-2} \cdot s^{-1}}$]은, 재료표면의 유체경계막에서의 대류전열계수를 $h$ [$\mathrm{J \cdot m^{-2} \cdot s^{-1} \cdot K^{-1}}$]로써 $h(T-T_w)$로 나타낸다. 이 전열속도를 물의 증발잠열 $r_w$로 나눈 값이 표면에서의 물의 증발속도가 된다. 즉, **항률 건조속도** $R_{s,c}$는 다음과 같다.

$$R_{s,c} = h(T-T_w)/r_w \tag{9.25}$$

또한 습구온도에서의 포화습도 $H_w$와 열풍의 습도 $H$와의 차$(H_w - H)$를 추진력으로 하고 물질이동계수를 $k_H$[$\mathrm{kg \cdot m^{-2} \cdot s^{-1}}$]로 나타내며 또한 식(9.13)의 루이스의 관계를 이용하면

$$R_{s,c} = k_H(H_w - H) = (h/c_H)(H_w - H) \tag{9.26}$$

가 되어 이 식으로 항률 건조속도를 나타낼 수 있다.

**예제 9.4**

판상 재료를 철망위에 올려놓고, 온도 70℃, 관계 습도 $\phi$ : 15%의 공기를 재료표면에 평행으로 흘려보내 건조한다. 이때, 건조면적 기준의 항률 건조속도 $R_{s,c}$를 구하라. (단, 공기－재료 표면간의 전열계수 $h$는 $25.8 \times 10^{-3}$ kJ・m$^{-2}$・s$^{-1}$・K$^{-1}$로 한다.)

**해답**

습도 도표에서 건조공기의 습도 $H$, 습구온도 $T_w$, 습구습도 $H_w$ 및 증발선열 $r_w$은

$$H = 0.03\ \mathrm{kg \cdot kg^{-1}},\ T_w = 38℃,\ H_w = 0.044\ \mathrm{kg \cdot kg^{-1}},\ r_w = 2{,}410\ \mathrm{kJ \cdot kg^{-1}}$$

또한, 건조공기의 습비열용량 $c_H$의 값은 식(9.6)에서 1.06 kJ・kg$^{-1}$・K$^{-1}$이 된다.
따라서 건조속도는 식(9.25)에서

$$R_{s,c} = \frac{h(T - T_w)}{r_w} = \frac{(25.8 \times 10^{-3}) \times (70 - 38)}{2{,}410} = 3.43 \times 10^{-4}\ \mathrm{kg \cdot m^{-2} \cdot s^{-1}}$$

한편, 식(9.26)을 이용하면

$$R_{s,c} = (h/c_H)(H_w - H) = (25.8 \times 10^{-3}/1.06) \times (0.044 - 0.03)$$
$$= 3.41 \times 10^{-4}\ \mathrm{kg \cdot m^{-2} \cdot s^{-1}}$$

이 된다. 두 개는 거의 일치하고 있다.

### 9.5.5 감률 건조기간의 건조속도

그림 9.7(b)의 건조특성곡선에 나타나 있듯이 감률 건조기간(첨자 d로 표시한다)에서 건조속도는 함수율 $w$와 함께 평형함수율 $w_e$에서 0이 된다. 간단히 하면 함수율이 $w_c$일 때의 건조속도가 $R_{m,c}$고 그 값에서 직선적으로 감소하여 $w_e$에서 0이 된다고 가정하면 그림 9.8로 알 수 있듯이 감률 건조기간의 건조속도는 자유함수율 $F = (w - w_e)$에 비례하여 그 비례정수는 $R_{m,c}/F_c$로 주어진다. 따라서 감률 건조기간의 건조속도 $R_{m,d}$는

$$R_{m,d} = R_{m,c}(F/F_c) \tag{9.27}$$

와 같이 쓸 수 있다. 단, $F = w - w_e$, $F_c = w_c - w_e$이다.

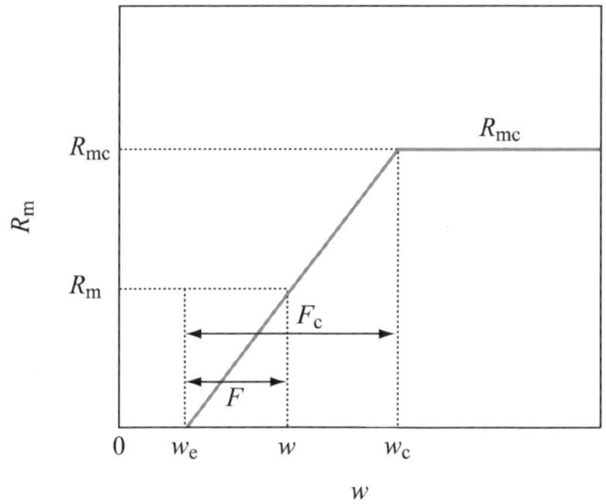


그림 9.8 감률 건조기간의 건조속도

## 9.6 건조시간을 계산한다.

습재료가 온도 $T$, 습도 $H$의 열풍에서, 항률 건조기간의 함수율 $w_1$에서 감률 건조기간의 $w_2$까지 건조시킬 때에 필요한 시간을 구해보자. 우선 $w_1$에서 한계함수율 $w_e$까지 건조되는 시간 $t_I$을 구하고 또한 감률 건조기간에서 $w_c$에서 $w_2$까지 건조되는 시간 $t_{II}$를 산출하여 두 개를 합친 시간이 필요한 건조시간이 된다.

함률 건조기간에서는 건조속도는 일정하고 식(9.25) 또는 식(9.26) 중 하나로 나타낸다. 그것들을 식(9.23)에 대입하여 적분하면 $t_I$을 구하는 다음 식이 된다.

$$t_I = \frac{w_1 - w_c}{aR_{s,c}} = \frac{(w_1 - w_c)r_w}{ha(T - T_w)} = \frac{w_1 - w_c}{(ha/c_H)(H_w - H)} \tag{9.28}$$

감률 건조기간에 대해서는, 우선 자유함수율 $F$를 이용해서 건조의 물질수지식(9.24)를 변환하여 $R_m$에 식(9.27)을 대입하면 다음 변수분리형의 미분방정식이 된다.

$$-\frac{\mathrm{d}F}{\mathrm{d}t} = R_{m,c}\frac{F}{F_c} \tag{9.29}$$

위 식을 $F = F_c$에서 $F_2$까지 적분하면 한계함수율 $w_c$에서 $w_2$까지 건조시키는데 필요한 시간 $t_{II}$를 구할 수 있다. 또한 $R_{m,c}$는 식(9.25) 또는 식(9.26)을 식(9.21)에 대입하면 구할 수 있다.

$$t_{II} = (F_c / R_{m,c}) \ln(F_c / F_2) \tag{9.30}$$

전체 소요시간은, $t_I$과 $t_{II}$의 합계가 된다. 구체적인 수치를 넣은 계산은 다음 예제로 배워 보자.

**칼럼**

**인스턴트커피에도 화학공학의 힘**

**– 건조에 의한 인스턴트커피 제조 –**

인스턴트커피는 간단히 커피맛을 즐길 수 있는 편리한 식품이며 다음과 같은 공정으로 제조된다. 우선 원료인 커피콩을 200～230℃에서 10～20분 걸쳐서 볶으면(로스트), 커피만의 독특한 고상한 맛을 만들어 낼 수 있다. 볶은 커피콩을 갈아서 1 mm 전후의 가루로 만든 후, 뜨거운 물과 수증기를 부어서 커피성분을 추출한다. 그 추출액을 2～7℃의 저온으로 하면 용액의 수분이 얼어붙게 되어 분리되므로, 농축액을 얻을 수 있다. 이 농축액을 건조시켜 가루로 만든 것이 인스턴트커피이다.

이때, 건조방법에는 분무건조법(스프레이 드라이)과 동결건조법(프리즘 드라이)이 있다. 분무건조법은 그림 9.9(d)와 같은 장치로 하고 농축액을 미세한 물방울 상태로 만들어 열풍에 분무시켜서 수분을 순간적으로 증발시켜 미세한 분말을 얻는 방식이다. 한편, **동결건조법**은 커피 추출액을 –40℃로 동결시킨 후에 부숴서 진공상태(100 Pa 이하)로 승화시키는 것에 의해서 수분을 제거하는 방식이다. 수분을 동결시킨 후 제거함으로써 분무건조법 보다 큰 입자를 얻을 수 있다.

일반적으로 동결건조법이 더 제조비용이 높아지는데 ① 고온에 노출되지 않기 때문에 커피 성질이 변화되기 어렵다 ② 동결건조 시에 발생하는 미세한 구멍 안에 커피향 성분이 유지된다. ③ 물에 녹기 쉽다 등의 장점이 있다.

한편, 다공성이라서 공기 중의 수분을 흡습하기 쉽다는 결점도 있다. 이처럼 농축액의 건조법의 차이에 의해 커피 품질의 차이가 생긴다. 덧붙여 현재는 동결건조법이 주류가 되어 있다. 이 동결건조법은 인스턴트라면을 비롯하여, 여러 가지 식품에 응용되고 있다. 화학공학이 생활의 편리함을 높여가는 대표적 예의 하나이다.

**예제 9.5**

가로 · 세로 각각 0.1 m, 두께 0.02 m의 판상 습재료를 온도 70℃, 관계습도 $\phi = 15\%$의 공기를 흘려보내서 재료의 상하 양면을 건조시킨다. 습재료 밀도 $\rho_s = 2{,}000\ \mathrm{kg \cdot m^{-3}}$이고 이 재료의 건량기준 한계함수율 $w_c$는 0.08, 평형함수율 $w_e$는 0.020이다. 이때, 초기함수율 $w_1=0.3$에서 최종함수율 $w_2=0.03$까지 건조시키는데 필요한 시간을 계산하라. (단, 감률 건조속도 $R_{m,d}$는 자유함수율 $F$에 비례한다.)

**해답**

습재료의 질량 $W$는

$$체적\times밀도 = (0.1\times 0.1)\times 0.02\times 2000 = 0.40\ \mathrm{kg}$$

그 중의 무수재료의 질량 $W_0$은

$$W_0 = W/(1+w_1) = 0.4/(1+0.3) = 0.308\ \mathrm{kg}$$

재료의 상하양면을 건조시키므로

$$건조면적\ \ A = 2\times 0.1\times 0.1 = 0.02\ \mathrm{m}^2$$

재료의 단위질량당 건조면적은

$$a = A/W_0 = 0.02/0.308 = 0.0649\ \mathrm{m}^2\cdot(\mathrm{kg}-무수재료)^{-1}$$

열풍 조건은 예제 9.4와 동일하므로

$$항률\ 건조속도\ \ R_{s,c} = 3.43\times 10^{-4}\ \mathrm{kg}\cdot\mathrm{m}^{-2}\cdot\mathrm{s}^{-1}$$

무수재료의 단위질량당 건조속도 $R_{m,c}$는 식(9.21)에서

$$R_{m,c} = aR_{s,c} = 0.0649\times(3.43\times 10^{-4}) = 2.23\times 10^{-5}\ \mathrm{kg}\cdot(\mathrm{kg}-무수재료)^{-1}\cdot\mathrm{s}^{-1}$$

이러한 값을 식(9.28)에 대입하면, 항률 건조기간의 건조시간 $t_{\mathrm{I}}$는

$$t_{\mathrm{I}} = \frac{w_1-w_c}{aR_{s,c}} = \frac{w_1-w_c}{R_{m,c}} = \frac{0.3-0.08}{2.23\times 10^{-5}} = 9.87\times 10^3\ \mathrm{s}$$

감률 건조시간 $t_{\mathrm{II}}$는 식(9.30)에 $F_c=w_c-w_e=0.08-0.02=0.06$, $F_2=w_2-w_e=0.03-0.02=0.01$, $R_{m,c}=2.23\times10^{-5}$의 값을 대입해서

$$t_{\mathrm{II}} = \frac{F_c}{R_{m,c}}\ln\frac{F_c}{F_2} = \frac{0.06}{2.23\times 10^{-5}}\ln\frac{0.06}{0.01} = 4.82\times 10^3\ \mathrm{s}$$

따라서, 건조시간 합계는

$$t_{\mathrm{I}}+t_{\mathrm{II}} = 9.87\times 10^3 + 4.82\times 10^3 = 14.69\times 10^3\ \mathrm{s} = 4.08\ \mathrm{h}$$

## 9.7 여러 가지 건조장치

공장에서는 각종 건조장치를 사용하고 있는데 그 형식도 다양하다. 우선, 건조 열원에 주목하면 가열된 열풍이 주로 사용되는데 적외선, 고주파 등도 사용되고 있다. 다음으로 습재료의 제공방식에 주목하면 재료를 장치 내에 정치하는 회분식과 연속적으로 제공하여 꺼내는 연속식으로 크게 구분할 수 있다. 회분식 건조기는 **상자형 건조기**라고 불리며 재료를 상자형 장치의 붕단 등에 얇게 정치하여, 열풍을 순환시키면서 재료층에 평행으로 흘려보내거나 통기시키는 구조로 되어있다. 그림 9.9a는 통기 상자형 건조기이다.

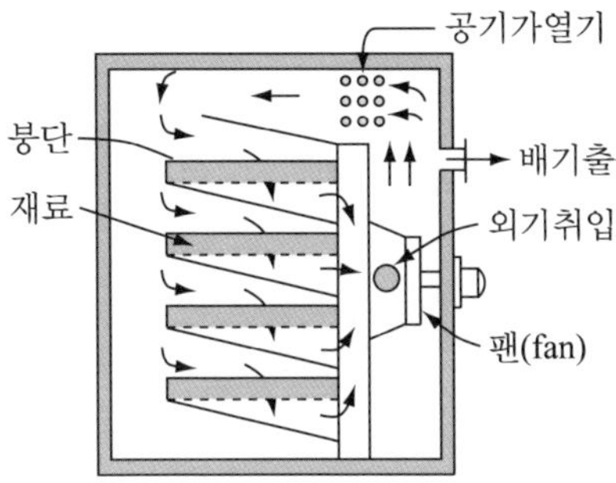


(a) 통기 상자형 건조기

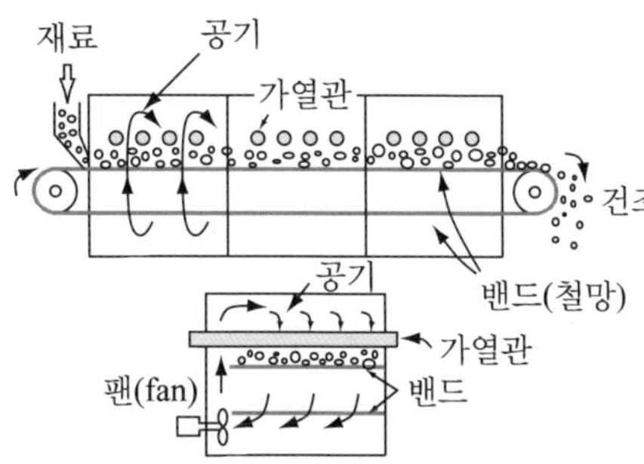


(b) 밴드건조기

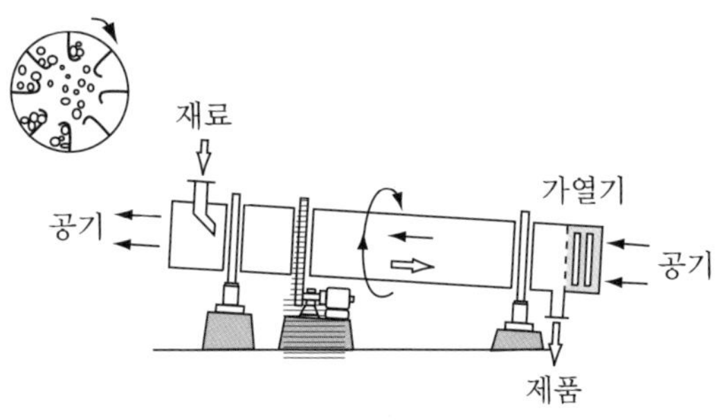


(c) 회전건조기

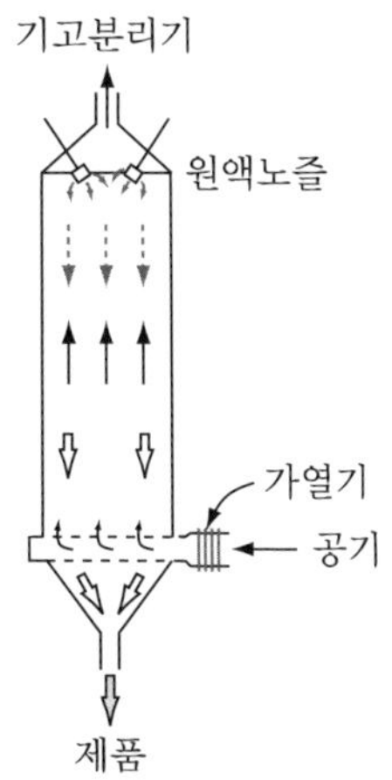


(d) 분무건조기

그림 9.9 각종 건조기

연속식 건조기에는 (1) 재료를 둔 붕단을 대차에 올려서 장치 내를 이동시키는 **터널식 건조기** (2) 이동하는 밴드 위에 재료를 얇은 층으로 올리는 **밴드건조기**(그림 9.9b) (3) 작은 경사를 가지고 놓인 회전 원통 입구에 재료를 연속적으로 제공하여 재료를 쓸어 올려 날개를 상하로 운동시키면서 출구방향으로 이동시키는 **회전건조기**(그림 9.9c) (4) 재료를 열풍에 의해 유동화 시켜 연속적으로 배출시키는 **유동층 건조기** (5) 고체재료를 포함하는 용액을 노즐에서 분무하는 **분무건조기**(그림 9.9d) 등이 있다.

항생물질이나 혈청 등 액체 상태로 열에 대해서 이미 불안정인 물질에는 100 Pa 정도로 감압하여 빙점 이하의 온도에서 수분을 승화시키는 **동결건조법**이 이용된다. 이 동결건조법은 인스턴트커피 등의 식품 제조에도 사용되어 고품질의 제품을 얻을 수 있다.

## 연습문제

**01.** 실내 공기의 관계습도 $\phi$를 측정한 결과, 30℃, 1 atm일 때, 70%였다. 이때, 습도 $H$는 얼마인가?

**02.** 공기 습도를 구하기 위해 건습구온도계를 사용하자, 건구온도 35℃, 습구온도 26℃을 얻었다. 이 공기 (1) 포화습도 $H_w$, (2) 습도 $H$, (3) 관계습도 $\phi$, (4) 비교습도 $\Psi$, (5) 습비용 $v_H$, (6) 습공기 밀도 $\rho$, (7) 습비열용량 $c_H$, (8) 이슬점 $T_d$, (9) 엔탈피 $i$를 구하라.

**03.** 40℃, 1 atm, 습도 $H=0.04$인 공기 1 $m^3$가 들어있는 용기에 건조제의 실리카겔을 넣어 방치했더니 실리카겔의 질량이 21.2 g 증가했다. 이때, 용기 안 공기의 습도 $H$는 얼마가 되었는가? (단, 압력은 1 atm으로 유지된다.)

**04.** 30℃, $H=0.01$의 공기를 80℃, $H=0.03$의 공기로 증습할 때의 조작법을 나타내라. (단, 증습 효율을 0.8로 한다.)

**05.** 30℃, $H_1=0.01$의 공기를 80℃까지 예열한 후 단열냉각해서 더욱 가열해서 $H_2=0.028$의 공기로 증습했다. 이 장치 증습 효율 $\eta$을 구하라.

**06.** 온도 60℃, 습도 0.04의 공기를 간접 냉각법으로 감습해서 온도 30℃, 습도 0.02로 하고 싶다. 다음 질문에 답하라. (힌트 : 엔탈피 $i$의 변화를 생각하라.)
(1) 어떻게 조작하면 좋은가?
(2) 공기 공급량은 120 $m^3 \cdot h^{-1}$로 할 때 감습을 위해 빼앗아야 하는 수분량 및 열량을 구하라.

**07.** 습량기준의 흡수율 $w'=0.40$의 습재료 150 kg의 건량기준의 함수율 $w$를 구하라. 또한 이 재료에 포함되어있는 무수재료와 수분의 질량[kg]을 구하라.

**08.** 습량함수율 50%의 습재료 200 kg을 8%까지 건조시키고 싶다. 수분을 얼마 증발시켜야 하는가?

**09.** 습재료 180 kg(무수재료 100 kg)을 건조시켜서 함수율을 0.2로 하고 싶다. 이때의 건조시간을 구하라. (단, $R_{m,c}=0.25\ kg \cdot kg^{-1} \cdot h^{-1}$, 한계함수율 $w_c=0.1$이다.)

**10.** 습재료 800 kg을 열풍으로 건조시켜서 450 kg으로 하고 싶다. 건조에 필요한 시간을 구하라. (단, 그 조작은 항률 건조기간이며, 그 건조속도는 0.20 $kg \cdot kg^{-1} \cdot h^{-1}$, 무수재료의 질량은 300 kg으로 한다.)

**11.** 15 wt% 수분을 포함하는 습재료를 2 wt%로 건조한다. 공기의 입구습도는 0.02, 출구습도는 0.075일 때 100 $kg \cdot h^{-1}$의 습재료를 처리하는데 필요한 공기량[$kg \cdot h^{-1}$]을 구하라.

**12.** 입상재료를 밑면적이 1 $m^2$의 철망에 넣어 얇은 층상으로 해서 이것을 열풍으로 양면을 건조시키자 질량 건조속도는 0.06 kg · $kg^{-1}$ · $h^{-1}$이었다. 층 두께 1 cm, 재료 층의 무수(無水)일 때의 겉보기 밀도는 850 kg · $m^{-3}$이다. 이때, 면적 기준의 건조속도[kg · $m^{-2}$ · $h^{-1}$]을 구하라.

**13.** 판상 재료에 평행으로 70℃, 관계습도 $\phi=10\%$의 공기가 $u=2.5$ m · $s^{-1}$의 유속으로 흐르고 있다. 이때의 면적기준의 항률건조속도 $R_{s,c}$[kg · $m^{-2}$ · $h^{-1}$]을 구하라. (단, 공기 - 재료간의 전열계수 $h$는 $h=0.054\,G^{0.8}$[kJ · $m^{-2}$ · $h^{-1}$ · $K^{-1}$]으로 주어진 걸로 한다. 여기서 $G$는 열풍의 질량속도[kg · $m^{-2}$ · $h^{-1}$]이다.)

**14.** 밑면적 1 $m^2$, 두께 2 cm, 겉보기 밀도 1,200 kg · $m^{-3}$의 판상재료를 열풍으로 정상조건하에 건조시킨다. 한계함수율 $w_c=0.3$으로 하고 감률 건조속도는 함수율에 비례하여 감소하고 평형함수율 $w_e=0$으로 해도 된다. 지금 항률 건조속도 $R_{s,c}$가 2.5 kg · $m^{-2}$ · $h^{-1}$인 경우, 함수율을 0.7에서 0.1까지 건조시키는데 필요한 시간을 구하라. (단, 건조는 재료 양면에서 행해진다.)

***One Point***

**무수(無水)일 때의 겉보기 밀도**

습재료에서 수분이 제거되었을 때 무수재료의 겉보기 밀도를 말한다.

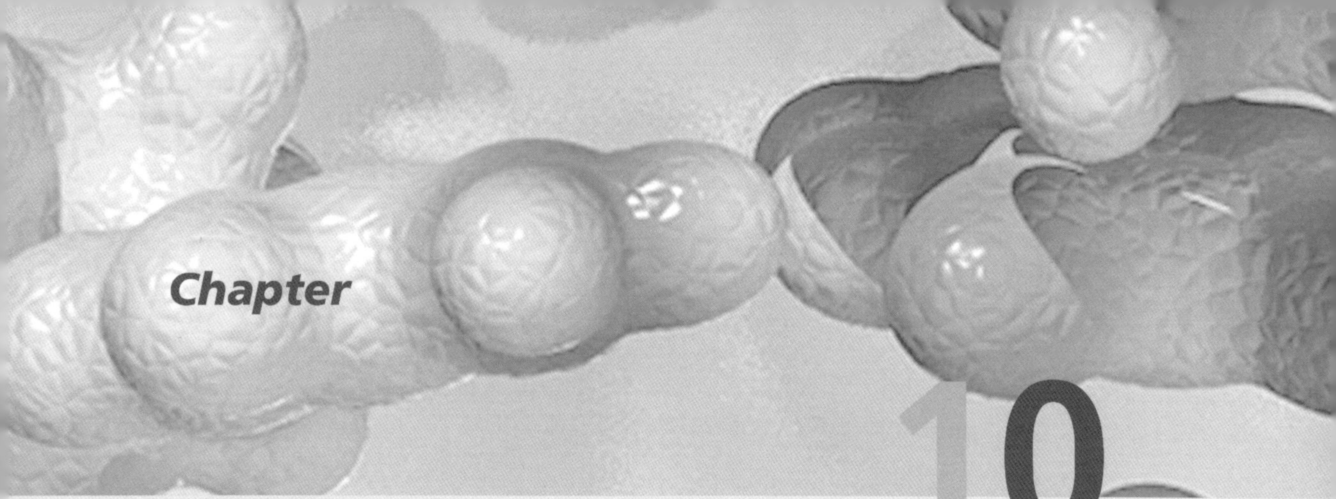

Chapter 10

# 유체로부터의 입자 분리

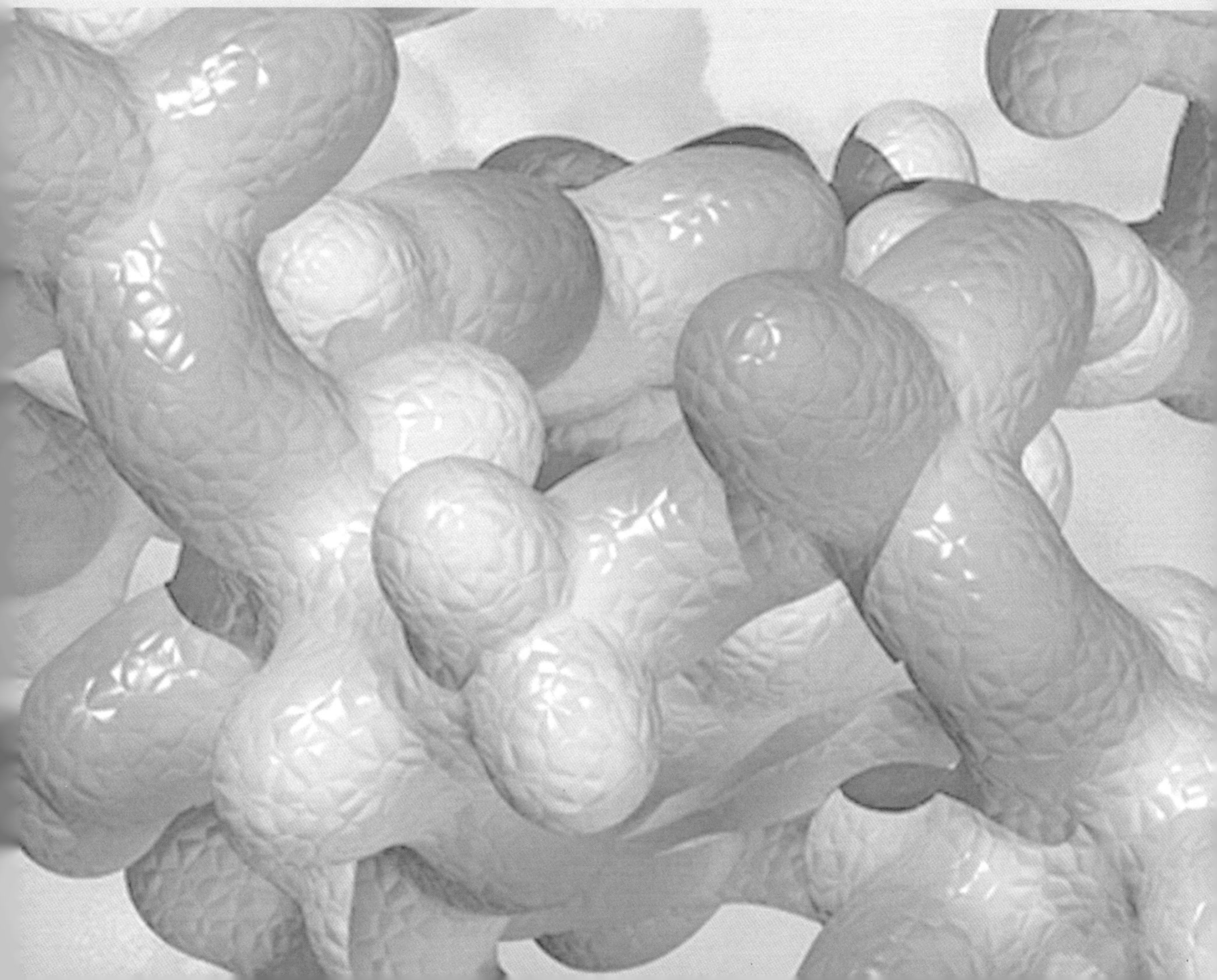

화학실험으로, 액체에 생성된 침전을 농축해서 여과지에 여과해서 이상(泥狀)물질을 만들어 그것을 건조시킨 경험이 있는 사람도 있을 것이다. 이것은 액체로부터의 입자의 분리이다. 또한 화분증 대책으로써 마스크를 쓰는 것은 흡입하는 공기 안에 화분이 섞이지 않도록 하기 위해서이며 이것은 기체로부터의 입자 분리이다. 이처럼 액체 또는 기체로부터의 입자분리는 주변에서도 잘 이루어지고 있다.

화학공업이나 환경보전 분야에서도 유체로부터 입자 분리는 중요한 조작이다. 액상반응의 생성물이 고체인 경우는 위에서 설명한 화학실험과 같은 고액분리가 필요해진다. 또한 공장폐수나 상수를 정화하는 데는 침전농축에 의해 생성되는 이상 물질을 분리해야 한다. 이것들은 액체로부터 고체입자를 분리하는 조작이다. 또한 공장에서는 작업 중에 분진이 발생하는 일도 있어 그것을 제거해야 한다. 반도체 제조 공장에서는 공기 중에 포함되어있는 미량의 고체물질을 고도로 제거하여 깨끗한 환경을 실현할 필요가 있다. 이것들은 기체에서 입자를 분리하는 조작이다.

이 장에서는 우선 입자 크기의 측정과 입경분포를 나타내는 법에 대해서 설명하고 단일입자가 유체에서 어떻게 운동하는지 그 거동을 이용하는 입경분포의 측정법, 원심력이 분리에 어떤 효과를 주는지 등에 대해 기초적인 사항을 해설할 것이다. 또한, 그러한 기초를 바탕으로 액체로부터의 입자분리, 기체로부터의 입자분리로 나눠서 어떤 분리법이 있는가와 그 장치설계의 기초에 대해서 배워보자.

## 10.1 입자의 크기와 그 분포

### 10.1.1 입자경의 측정

분립자의 형상은 꼭 구형인 것만은 아니라 여러 가지 형태를 가지고 있다. 또한 그 크기도 균일하지 않다. 100 μm 정도 이상의 입자의 크기는 「체」로 측정되는데, 그 이하의 미세 입자는 입자들을 현미경으로 사진을 찍어 일정방향의 평행선 사이의 간격을 입자경으로 보는 측정법이다. 그 외 다음에 설명할 입자 침강법으로도 측정할 수 있다.

**One Point**

**입자경**

불규칙 입자의 입자경에는, 다음과 같은 정의가 있다. ① 구 상당 직경 : 불규칙형 입자와 같은 체적을 가진 구의 직경 ② 유효경 : 입자와 밀도가 같고, 또한 동일한 유체에서 침강속도가 같은 구의 직경으로 식(10.12)로 계산되는 값 ③ 통계경 : 입자의 현미경 사진에서, 일정방향의 평행선 간격의 평균치 ④ 체에 의한 대표경 : 체 눈 크기 $a$의 체에 통과시켜 크기 $b$에 이웃하는 표준체를 통과하지 않는 입자들의 대표경으로써 $(a+b)\times$(유효경) 또는 $\sqrt{ab}$를 쓴다.

## 10.1.2 입경분포

측정된 입자경 $d_\mathrm{p}$의 분포는 개수 또는 질량을 기준으로한 **빈도분포함수** $f(d_\mathrm{p})$로 나타낸다. 그림 10.1과 같이 전체 입자의 개수를 $N$, 입경 $d_\mathrm{p}$와 $(d_\mathrm{p}+\Delta d_\mathrm{p})$의 범위에 있는 입자의 개수를 $\Delta n_\mathrm{i}$로 하면 $\Delta n_\mathrm{i}/N$은 그 범위에 있는 입자의 개수비율이 되고 개수기준의 빈도분포함수 $f(d_\mathrm{p})$는 다음과 같이 정의된다.

$$f(d_\mathrm{p})\Delta d_\mathrm{p} = \frac{\Delta n_\mathrm{i}}{N} \tag{10.1}$$

식(10.1)을 전체 입자경에 대해 합하면 $\sum \Delta n_\mathrm{i} = N$이기 때문에 좌변의 값은 1이 된다. 이것을 적분식으로 나타내면 다음과 같이 쓸 수 있다.

$$\int_0^\infty f(d_\mathrm{p})\mathrm{d}d_\mathrm{p} = 1 \tag{10.2}$$

지금, 입자들을 눈 크기 $d_\mathrm{p}$의 체에 거르면, 입경이 $d_\mathrm{p}$ 이하의 입자는 체 아래로 떨어지고 $d_\mathrm{p}$ 이상의 입자는 체 위에 잔류한다. 이때, 각각 입자의 개수는 $N$으로 나눈 분율값으로 환산하여 전자를 **적산 통과율분포** $P(d_\mathrm{p})$($P$분포, 체 아래 분율), 후자를 **적산 잔류율분포** $R(d_\mathrm{p})$($R$분포, 체 윗부분의 분율)라고 한다. 각각은 빈도분포함수 $f(d_\mathrm{p})$와 다음과 같은 관계이다.

$$P(d_\mathrm{p}) = \int_0^{d_\mathrm{p}} f(d_\mathrm{p})\mathrm{d}d_\mathrm{p} = 1 - R(d_\mathrm{p}) \tag{10.3}$$

$$R(d_\mathrm{p}) = \int_{d_\mathrm{p}}^\infty f(d_\mathrm{p})\mathrm{d}d_\mathrm{p} = 1 - P(d_\mathrm{p}) \tag{10.4}$$

또한, 식(10.3)의 양변을 미분하면 다음 식이 된다.

$$f(d_p) = \frac{dP(d_p)}{dd_p} = -\frac{dR(d_p)}{d(d_p)} \tag{10.5}$$

또한 빈도분포함수는 다음과 같이 실측해서 구한다. 우선 많은 입자의 입자경을 측정하여 일정한 입경범위 $d_p \sim d_p + \Delta d_p$내에 있는 입자의 비율 $\Delta n_i / N$을 계산하여 그것을 폭 $\Delta d_p$로 나누면 그것이 $f(d_p)$가 된다. 이 값을 $d_p + 1/2(\Delta d_p)$에 대해 작도하면 빈도분포함수 $f(d_p)$의 곡선을 얻을 수 있다. 한편, 적산형의 입경분포함수 $P(d_p)$ 또는 $R(d_p)$가 측정되는 경우는 $d_p$에서 접선을 그으면 그 기울기로 빈도분포함수 $f(d_p)$를 구할 수 있다.

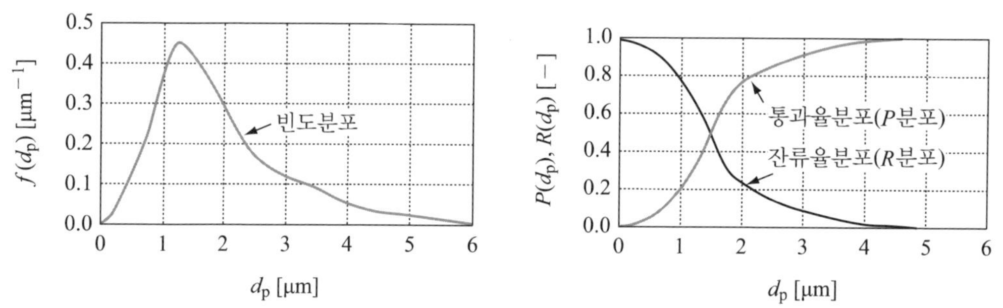


그림 10.1 입경분포를 나타내는 법

## 10.2 단일입자의 운동을 해석한다.

기체 또는 액체 미립자의 분리를 배울 때에는 단일입자의 운동을 이해하는 것이 기본적이 된다. 이 단원에서는 우선 동력하에서 미립자의 침강에 대해서 설명하고 그것을 이용한 **입경분포 측정법**에 대해서 설명한다. 또한 원심력이 작용하면 어떤 효과가 발생하는지에 대해서 설명한다.

### 10.2.1 동력하의 입자 침강

입자가 유체 속에서 운동을 하면 유체 점성에 의한 저항력 $F$[N]을 받는다. 그 크기는 운동방향의 단면적과 유체의 운동에너지의 곱에 비례하며 다음과 같다.

$$F = C_{\mathrm{R}}\left(\frac{\pi}{4}d_{\mathrm{p}}^{2}\right)\left(\frac{\rho u^{2}}{2}\right) \tag{10.6}$$

여기서 $d_{\mathrm{p}}$는 입자의 직경, $u$는 입자의 침강속도, $\rho$는 유체의 밀도이다. 또한, $C_{\mathrm{R}}$은 **저항계수**라고 하며 입경기준의 레이놀즈수 $Re_{\mathrm{p}} = d_{\mathrm{p}}u\rho/\mu$($\mu$은 유체의 점도)만의 함수이며 입경이 작을 때에는 다음 **스토크스의 법칙**이 성립된다.

$$Re_{\mathrm{p}} < 2\text{일 때} \qquad C_{\mathrm{R}} = \frac{24}{Re_{\mathrm{p}}} \tag{10.7}$$

식(10.6)과 식(10.7)에서 점성저항력 $F$는 다음 식(10.8)로 나타낼 수 있다. 이 식에서 저항력은 침강속도 $u$에 비례한다는 것을 알 수 있다.

$$F = 3\pi d_{\mathrm{p}}\mu u \tag{10.8}$$

그럼, 침강하는 입자에 작용하는 힘은 동력, 부력, 점성저항력 $F$이다. 따라서 입자의 체적을 $V_{\mathrm{p}}$[m$^3$], 밀도를 $\rho_{\mathrm{p}}$[kg · m$^{-3}$], 유체의 밀도를 $\rho$[kg · m$^{-3}$], 동력가속도를 $g$[m · s$^{-2}$], 침강속도를 $u$[m · s$^{-1}$]로 나타내면 다음 운동방정식(질량×가속도＝힘)이 성립된다. 우변의 각항은 중력, 부력 및 저항력이다.

$$V_{\mathrm{p}}\rho_{\mathrm{p}}\frac{\mathrm{d}u}{\mathrm{d}t} = V_{\mathrm{p}}\rho_{\mathrm{p}}g - V_{\mathrm{p}}\rho g - 3\pi d_{\mathrm{p}}\mu u \tag{10.9}$$

또한 입자를 직경 $d_{\mathrm{p}}$의 구(球)로 하면 $V_{\mathrm{p}} = (\pi/6)d_{\mathrm{p}}^{3}$이 된다.

입자의 침강이 막 시작되었을 때에는 $u$가 작기 때문에 점성저항은 무시할 수 있고 중력의 작용에 의해서 침강속도 $u$는 증대한다. 하지만 $u$가 증가함에 따라, 점성저항력도 커지고 식(10.9)의 우변의 값이 점근(漸近)하여 가속도 $\mathrm{d}u/\mathrm{d}t = 0$이 되며 그 이후는 같은 속도로 침강한다. 그 속도를 **종단속도** $u_{\mathrm{t}}$라고 한다. 식(10.9)의 우변을 0으로 하고 $u_1$에 대해 풀면 다음 식이 된다.

$$u_t = \frac{V_p g(\rho_p - \rho)}{3\pi d_p \mu} = \frac{(\pi/6)d_p^3 g(\rho_p - \rho)}{3\pi d_p \mu} = \frac{(\rho_p - \rho) g d_p^2}{18\mu} \tag{10.10}$$

이 식에서 종단속도는 입경 $d_p$의 2승에 비례하는 것을 알 수 있다.

**예제 10.1**

밀도 2,500 kg・m$^{-3}$, 직경 80 $\mu$m인 구형 입자의 20℃ 물속에서의 종단속도 $u_t$을 구하라. (단, 물의 점도는 0.001 Pa・s이다.)

**해답**

식(10.10)에 입자의 밀도 $\rho_p$ = 2,500 kg・m$^{-3}$, 물의 밀도 $\rho$ = 1,000 kg・m$^{-3}$, 입경 $d_p$ = 80 $\mu$m = 80×10$^{-6}$ m, 물의 점도 = 0.001 Pa・s, $g$ = 9.8 m・s$^{-2}$를 대입하면

$$u_t = \frac{(\rho_p - \rho) g d_p^2}{18\mu} = \frac{(2{,}500 - 1{,}000) \times 9.8 \times (80 \times 10^{-6})^2}{18 \times 0.001}$$

$$= 5.23 \times 10^{-3}\ \mathrm{m \cdot s^{-1}}$$

이때,

$$Re_p = \frac{d_p \rho u_t}{\mu} = \frac{(80 \times 10^{-6}) \times 1{,}000 \times (5.23 \times 10^{-3})}{0.001} = 0.418 < 2$$

가 되며, 식(10.7)이 성립되는 조건을 충족시키므로, 스토크스의 식이 적용된다. 따라서 침강속도 $u_t$는 5.23×10$^{-3}$ m・s$^{-1}$ = 5.23 mm・s$^{-1}$로 해도 된다.

## 10.2.2 침강법에 의한 입경분포의 측정

침강속도 $u_t$를 측정하면 식(10.10)으로 입자경 $d_p$를 계산할 수 있다. 이 방법은 **침강법**이라고 하며 널리 사용되고 있다. 정확히 측정하는 데는 입자의 액중 질량농도를 2% 이하로 하고 또한 분산제를 더해 입자의 응집을 막을 필요가 있다. 이 침강법에는 그림 10.2와 같은 **안드레아센(Andreasen) 피펫**이 이용된다.

그럼 구체적인 침강법에 의한 입자경의 측정법을 배워보자. 분말시료의 농도가 $C_0$[kg・m$^{-3}$]인 현탁액을 조제하여 침강 측정 장치에 넣어 액을 잘 교반시킨 후 측정을 개시한다. 일정 시간마다 일정량의 시료를 피펫에서 빨아올려 그것을 증발 건고(乾固)시켜 고체 시료를 저울에 재서 채취한 현탁액의 고체농도 $C_h(t)$[kg・m$^{-3}$]를 계산한다.

피펫 선단(先端)에서 액면까지의 높이를 $h$, 경과시간을 $t$라고 하면 침강속도 $u_t = h/t$가 된다. 이때, 이 종단속도 $u_t$에 상당하는 입자경 $d_p$보다 큰 입자는 거의 모두 피펫 선단면보다 하부로 침강하여 선단면보다 상부에는 $d_p$ 이하의 입자들이 거의 처음 입경분포인 채로 존재한다고 볼 수 있다. 따라서 농도 $C_h(t)$는 입자경이 $d_p$ 이하의 입자들의 농도를 측정한 것이다. 그것을 전체 입자에서 농도 $C_0$으로 나눈 $C_h(t)/C_0$는, 전체 입자량에 대한 $d_p$ 이하의 입자들의 질량비 즉, 적산 통과율분포 $P(d_p)$이다. 또한 잔류율분포 $R(d_p)$에 대해서도 식(10.4)를 이용하면 다음과 같은 식이 성립한다.

$$P(d_p) = 1 - R(d_p) = C_h(t)/C_0 \tag{10.11}$$

한편, 경과시간 $t$에 대응하는 입경 $d_p$는 식(10.10)으로 다음과 같이 나타낼 수 있다.

$$d_p = \sqrt{\frac{18\mu}{(\rho_p - \rho)g} \cdot \frac{h}{t}} = \sqrt{\frac{18\mu u_t}{(\rho_p - \rho)g}} \tag{10.12}$$

이렇게 해서, 경과시간 $t$에서의 고체 농도비를 측정함으로써 적산 통과율분포곡선의 점이 정해진다. 시간을 바꿔가며 계속 측정하면 P곡선 또는 R곡선을 그릴 수 있어 더욱이 식(10.5)로 빈도분포곡선 $f(d_p)$로도 변환할 수 있다.

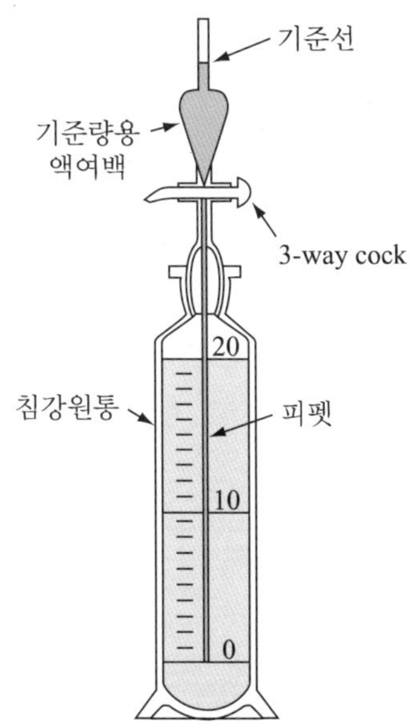


그림 10.2 안드레아센 피펫

**예제 10.2**

비중 2.65의 점토 2.0 g을 20℃의 물에 현탁시켜서 500 $cm^3$로 하고, 그것을 안드레아센 피펫에 넣었다. 액면에서 피펫 선단까지의 거리는 20 cm였다. 충분히 교반하여 정치시켜 5 min 후에 피펫으로 10 $cm^3$의 액을 빨아올려 그 안의 고체질량을 측정하자 25.0 mg이었다. 이 점토의 입경분포는 어떻게 되어 있는가?

**해답**

$t = 5 \times 60 = 300$ s 동안 $h = 20$ cm $= 20 \times 10^{-2}$ m 침강하므로, 그 침강속도 $u_t$는

$$u_t = 20 \times 10^{-2}\ \mathrm{m}/300\ \mathrm{s} = 6.67 \times 10^{-4}\ \mathrm{m \cdot s^{-1}}$$

따라서 점토 입자의 스토크스경 $d_p$는 식(10.12)에서

$$d_p = \sqrt{\frac{18\mu u_t}{(\rho_p - \rho)g}} = \sqrt{\frac{18 \times 0.001 \times (6.67 \times 10^{-4})}{(2{,}650 - 1{,}000) \times 9.8}}$$
$$= 2.73 \times 10^{-5}\ \mathrm{m} = 27.3\ \mu\mathrm{m}$$

따라서, 측정개시 5 min 후에는 액면에서 20 cm 깊이에 있는 점에 27.3 μm보다 큰 입자는 존재하지 않고 그것보다 작은 입자는 처음과 같은 상태로 존재한다. 또한 측정개시 시의 시료 입자 농도 $C_0 = 2\ \mathrm{g}/500\ \mathrm{cm}^3 = 4 \times 10^{-3}\ \mathrm{g \cdot cm^{-3}}$에 대해 5 min 후에 측정된 피펫 선단에서의 농도 $C_h(t) = 25\ \mathrm{mg}/10\ \mathrm{cm}^3 = 2.5 \times 10^{-3}\ \mathrm{g \cdot cm^{-3}}$이다.

따라서 식(10.11)에서 적산 통과율(체 아래 분율) $P(d_p)$는

$$P(d_p) = \frac{C_h(t)}{C_0} = \frac{2.5 \times 10^{-3}}{4 \times 10^{-3}} = 0.625 = 62.5\%$$

즉, 27.3 μm보다 작은 입자의 비율은 62.5%인 것을 알 수 있다. 반대로 27.3 μm보다 큰 입자의 비율은 $100 - 62.5 = 37.5\%$가 된다.

**One Point**

스토크스경

안드레아센 피펫으로 측정되는 입경 $d_p$는 스토크스 법칙이 성립할 때 구할 수 있는 유효입자경이며 이것을 스토크스경이라고 한다.

### 10.2.3 원심력의 효과

일정한 각속도 $\omega$[rad · $s^{-1}$]에서 선회하고 있는 유체의 입자는 반경방향에 원심력을 받기 때문에 바깥 측으로 이동한다. 이때의 가속도는 중심점으로부터의 거리 $r$[m]에 의존하고 $r\omega^2$로 주어진다. 원심력이 작용하는 경우에도 원심력과 유체 점성력이 어우러져 종단속도 $u_{tc}$에 도달한다. 그 값은 중력이 작용하는 경우의 $u_t$ 식의 중력가속도 $g$를 원심력가속도 $r\omega^2$로 변환한 식으로 나타내 그것을 변형하면 다음 식이 된다.

$$u_{tc} = \frac{(\rho_p - \rho)d_p^2 r\omega^2}{18\mu} = u_t\left(\frac{r\omega^2}{g}\right) = u_t Z_c \tag{10.13}$$

이 식의 $Z_c$는

$$Z_c = (\text{원심력})/(\text{중력}) = r\omega^2/g \tag{10.14}$$

로 정의된다. 원심력이 중력의 몇 배인지를 나타내는 수치이며 **원심효과**라고 한다. 여기서, 1 min당 회전속도를 $n$[r.p.m.]으로 하면 1 s에 회전하는 각도 즉 각속도 $\omega$는 $2\pi n/60$ [rad · $s^{-1}$]이므로 이것을 식(10.14)에 대입하여 정리하면 $Z_c$는 다음과 같다.

$$Z_c = \frac{r\omega^2}{g} = \frac{4\pi^2 n^2 r}{3,600g} \fallingdotseq \frac{n^2 r}{900} \tag{10.15}$$

또한, 동력 하에서는 종단속도 $u_t$는 침강거리와 관계없이 일정해 지는데 원심력 하에서는 종단속도 $u_{tc}$와 원심효과 $Z_c$는 반경거리 $r$에 비례하여 변화한다는 것에 주의하자.

**One Point**

**r.p.m.**

revolution per minute 의 약어로 1 min의 회전수를 나타낸다. 단위는 [$min^{-1}$], 1 s의 회전수인 경우는 r.p.s.[$s^{-1}$]이 된다.

**예제 10.3**

내경 14.0 cm, 회전수 18,000 r.p.m.의 원통형 원심침강기의 내주벽에서 1 cm의 위치에서의 원심효과를 구하라.

**해답**

반경이 14/2 = 7 cm이며, 내주벽에서 1 cm 위치의 원통 중심에서의 위치는 $r = 7 - 1 = 6$ cm = $6 \times 10^{-2}$ m이 된다. 따라서 식(10.15)에서 원심효과 $Z_c$의 값은

$$Z_c = \frac{4\pi^2 n^2 r}{3{,}600g} = \frac{4 \times 3.14^2 \times 18{,}000^2 \times (6 \times 10^{-2})}{3{,}600 \times 9.8} = 2.17 \times 10^4$$

## 10.3 액체에서 입자를 분리하는 방법

이 단원에서는 드디어 분리에 대해서 배울 것이다. 액체와 고체입자를 중력 또는 원심력을 이용해 분리하는 방법은, 유용물질의 회수나 폐수·상하수 처리 등에 널리 이용되고 있다. 중력침강을 이용하는 방법은 다음과 같이 분류할 수 있다. 현탁물질 농도가 비교적 낮고, 맑은 액을 얻는 목적일 경우를 **청징(淸澄)분리**, 슬러리 농도가 높고, 침전물질을 응축하고 싶을 경우를 **침전농축**이라고 한다.

**One Point**

**슬러리**

슬러리(slurry)란 점토 등을 물에 섞은 진흙탕물상의 물질을 가리킨다. 일반적으로 가는 고체 입자가 액체에 섞여있는 고체와 액체의 혼합물을 슬러리라고 한다. 침전분리 대상이 되는 액은 슬러리 상태에 있다.

### 10.3.1 중력침강에 의한 분리

그림 10.3과 같이 폭 $B$[m], 높이 $H$[m], 길이 $L$[m]의 침강실에 유량 $v$ [$m^3 \cdot s^{-1}$]의 유체가 일정한 유속 $u_x$ [$m \cdot s^{-1}$]로 수평으로 유입되고 있다고 한다.

지금 입경 $d_p$의 입자(종단침강속도 $u_t$)가 완전히 포집(浦集)되는 데는 입구 최상면(높이 $H$)에 있는 그 입자가 바닥면까지 침강하는 시간 $H/u_t$가 장치 내에 체류하는 시간 $L/u_x$ 보다도 짧을 필요가 있다. 이때의 포집효율 $\eta$는 1이 된다.

$$H/u_t \leq L/u_x \tag{10.16}$$

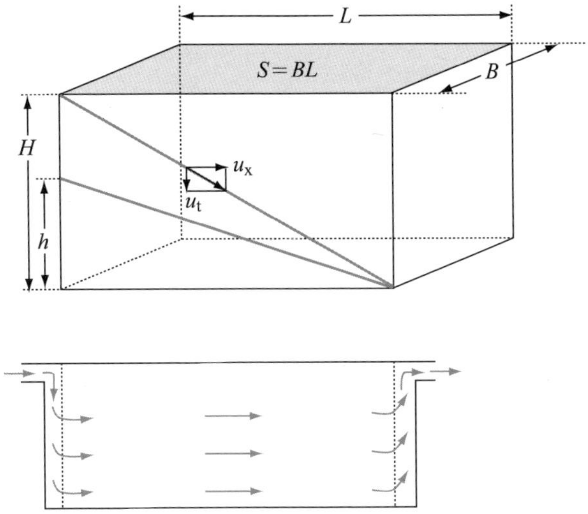


그림 10.3 중력침강장치

이 $\eta=1$인 입자 중 최소입경을 $d_{p,min}$이라고 하고 식(10.10)을 식(10.16)에 대입하여 $d_{p,min}$에 대해서 풀면 다음 식이 된다.

$$d_{p,min} = \sqrt{\frac{18\mu u_x H}{(\rho_p - \rho)gL} \cdot \frac{B}{B}} = \sqrt{\frac{18\mu v}{(\rho_p - \rho)gS}} = \sqrt{\frac{18\mu}{(\rho_p - \rho)g} \cdot \frac{v}{S}} \qquad (10.17)$$

여기에서는 $HB$는 수직 단면적이므로, $HBu_x$는 액체의 체적유량 $v\,[m^3 \cdot s^{-1}]$이고 $LB$는 침강 바닥면적 $S\,[m^2]$이다. 완전히 분리할 수 있는 최소입자경 $d_{p,min}$을 **한계 입자경**이라고 한다.

식(10.17)에서 유체의 유량 $v$가 일정한 경우 $d_{p,min}$는 침강실의 바닥 면적 $S$에 의해 정해지며 높이 $H$와는 관계가 없다는 것을 알 수 있다. 또한 $v/S$는 전체 유량이 침강실의 바닥면에서 상승했다고 볼 때 겉보기의 상승속도이다. 식(10.17)의 우변과 식(10.12)에서 한계 입자경 $d_{p,min}$는 침강속도 $u_t$가 겉보기 상승속도 $v/S$와 같아졌을 때의 스토크스경과 같다는 것을 알 수 있다.

한편, $d_{p,min}$보다 작은 입자(입경 $d_p$)에 대해서는 그 입자의 침강속도를 $u_t$라 하면 장치 입구에서의 높이 $h$에 있는 그 입자의 침강시간은 $h/u_t$이며 체류시간은 $L/u_x$이다. 두 개가 같아지는 높이 $h$는 $h=u_t(L/u_x)$로 주어진다. 이 $h$의 값을 경계로 그것보다 낮은 위치에 있는 입자는 체류시간 내에 포집되는데 그 이상의 높이에 있는 입자는 포집되지 않

는다. 따라서 포집효율 $\eta$는 $h/H$와 같아진다. 즉,

$$\eta = \frac{h}{H} = \frac{u_t(L/u_x)}{H} = \frac{u_t L}{u_x H} \cdot \frac{B}{B} = \frac{u_t BL}{v} = \frac{u_t}{v/S} \tag{10.18a}$$

여기서, $u_t$는 입경 $d_p$에 대한 침강속도이며 식(10.10)로 계산할 수 있다. 식(10.18a)는 분리효율 $\eta$이 입자의 침강속도 $u_t$의 겉보기 상승속도 $v/S$에 대한 비와 같다는 것을 나타내고 있다. 또한 식(10.18a)의 우변의 식에서 $u_t$에는 식(10.10)을 $v/S$에는 식(10.17)을 각각 대입하여 정리하면 식(10.18a)는 다음과 같이 변형할 수 있다.

$$\eta = (d_p / d_{p,\min})^2 \tag{10.18b}$$

**예제 10.4**

밀도 $\rho_p = 3{,}000\ \mathrm{kg \cdot m^{-3}}$의 입자를 포함하는 배수를 체적유량 $1{,}500\ \mathrm{m^3 \cdot h^{-1}}$로 높이 $H = 2$ m, 폭 $B = 3$ m, 길이 $L = 10$ m의 수평형 침강분리장치에 제공하여 고액 분리를 한다. 이 장치로 안전하게 분리할 수 있는 최소입경 $d_{p,\min}$을 구하고 입경이 $d_{p,\min}$의 80%인 입자에 대한 분리효율을 구하라.

**해답**

바닥 면적 $S = BL = 3 \times 10 = 30\ \mathrm{m^2}$이므로 겉보기 상승속도 $v/S$는

$$\frac{v}{S} = \frac{1{,}500/3{,}600}{30} = 0.0139\ \mathrm{m \cdot s^{-1}}$$

따라서, 최소입경 $d_{p,\min}$는 식(10.17)에서

$$d_{p,\min} = \sqrt{\frac{18\mu}{(\rho_p - \rho)g} \cdot \frac{v}{S}} = \sqrt{\frac{18 \times 0.001 \times 0.0139}{(3{,}000 - 1{,}000) \times 9.8}}$$

$$= 113 \times 10^{-6}\ \mathrm{m} = 113\ \mu\mathrm{m}$$

입경이 $d_{p,\min}$의 80%인 입자의 입경 $d_p$는 $d_p = 0.8 \times 113\ \mu\mathrm{m} = 90.4\ \mu\mathrm{m}$이 되므로 그 분리효율은 식(10.18b)에서

$$\eta = (d_p/d_{p,\min})^2 = (0.8)^2 = 0.64 = 64\%$$

### 10.3.2 침전농축에 의한 분리

슬러리 농도가 높을 경우에 현탁물질을 응축시켜서 액에서 분리시키는 조작을 침전농축이라고 한다.

미립자의 침강속도는 식(10.10)으로 계산할 수 있지만 이 식은 입자농도가 희박해서, 입자끼리 응집하지 않는 조건에서 밖에 적용할 수 없다. 침전농축 분리인 경우는 고체농도가 높으므로 입자끼리 상호교섭으로 침전속도가 늦어지거나 입자의 응집에 의해 겉보기 입경이 커져 침강속도가 빨라지거나 한다. 따라서 입자농도와 침강속도의 관계를 실험적으로 구해둘 필요가 있다.

공업적인 침전분리에는 그림 10.4와 같은 **시크너**라고 하는 장치가 이용된다. 깊이가 낮은 원형통으로 밑부분은 경사의 완만한 원뿔형으로 되어있다. 그 중앙에서 회전판의 축이 천천히 회전하여 침강한 입자를 밑부분 중심부로 모으는 구조로 되어있다. 원액은 중심부의 공급통의 맑은 액면보다 낮은 위치에 연속적으로 제공되고 하강하면서 반경 방향으로 흐르는 고체입자는 천천히 침강한다. 입자는 밑부분에서 농후한 슬러리가 되며 레이크의 회전에 의해 중앙 배출구로 모아져 진흙 배출(排泥) 펌프에 의해 빠져나간다. 한편, 침강하지 않은 미립자를 포함하는 맑은 액은 통 주변부의 원환상(円環状)의 하수구에서 일류된다. 미립자는 침강하기 어렵기 때문에 알루미늄 염, 철염, 고분자 물질 등의 응집제를 첨가하여 침강을 촉진시킨다.

시크너는 공장폐수를 대량 처리하는데 널리 사용된다.

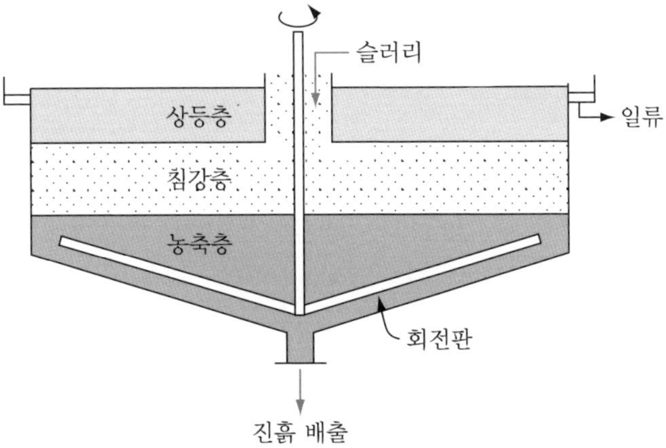


**그림 10.4** 침강기

**One Point**

**레이크**

시크너 밑에 침강한 농축 슬러지를 천천히 회전하면서 장치 하부 중심을 향해 모아 배출시키는 시크너의 부품.

## 10.3.3 원심침강에 의한 분리

원심력 효과를 이용하여 입자의 침강속도를 크게 해 고액분리 또는 액액분리를 촉진시키는 방법이 **원심침강**이다. 여기서는 고액분리인 경우를 설명할 것이다. 그림 10.5와 같이 원통형, 분리판형 등이 있다.

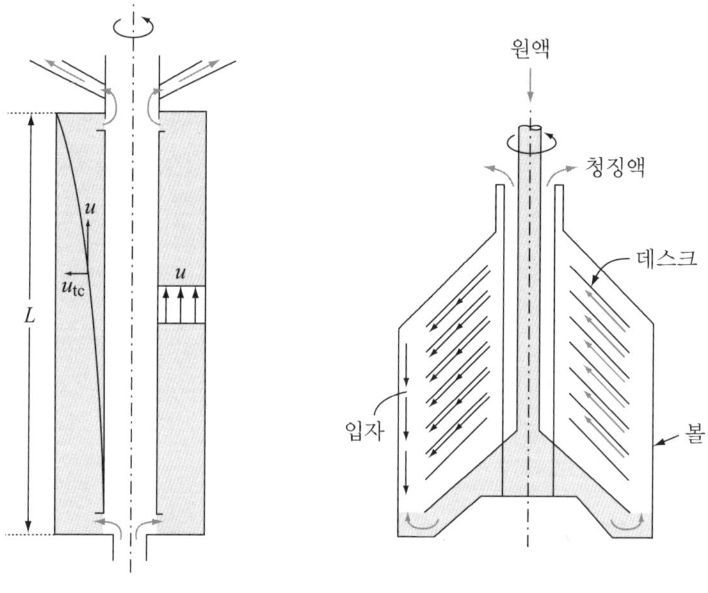


(a) 원통형　　　(b) 분리판형

그림 10.5 원심침강분리기

### (1) 원통형

장치는 그림 10.5(a)와 같이 가늘고 긴 원통이며 그 수직축을 중심으로 10,000 r.p.m. 이상의 고속도로 회전시킨다. 저농도의 고체입자가 있는 원액을 회전원통의 밑부분 중심에서 노즐로 제공하면 액이 원통의 원환상부 내를 상승하는 사이에 입자는 원심력으로 통벽에 퇴적되어 청징액은 상부의 둑을 넘어 일류한다. 퇴적물은 장치를 분해하여 꺼낸다.

### (2) 분리판형

장치는 그림 10.5(b)와 같이 볼에 데스크라고 하는 원뿔대형의 판을 1～2 mm 정도 간격으로 50～150장 정도를 겹친 구조로 되어있다. 볼의 직경은 0.15에서 0.5 m로 그것을 4,500～10,000 r.p.m.으로 고속 회전시킨다. 원액은 중심축 상부에서 제공되어 밑 부분에 도달하여 데스크 사이를 상승해간다. 그 사이에 고체입자는 원심력에 의해 데스크에 도달해 그 아랫면을 따라 강하해 볼 내벽에 퇴적된다. 퇴적물을 꺼낼 때는 회전을 멈추고 수동으로 한다.

## 10.4 여과를 통해 입자를 분리한다.

**여과**란 고체를 포함하는 액체(슬러리)를 여과지, 천, 철망, 입자층 등의 **여과재**를 통해 고체입자와 액체를 분리하는 조작이다. 화학실험에서 침전물을 포함하는 반응액을 깔때기에 통과시키는 조작도 여과이다. 여과 원액에는 고체입자가 분산된 현탁액이나, 액체와 분립체가 유동성이 있는 이상(泥狀) 혼합물로 된 슬러리 등이 있다. 여과로 분리되는 고체입자를 **필터케이크**(filter cake), 여과 결과로 생긴 청징액을 **여과액**이라고 한다.

### 10.4.1 여과재에 적합한 재료

여과재에는 고체입자를 통과시키지 않고 여과액의 통과저항이 적고 여과재가 잘 막히지 않고 필터케이크를 제거하기 쉬우며 기계적 강도가 크고 화학적으로 안정적인 등의 성질이 필요하다.

실험실 여과에는 여과지를 사용하는데 공업적 여과에는 솜, 양모, 나일론, 폴리에스테르, 유리섬유 등으로 만들어진 여과포를 주로 사용한다. 그 외에 조립자에는 스테인리스로 된 철망을 미립자에는 다공성 도자기나 소결금속 등을 물 처리에는 모래·활성탄 등의 충전층을 사용한다.

미세조립이나 콜로이드상 물질의 희박 슬러리의 여과는 몹시 어렵다. 그래서 원액에 규조토, 셀룰로오스 등의 여과 조제를 섞는 방법이나 처음부터 여과 조제만을 여과시켜서 여과재 표면에 조제층을 만들어 두고 그 후 희박 슬러리를 흘려보내는 방법을 이용한다.

**One Point**

**여과 조제와 그 사용법**

여과 조제란 일반적으로 희박 슬러리의 미립자나 콜로이드상 물질 등을 흡착시키거나 포함시킴으로서 여과저항을 줄이고 여과재가 막히는 것을 방지하거나 청징도가 높은 여과액을 얻기 위해 사용되는 물질을 말한다. 규조토, 펄라이트 등의 여과 조제가 시판되고 있다.
슬러리 원액에 적당량의 여과 조제를 섞어 여과하면 케이크 내에서 미립자가 서로 달라붙는 것을 방지하고 액이 통과할 수 있도록 틈을 만들어 여과저항을 감소시키는 결과를 얻을 수 있다. 또한, 미리 여과 조제의 슬러리를 여과하여 여과재 표면에 두께 1~2 mm 정도의 여과 조제의 케이크층(조제층)을 형성하여 이것을 여과재로써 원액의 슬러리를 여과하는 방법(프리코트 법)도 있다.

## 10.4.2 여과기의 종류

여과에는 슬러리가 여과재를 통과하기 위한 압력차가 필요하며 그것을 어떤 방법으로 실현시키는가에 따라서 여과기가 분류된다. 그림 10.6에 그 중 두 가지 원리도가 나와 있다. 슬러리 자체의 중력을 이용하는 **중력여과**, 슬러리 측을 가압하는 **가압여과**(그림 a), 여과액을 감압시키는 **진공여과**(그림 b), 원심력을 이용하는 **원심여과** 등으로 크게 나눠진다.

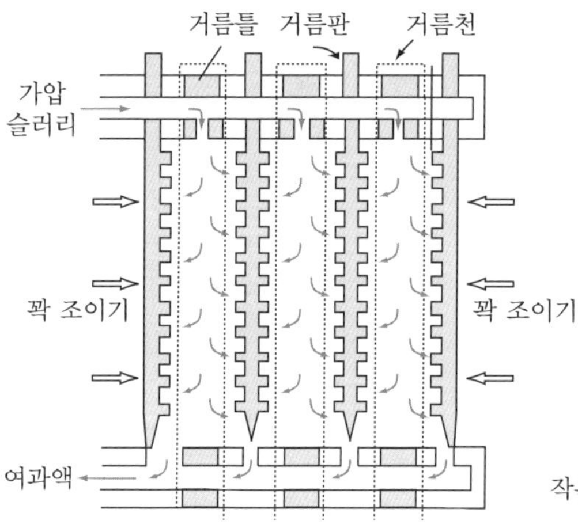


(a) 여판 여과틀 가압형

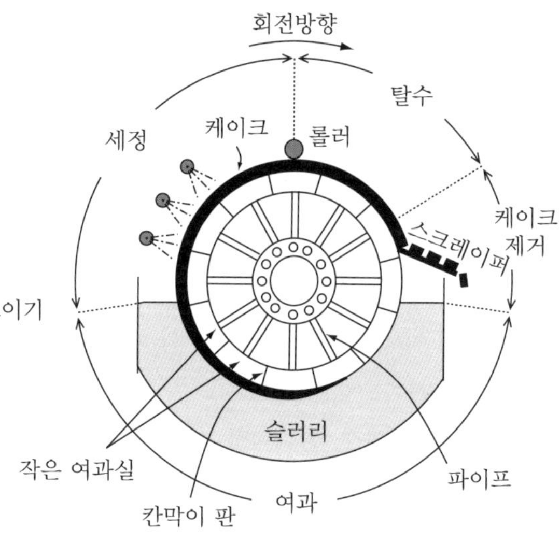


(b) 진공회전 원통형

**그림 10.6** 여과기 원리도

그림 10.6(a)의 여판 여과틀 가압 여과기는 양면에 요철이 있는 거름판과 바깥 테두리만의 거름틀을 번갈아 나열해 그 사이에 여과포를 끼어 유닛을 횡방향으로 다수 연결해

그것들을 장치의 양 끝에서 조이는 구조로 되어있다. 여과판의 튀어나온 부분에서 여과포를 지탱하고 패인 부분이 여과액의 통로가 된다. 조작은 회분식이다.

그림 10.6(b)는 올리버형이라고도 하는 진공회전 원통형 여과기이다. 수평 중앙축으로 지탱되는 대형 중공원통의 외주면에 여과면이 있고 축에 평행인 칸막이 판으로 다수의 소여과실로 나눠져 있다. 파이프로 중심축과 이어져 공기식 자동밸브가 작동되도록 되어있다. 원통이 천천히 회전하여 소여과실이 액면 아래에 위치하는 동안은 진공이 작용하도록 자동 제어되어 여과가 진행된다. 여과실이 액면에서 나오면 물에 적셔 여과포 위의 케이크를 세정하고 여과실에 압착공기를 작용시켜서 케이크를 묽게 해 스크레이퍼로 긁어낸다. 이러한 일련의 조작이 자동으로 반복된다. 이 여과기는 완전 자동식이므로 대량의 또한 고체 함유량이 많은 원액 여과용으로써 넓게 사용된다.

### 10.4.3 여과 이론

보통 여과에서는 슬러리 원액을 흘려보내기 시작하면 바로 여과재 표면에 케이크층이 형성된다. 따라서 여과에 필요한 분압차 $\Delta P$는 케이크층의 분압손실 $\Delta P_{\mathrm{m}}$의 합과 같다.

$$\Delta P = \Delta P_{\mathrm{c}} + \Delta P_{\mathrm{m}} \tag{10.19}$$

일반적으로 케이크층 내의 틈을 통과하는 슬러리의 흐름은 층류라고 볼 수 있다. 이때의 압력손실은 7장의 원관내를 유체가 층류로 흐를 때의 식(7.23)과 같이 유체의 통과속도 $u$, 케이크층의 두께 $L_{\mathrm{c}}$, 유체의 점도 $\mu$에 비례한다고 볼 수 있어 다음과 같다.

$$\Delta P_{\mathrm{c}} \propto u L_{\mathrm{c}} \mu \tag{10.20}$$

또한 유체의 통과속도 $u$는 적산 여과액량을 $V$, 여과면적을 $A$, 여과 경과시간을 $t$라고 할 때, 다음 식과 같다.

$$u = \frac{\mathrm{d}V}{A\mathrm{d}t} = \frac{\mathrm{d}v_{\mathrm{s}}}{\mathrm{d}t} \tag{10.21}$$

단,

$$v_{\mathrm{s}} = V/A\ [\mathrm{m}^3 \cdot \mathrm{m}^{-2}] \tag{10.22}$$

이며 $v_{\mathrm{s}}$는 단위여과면적당 적산 여과액량을 나타낸다.

지금 여과가 $1\ \mathrm{m}^3$ 얻어지는 동안에 생성되는 케이크의 고체질량을 $c$ [kg−고체 · (m$^3$−

여과액)$^{-1}$]로 하면 여과재의 단위면적당 생성되는 케이크의 질량은 $cV/A = cv_s$로 주어지므로 케이크의 두께 $L_c$는 $cv_s$에 비례한다고 볼 수 있다.

$$L_c \propto cv_s \tag{10.23}$$

식(10.21)과 식(10.23)을 식(10.20)에 대입하여 비례정수 $\alpha$로 하면 케이크층에서의 압력차 $\Delta P_c$는, 다음 식과 같다.

$$\Delta P_c \propto uL_c\mu = \alpha\left(\frac{dv_s}{dt}\right)(cv_s)\mu \tag{10.24}$$

여과재의 압력차 $\Delta P_m$에 대해서도 식(10.24)와 비슷한 식을 적용할 수 있다. 층의 두께 $L_m$은 일정하며 비례정수를 $\beta$라고 하면 $\Delta P_m$은

$$\Delta P_m \propto uL_m\mu = \beta(dv_s/dt)L_m\mu \tag{10.25}$$

식(10.24)와 식(10.25)를 식(10.19)에 대입하면

$$\Delta P = \alpha\left(\frac{dv_s}{dt}\right)(cv_s)\mu + \beta\frac{dv_s}{dt}L_m\mu = (\alpha\mu cv_s + \beta\mu L_m)\frac{dv_s}{dt}$$

이 되며 이 식을 $(dv_s/dt)$에 대해서 풀면 다음 변수분리형의 미분방정식이 된다.

$$\frac{dv_s}{dt} = \frac{\Delta P}{\alpha\mu cv_s + \beta\mu L_m} = \frac{\Delta P}{\mu(R_c + R_m)} \tag{10.26}$$

단,

$$R_c = \alpha cv_s, \qquad R_m = \beta L_m \tag{10.27}$$

이다. $R_c$는 케이크층의 여과저항 $R_m$은 여과재의 여과저항을 각각 나타내고 있다. $R_m$의 값은 일정하지만 $R_c$는 케이크층의 고체량 $c$의 증가와 함께 커진다. 그 비례정수가 $\alpha$이며 질량기준의 **케이크비저항**이라고 한다. $\alpha$는 케이크의 성질과 여과압력으로 정해지는 파라미터로 정압여과에서는 일정 값이며 그 단위는 [m · kg$^{-1}$]이다. 일반적으로 $\alpha$의 값이 $1\times10^{11}$ m · kg$^{-1}$ 이하이면 쉽게 여과를 진행시킬 수 있지만 $1\times10^{13}$ m · kg$^{-1}$ 이상이 되면 저항이 커지며 여과가 어려워진다고 한다.

식(10.26)의 우변의 분모를 좌변으로 $dt$를 우변으로 각각 이동시켜 적분해 정리하면 다음과 같은 식이 된다.

$$v_s{}^2 + 2v_{s0}v_s = kt \tag{10.28}$$

단,

$$v_{s0} = \beta L_m / \alpha c = R_m / \alpha c \tag{10.29}$$

$$k = 2\Delta P / \alpha c \mu \tag{10.30}$$

이다. 식(10.28)은 **루스(Ruth)의 여과방정식**이라고 한다. 단위여과면적당 적산 여과액량 $v_s = V/A\,[\mathrm{m^3 \cdot m^{-2}}]$는 그림 10.7과 같이 경과시간 $t$에 관계되어 있고 위로 튀어나오는 곡선이 된다는 것을 식을 통해 알 수 있다. 또한 식(10.28)을 변형하면 다음 식이 된다.

$$\frac{t}{v_s} = \frac{2v_{s0}}{k} + \frac{1}{k}v_s \tag{10.31}$$

이 식(10.31)에 따라 세로축을 $t/v_s$, 가로축을 $v_s$로 해서 여과실험의 결과를 작도하면 그림 10.8과 같이 직선을 얻을 수 있고 그 기울기로 $k$의 값을 절편에서 $v_{s0}$의 값을 구할 수 있다. 그들 안에는 파라미터 $c$가 포함되어 있는데 그 값은 다음과 같이 구할 수 있다.

여과액의 밀도를 $\rho\,[\mathrm{kg \cdot m^{-3}}]$ 원액에 포함된 고체 질량분율을 $s$ [kg−고체 · (kg−원액)$^{-1}$], 건조 케이크에 대한 습윤 케이크의 질량비를 $m$이라 한다. 지금 1 kg의 원액을 생각하면 그것은 여과를 통해 습윤 케이크와 여과액으로 나눠진다. 원액 1 kg에는 건조 고체가 $s$ [kg] 포함되어 있고 그것이 여과재에 습윤 케이크로써 포착된다. 그 질량은 $ms$ [kg]이다. 따라서 여과액이 된 질량은 1 kg에서 습윤 케이크가 된 질량 $ms$를 뺀 $(1-ms)$ [kg]이 된다. 그것을 여과액의 밀도 $\rho$로 나눈 $(1-ms)/\rho$가 생성된 여과액의 체적이 된다. 한편, 케이크의 건조고체의 질량은 $s$ [kg]이다. 따라서 $c$는 다음과 같이 변환할 수 있다.

$$c = \frac{\text{케이크의 고체질량}}{\text{생성된 여과액체적}} = \frac{s}{(1-ms)/\rho} = \frac{s\rho}{1-ms} \tag{10.32}$$

이 식에서, 여과재에 생성된 케이크를 습한 채로 저울에 재고 건조 후에 다시 재서 그 비 $m$을 구하는 식(10.32)으로 $c$의 값을 구할 수 있다는 것을 알 수 있다. 그리고 식(10.30)에서 $\alpha$가 구해져 그것을 식(10.29)에 대입하면 $\beta L_m$이 정해진다. 이렇게 해서 여과의 기초적인 파라미터 값을 차례차례 구할 수 있다.

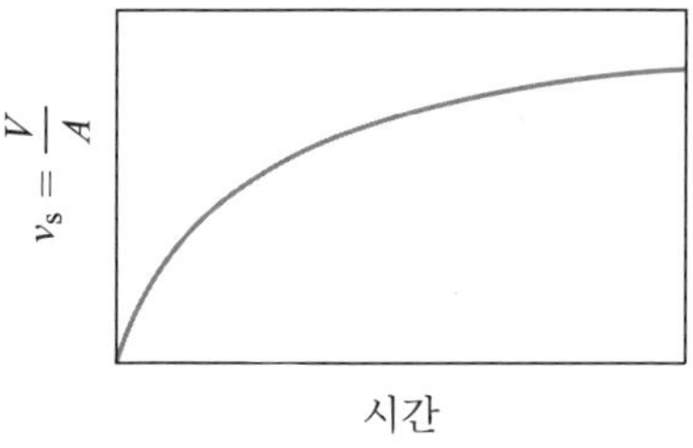


그림 10.7 정압여과의 여과액량의 경과 변화

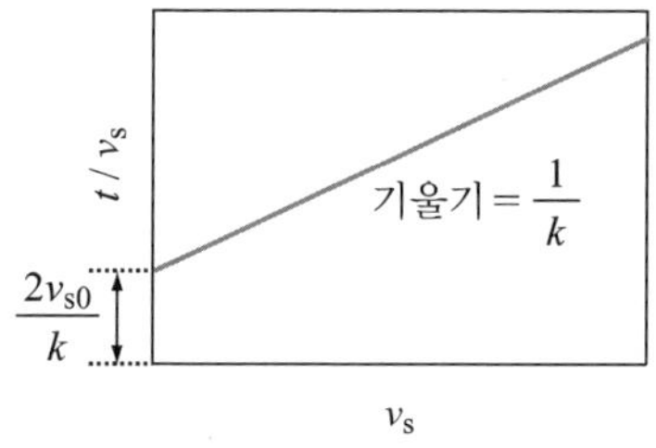


그림 10.8 여과 파라미터 추정법

**One Point**

**여과액량 $V$로 나타낸 루스의 식**

식(10.28) ~ (10.31)에서는 단위여과면적당의 적산 여과액량 $v_s = V/A$ ($V$ : 여과액량, $A$ : 여과면적)과 여과시간의 관계가 나와 있다. 이들 식으로는 여과면적 $A$도 필요하지만 여과량과 시간의 관계를 직접 나타낸 루스의 식을 이용하는 경우도 있다. 이 방법에 대해서는 연습문제 8, 9번을 참고하기 바란다.

### 예제 10.5

10 wt%의 탄산마그네슘을 현탁하는 슬러리를 소형 정압여과기로 여과실험을 한 결과 비저항 $\alpha$는 $5\times10^9$ m · kg$^{-1}$, 여과재 저항 $R_m$은 무시할 수 있고 생성한 습윤 케이크와 건조 케이크의 질량비 $m$은 3인 것을 알았다. 이 슬러리를 여과면적이 5 m$^2$의 여과기를 이용해 1 atm의 압력차로 30 min 동안 여과하여 얻어진 여과액량 $V$[m$^3$]을 구하라. (단, 여과액 밀도 $\rho$는 1,000 kg · m$^{-3}$으로 한다.)

**해답**

여과재 저항은 무시할 수 있으므로 $R_m = v_{s0} = 0$으로 하고 식(10.28)은

$$v_s^2 = kt \qquad ①$$

이 된다. 여기서 $v_s = V/A$이며 $k$에 식(10.30)을 대입하면 식①에서

$$v_s = \frac{V}{A} = \sqrt{\frac{2\Delta P \cdot t}{\alpha c \mu}} \qquad \therefore\ V = A\sqrt{\frac{2\Delta P \cdot t}{\alpha c \mu}} \qquad ②$$

가 된다. 또한 케이크 고체질량 $c$는 식(10.32)에서 다음과 같이 산출할 수 있다.

$$c = \frac{s\rho}{1-ms} = \frac{0.1\times1{,}000}{1-3\times0.1} = 143\ \text{kg}-\text{고체}\cdot(\text{m}^3-\text{여과액})^{-1} \qquad ③$$

식②에 $A = 5$ m$^2$, $\alpha = 5\times10^9$ m · kg$^{-1}$, $c = 143$ kg − 고체 · (m$^3$ − 여과액)$^{-1}$, $\mu = 1\times10^{-3}$ Pa · s,

$\Delta P = 1.013 \times 10^5$ Pa, $t = 30 \times 60 = 1{,}800$ s를 대입하면, 주어지는 여과액량 $V$는

$$V = A\sqrt{\frac{2\Delta P \cdot t}{\alpha c \mu}} = 5\sqrt{\frac{2 \times (1.013 \times 10^5) \times 1{,}800}{(5 \times 10^9) \times 143 \times (1 \times 10^{-3})}} = 3.57\ \mathrm{m}^3$$

## 10.5 기체로부터 입자 분리

기체에 부유하고 있는 고체의 미립자를 분리하는 조작을 **집진**이라고 한다. 일반적으로는 입경이 수백 μm 이하의 미립자가 대상이 된다. 집진은 공기 중의 분진이나 유해미립자를 제거하는 것에 의한 공기정화, 공해 방지, 유효성분 회수 등의 목적으로 사용되고 있다. 집진장치에는 여러 가지 종류가 있는데 여기에서는 가장 널리 사용되는 사이클론에 대해서 조금 자세히 설명하고 그 이외의 기고분리장치에 대해서는 간단히 살펴보겠다.

### 10.5.1 사이클론

**사이클론**은 원심력을 이용한 대표적인 분리장치이다. 그림 10.9와 같이 분진을 포함하는 가스를 10～20 m · s$^{-1}$ 정도의 유속으로 원통 접선방향으로 유입시켜서 선회류를 만들고 원심력에 의해 입자를 원통내벽에 충돌시키고 낙하시켜 장치 하부에서 회수한다. 일반적인 기고계의 사이클론에서는 10～200 μm 정도의 입자의 포집이 사용된다. 그림 10.9에는 표준적인 사이클론의 각 부분의 길이가 원통부의 직경 $D_c$를 기준으로 정해져 있다.

사이클론에서 완전히 포집할 수 있는 입자는 직사각형의 입구(폭 $B$ × 높이 $h$)에서 유속 $u_{in}$으로 넣어진 기류가 입구형상의 단면형(폭 $B$)에서 사이클론의 원통부(반경 $R$)를 따라 $N$ 회전하는 사이에 관벽을 향해 원심력으로 거리 $B$만큼 이동하는 입자라고 할 수 있다. 이때의 원심력에 의한 이동속도 $u_{tc}$는 식(10.13)에서의 $r\omega^2 = u^2/r = u_{in}^2/R$인 다음 식으로 주어진다.

$$u_{tc} = \frac{(\rho_p - \rho) d_p^2 u_{in}^2}{18 \mu R} \tag{10.33}$$

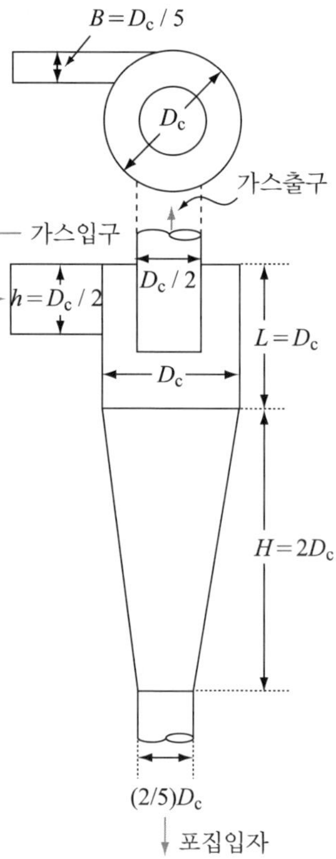


그림 10.9 표준적 사이클론의 각 부분 길이비

기류가 $N$ 회전하는 시간 $t$는 $2\pi RN/u_{\mathrm{in}}$이며 입자가 거리 $B$만큼 이동하는데 필요한 시간은 $B/u_{\mathrm{tc}}$이다. 입자를 완전히 분리하는 데는 $t \geqq B/u_{\mathrm{tc}}$가 될 필요가 있으므로 다음 식이 된다.

$$2\pi RN/u_{\mathrm{in}} \geqq B/u_{\mathrm{tc}} \tag{10.34}$$

완전히 분리된 최소입자경 $d_{\mathrm{p,min}}$은 식(10.34)에서 등호가 성립되는 경우의 입경이므로 식(10.34)에 식(10.33)을 대입하여 풀면 $R$이 사라져 다음식이 된다. 이 식에서 $d_{\mathrm{p,min}}$을 계산할 수 있다.

$$d_{\mathrm{p,min}} = \sqrt{\frac{9B\mu}{\pi N u_{\mathrm{in}}(\rho_{\mathrm{p}} - \rho)}} \tag{10.35}$$

$d_{\mathrm{p,min}}$의 값 보다 작은 입경의 입자가 벽과의 거리에 따라 그 일부가 포집된다는 것은,

중력침강장치의 경우와 똑같다. 또한 표준적인 사이클론으로써는 유효회전수 $N=2\sim5$ 정도로 하면 된다.

**One Point**

**사이클론의 유효회전수**

유효회전수 $N$이란 먼지기체가 사이클론에서 선회하는 회수이며 통상 $N=2\sim5$ 정도로 한다.

**예제 10.6**

밀도 2,500 kg · $m^{-3}$의 미립자를 포함하는 공기를 표준형 사이클론으로 처리한다. 분리 한계 입자경을 7 $\mu$m으로 할 때 사이클론의 직경 수치 $D_c$를 얼마로 하면 좋은가? (단, 공기 유량 $v=1.0\ m^3 \cdot s^{-1}$, 공기 밀도 $\rho=1.21\ kg \cdot m^{-3}$, 점도 $\mu=1.8\times10^{-5}$ Pa · s, 유효회전수 $N=2$이다.)

**해답**

표준 사이클론의 각 부분의 길이 비에서 공기 제공 입구의 단면적 $= Bh = (D_c/5)\times(D_c/2) = D_c^{\,2}/10$이 된다. 따라서 공기를 불어넣는 유속 $u_{in}$은

$$u_{in} = \frac{v}{D_c^{\,2}/10} = \frac{10v}{D_c^{\,2}} = \frac{10\times1.0}{D_c^{\,2}} = \frac{10}{D_c^{\,2}} \qquad ①$$

식(10.35)의 양변을 2승하여 $u_{in}=10/D_c^{\,2}$, $B=D_c/5$, 유효회전수 $N=2$ 및 그 외의 물성치를 대입하면

$$(7\times10^{-6})^2 = \frac{9\times(D_c/5)\times(1.8\times10^{-5})}{3.14\times2\times(10/D_c^{\,2})\times(2{,}500-1.21)} = 2.065\times10^{-1}D_c^{\,3}$$

$$\therefore\ D_c = 0.2373^{1/3} = 0.619\ \text{m}$$

## 10.5.2 그 외의 집진장치

사이클론 이외에도 백필터(bag filter), 전기집진 등의 집진장치가 이용되고 있다. **백필터**는 그림 10.10(a)와 같은 여과포를 가늘고 긴 원통형의 주머니 모양(낭상, 嚢狀)으로 장치 내에 여러 개 설치하고 먼지 공기를 그 안쪽 또는 바깥쪽에서 흘려보내 여과포로 막아 분진을 여과포 위에 포집시키는 집진장치이다. 시간이 경과하면 퇴적분진이 쌓이므로 먼

지 공기와는 역방향으로 압착공기를 불어넣거나, 기계적으로 진동시키거나 해서 분진을 정기적으로 떨쳐 내야 한다.

그림 10.10(b)는 **전기집진장치**의 원리이다. 평행평판 또는 원통판을 양극으로 하고 그 중심부에 철사를 두고 음극으로 해 5만~10만 볼트의 직류고전압을 가해 코로나 방전을 일으킨다. 발생한 양이온은 방전극으로 중화되지만 음이온은 양극을 향해 이동하여 기류의 입자와 충돌하여 음이 하전(荷電)된다. 하전된 입자는 정전기력에 의해 양극으로 이동하여 거기에 포집된다. 이 전기집진법은 그 발명자의 이름을 따서 코트렐집진법이라고도 한다. 이 방법으로는 1 μm 이하의 미립자로도 포집이 가능한데 설비가 복잡해 소규모 집진에는 적절하지 않다.

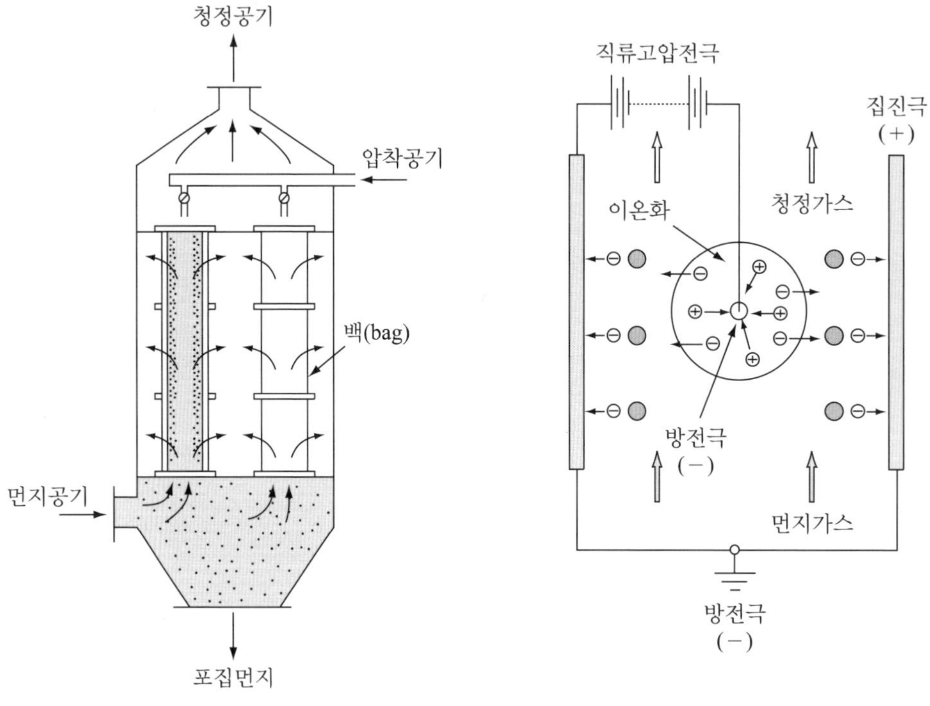


(a) 백필터 (b) 전기집진장치

그림 10.10 백필터와 전기집진의 원리

## 연습문제

**01.** 평균입경 0.12 mm, 밀도 1,600 kg · $m^{-3}$의 구형입자가 상온의 물에 침강할 때의 종단속도를 구하라. (단, 물의 점도를 $1×10^{-3}$ Pa · s로 한다.)

**02.** 밀도 1,200 kg · $m^{-3}$의 입자가 일정속도로 20℃의 물속을 4 min 동안 24 cm 침강했다. 이 입자의 입자경을 구하라. 물의 점도는 $1×10^{-3}$ Pa · s이다.

**03.** [예제 10.2]의 침강 실험을 계속 했다. 측정개시 20 min 후에 깊이 20 cm의 위치에서 피펫으로 10 $cm^3$의 액을 빨아올려 그 안의 고체질량을 측정한 결과 20.0 mg이었다. 예제의 결과와 맞춰서 고찰할 때, 점도의 입도분포는 어떻게 되는가?

**04.** 원심효과 $Z$가 1,500의 원심분리기에 넣어졌다. 수중에 분산되어있는 입경 25 $\mu m$ 의 고체입자의 침강속도를 구하라. (단, 입자의 밀도는 4,300 kg · $m^{-3}$이며, 물의 점도는 $1×10^{-3}$ Pa · s로 한다.)

**05.** 입자밀도 2,400 kg · $m^{-3}$, 입경 1.2 $\mu m$ 의 입자가, 물속에서 5,000 r.p.m.의 원심분리기의 중심에서 15 cm 떨어진 점에 있을 때의 침강속도를 구하라.

**06.** 밀도 $\rho_p$ =2,200 kg · $m^{-3}$의 입자를 포함하는 공기를 높이 $H$=1 m, 폭 $B$=2 m, 길이 $L$=5 m의 수평형 중력침강장치에 제공하여 입자를 분리한다. 입경 60 $\mu m$ 이상의 입자를 완전히 분리하기 위해서는 공기 유량[$m^3$ · $s^{-1}$]을 얼마로 설정하면 좋은가? (단, 공기 점도 $\mu$=$1.8×10^{-5}$ Pa · s, 공기 밀도 $\rho$=1.19 kg · $m^{-3}$이다.)

**07.** 밀도 2,600 kg · $m^{-3}$, 최소입경 120 $\mu m$ 의 입자를 포함하는 현탁액을 수평유속 0.1 m · $s^{-1}$으로 깊이 1 m의 침강통 속을 수평으로 흐를 때 입자를 모두 침강시키는데 필요한 침강실의 길이를 구하라. 물의 점도는 $1×10^{-3}$ Pa · s로 한다.

**08.** 식(10.28)의 루스의 여과방정식은 단위여과면적당 적산 여과액량 $v_s = V/A$와 여과시간 $t$의 관계로 나타나있다. 그것을 적산 여과액량 $V$와 여과시간 $t$와의 관계식으로써 나타냈을 때 식(10.28)~(10.31)은 다음의 식①~④로 나타낼 수 있다는 것을 설명하라. $A$는 여과면적을 나타내고 $V_0$과 $K$는 각각 $v_{s0}$와 $k$에 대응하는 파라미터이며 식②와 식③에 의해 주어져 있다. 또한 파라미터 $V_0$과 $K$의 단위를 나타내라.

식(10.28) → $V^2 + 2V_0 V = Kt$ ①

식(10.29) → $V_0 = v_{s0} A$ ②

식(10.30) → $K = kA^2$ ③

식(10.31) → $t/V = 2V_0/K + (1/K)V$ ④

**09.** 어떤 슬러리의 정압여과 실험을 통해 다음 표와 같은 여과시간 $t$와 적산 여과액량 $V$의 관계를 얻었다. 8번 문제의 관계식을 사용해, 여과정수 $K$와 $V_0$을 구하라.

| $t$[s] | 0 | 240 | 480 | 720 | 960 | 1,200 | 1,440 |
|---|---|---|---|---|---|---|---|
| $V$[cm$^3$] | 0 | 3,780 | 6,280 | 8,085 | 9,675 | 11,065 | 12,260 |

**10.** 어떤 슬러리 원액의 정압여과실험을 통해 여과방정식의 파라미터를 구한 결과 $k=6.0\times10^{-5}$ m$^2$ · s$^{-1}$, $v_{s0}=1.8\times10^{-2}$ m를 얻을 수 있었다. 이 원액을 여과면적 10 m$^2$의 여과기를 사용해 같은 조건으로 30 min 동안 여과하면 몇 m$^3$의 여과액을 얻을 수 있는가?

**11.** 10 wt%의 탄산마그네슘을 현탁하는 슬러리를 소형 정압여과기로 여과실험을 했을 때 비저항 $\alpha$는 $5\times10^9$ m · kg$^{-1}$, 여과재의 여과저항 $R_m$은 무시할 수 있고 생성된 습윤 케이크와 건조 케이크의 질량비 $m$은 3이었다. 이 슬러리 10 ton을 1 atm의 압력차로 120 min 동안 여과할 때 필요한 여과면적 $A$[m$^2$]을 구하라. 물의 점도는 $1\times10^{-3}$ Pa · s이다.

**12.** 어떤 슬러리 원액을 다음의 조건에서 정압여과한다. 여과면적 $A=0.15$ m$^2$, 여과압력 $\Delta P=2\times10^5$ Pa, 원액 밀도 $\rho=1.10\times10^3$ kg · m$^{-3}$, 점도 $\mu=0.001$ Pa · s, 원액 1 kg의 고형분 $s=0.06$ kg, 여과재의 여과저항 $R_m=8.0\times10^{10}$ m$^{-1}$, 케이크의 비저항 $\alpha=2.1\times10^{11}$ m · kg$^{-1}$, 질량비 $m=2.5$의 조건이다. 적산 여과액량 $V$[m$^3$]과 여과시간 $t$[min]과의 관계식을 구하라. 물의 점도는 $1\times10^{-3}$ Pa · s로 한다.

**13.** 표준 수치의 사이클론을 사용해 집진을 한다. 원통 직경은 1 m로 기류의 입구속도는 15 m · s$^{-1}$이다. 또한 입자밀도는 1,800 kg · m$^{-3}$, 공기의 점도는 $1.8\times10^{-5}$ Pa · s, 공기의 밀도는 1.1 kg · m$^{-3}$으로 한다. 유효회전수를 3으로 하면 포집할 수 있는 입자의 최소경은 얼마인가?

**14.** 밀도 1,350 kg · m$^{-3}$의 분탄을 포함하는 공기를 표준형 사이클론으로 처리했을 때 집진입자의 한계 입자경은 10 $\mu$m 이었다. 기류의 입구속도는 20 m · s$^{-1}$, 공기의 점도는 $1.8\times10^{-5}$ Pa · s, 유효회전수는 2로 하고 사이클론의 입구폭 $B$, 원통부직경 $D_c$를 구하라.

*Appendix*

# 부 록

- 이 책에서 사용하는 기호 일람
- 단위 변환표
- 연습문제 해답

## 이 책에서 사용하는 기호 일람

| | |
|---|---|
| $A_{lm}$ | 전열면적 대수평균치[m$^2$] |
| $A$ | 면적[m$^2$] |
| $a$ | 건조면적[m$^2$ · (무수재료 − kg)$^{-1}$] |
| $a$ | 기액 접촉 표면적[m$^2$ · m$^{-3}$] |
| $C$ | 몰농도[mol · m$^{-3}$] |
| $C_p$ | 정압몰열용량[J · mol$^{-1}$ · K$^{-1}$] |
| $C_v$ | 정용몰열용량[J · mol$^{-1}$ · K$^{-1}$] |
| $c_p$ | 정압비열용량[J · kg$^{-1}$ · K$^{-1}$] |
| $c_H$ | 습비열용량<br>[J · (kg − 건공기)$^{-1}$ · K$^{-1}$] |
| $d$ | 관내경[m] |
| $d_p$ | 입자경[m], [μm] |
| $E$ | 활성화에너지[J · mol$^{-1}$] |
| $E$ | 추출액, 추출액량[kg] |
| $F$ | 물질량유량[mol · s$^{-1}$] |
| $F_m$ | 유체 단위질량당 마찰손실[J · kg$^{-1}$] |
| $f$ | 마찰계수[ − ] |
| $f(d_p)$ | 입경분포함수[m$^{-1}$], [μm$^{-1}$] |
| $G_M$ | 가스의 공탑 물질량속도<br>[mol · m$^{-2}$ · s$^{-1}$] |
| $G_m$ | 가스의 공탑 질량속도<br>[kg · m$^{-2}$ · s$^{-1}$] |
| $g$ | 중력가속도(= 9.80 m · s$^{-2}$) |
| $H$ | 습도<br>[(kg − 수증기) · (kg − 건조공기)$^{-1}$] |
| $H$ | 헨리상수[Pa · m$^3$ · mol$^{-1}$] |
| $H'$ | 헨리상수[mol · Pa$^{-1}$ · mol$^{-3}$] |
| $H_{in}$, $H_{out}$ | 엔탈피의 유입, 유출속도[J · s$^{-1}$] |
| $H_j$ | 성분 j의 몰엔탈피[J · mol$^{-1}$] |
| $H_m$ | 유체의 비엔탈피[J · kg$^{-1}$] |
| $H_{OG}$ | 총괄이동단위높이[m] |
| $H_G$, $H_L$ | 가스, 액의 이동단위높이[m] |
| $h$ | 전열계수[J · m$^{-2}$ · s$^{-1}$ · K$^{-1}$] |
| $i$ | 습공기의 비엔탈피<br>[kJ · (kg − 건조공기)$^{-1}$] |
| $K$ | 헨리상수[Pa · (몰분율)$^{-1}$] |
| $K_G$ | 가스 총괄물질이동계수(분압기준)<br>[mol · m$^{-3}$ · s$^{-1}$ · Pa$^{-1}$] |
| $K_y$ | 가스 총괄물질이동계수(몰분율기준)<br>[mol · m$^{-2}$ · s$^{-1}$ · (몰분율)$^{-1}$] |
| $k$ | 반응속도정수 |
| $k$ | 열전도도[J · m$^{-1}$ · s$^{-1}$ · K$^{-1}$] |
| $k_0$ | 빈도인자 |
| $k_H$ | 물질이동계수(조습)<br>[kg · s$^{-1}$ · m$^{-2}$ · $\Delta H^{-1}$] |
| $k_G$ | 가스 물질이동계수(분압기준)<br>[mol · m$^{-2}$ · s$^{-1}$ · Pa$^{-1}$] |
| $k_L$ | 액 물질이동계수(농도기준)<br>[m · s$^{-1}$] |
| $k_x$ | 액 물질이동계수(몰분율기준)<br>[mol · m$^{-2}$ · s$^{-1}$ · (몰분율)$^{-1}$] |
| $k_y$ | 가스 물질이동계수(몰분율기준)<br>[mol · m$^{-2}$ · s$^{-1}$ · (몰분율)$^{-1}$] |
| $L$ | 액의 공탑 질량속도[kg · m$^{-2}$ · s$^{-1}$] |
| $L$ | 관 길이[m] |
| $L_G$, $L_G'$ | 가스의 공탑 몰속도 |

| | |
|---|---|
| | $[\mathrm{mol \cdot m^{-2} \cdot s^{-1}}]$ |
| $L_M$, $L_M'$ | 액의 공탑 몰속도$[\mathrm{mol \cdot m^{-2} \cdot s^{-1}}]$ |
| $L_s$ | 펌프의 소요 축동력[W], [kW] |
| $L_w$ | 펌프의 이론 소요 동력[W], [kW] |
| $M_A$ | A의 분자량$[\mathrm{kg \cdot mol^{-1}}]$ |
| $m$ | 헨리상수[−] |
| $N_A$ | 물질이동속도$[\mathrm{mol \cdot m^{-2} \cdot s^{-1}}]$ |
| $N_{OG}$ | 총괄이동단위수(기상기준)[−] |
| $Nu$ | 넛셀수($=hd/k$)[−] |
| $n_A$ | 성분 A의 물질량[mol] |
| $P$ | 전압[Pa] |
| $P_A^0$ | 순용매 A의 증기압[Pa] |
| $p_A$ | 성분 A의 분압[Pa] |
| $Pr$ | 프란틀수($=c_p\mu/k$)[−] |
| $P(d_p)$ | 적산 통과율[−] |
| $Q$ | 계(system)로의 가열속도$[\mathrm{J \cdot s^{-1}}]$ |
| $Q_m$ | 유체 단위질량당의 가열속도 $[\mathrm{J \cdot kg^{-1}}]$ |
| $q$ | 열의 이동속도$[\mathrm{J \cdot s^{-1}}]$ |
| $R$ | 가스정수($=8.314\ \mathrm{J \cdot mol^{-1} \cdot K^{-1}}$) |
| $R$ | 추잔액, 추잔액량[kg] |
| $R(d_p)$ | 적산 잔류율[−] |
| $Re$, $Re_p$ | 레이놀즈수($=du\rho/\mu$, $d_pu\rho/\mu$)[−] |
| $R_m$ | 질량기준의 건조속도 $[\mathrm{kg \cdot kg^{-1} \cdot s^{-1}}]$ |
| $R_s$ | 면적기준의 건조속도 $[\mathrm{kg \cdot m^{-2} \cdot s^{-1}}]$ |
| $r$ | 양론식에 대한 반응속도 $[\mathrm{mol \cdot m^{-3} \cdot s^{-1}}]$ |
| $r_j$ | 성분 j의 반응속도$[\mathrm{mol \cdot m^{-3} \cdot s^{-1}}]$ |
| $r_{min}$ | 최소 환류비[−] |
| $r_w$ | 물의 증발잠열$[\mathrm{kJ \cdot kg^{-1}}]$ |
| $S$ | 관단면적$[\mathrm{m^2}]$ |
| $S$ | 선택률[−] |
| $T$ | 온도[K], [℃] |
| $t$ | 시간[s], [min], [h] |
| $U$ | 총괄전열계수$[\mathrm{J \cdot m^{-2} \cdot s^{-1} \cdot K^{-1}}]$ |
| $U_j$ | 성분 j의 내부에너지$[\mathrm{J \cdot mol^{-1}}]$ |
| $U_m$ | 단위질량당 내부에너지$[\mathrm{J \cdot kg^{-1}}]$ |
| $\bar{u}$ | 평균유속$[\mathrm{m \cdot s^{-1}}]$ |
| $u_t$ | 입자의 동력하 종단속도$[\mathrm{m \cdot s^{-1}}]$ |
| $u_{tc}$ | 입자의 원심력하 종단속도$[\mathrm{m \cdot s^{-1}}]$ |
| $V$ | 반응기 체적, 유체체적, 여과액량$[\mathrm{m^3}]$ |
| $v$ | 체적유량$[\mathrm{m^3 \cdot s^{-1}}$, $\mathrm{m^3 \cdot h^{-1}}]$ |
| $v_t$ | 유체의 비용적$[\mathrm{m^3 \cdot kg^{-1}}]$ |
| $v_H$ | 습공기의 비용적 $[\mathrm{m^3} \cdot$(건조공기−kg)$^{-1}]$ |
| $v_s$ | 단위여과면적당 여과액량$[\mathrm{m^3 \cdot m^{-2}}]$ |
| $W$ | 일$[\mathrm{J \cdot s^{-1}}]$ |
| $W_m$ | 유체단위질량당 일$[\mathrm{J \cdot kg^{-1}}]$ |
| $w$ | 질량속도$[\mathrm{kg \cdot s^{-1}}]$ |
| $w$ | 건량기준 함수율 $[\mathrm{kg} \cdot$(무수고체−kg)$^{-1}]$ |
| $w'$ | 습량기준 함수율 $[\mathrm{kg} \cdot$(습고체−kg)$^{-1}]$ |
| $x$ | 저비점성분의 액상몰분율[−] |
| $x$ | 질량분율(추출)[−] |
| $x_A$ | 한정반응성분 A의 반응률[−] |
| $y$ | 저비점성분의 기상몰분율[−] |
| $Y_R$ | 희망성분 R의 수율[−] |
| $Y$ | 용질(추출), 저비점성분(증류)의 회수율[−] |
| $Z$ | 층 높이[m] |
| $Z_c$ | 원심효과[−] |
| $\alpha$ | 비휘발도[−] |

| | | | |
|---|---|---|---|
| $\alpha$ | 케이크 비저항[m·kg$^{-1}$] | $\tau$ | 공간시간[s, min] |
| $\delta_A$ | 반응에 의한 몰수 증가율[−] | $\phi$ | 관계습도[−] |
| $\epsilon$ | 흑도, 열방사율[−] | $\phi_{12}$ | 총괄 흡수율[−] |
| $\mu$ | 점도[Pa·s] | $\Psi$ | 비교습도[−] |
| $\rho$ | 유체밀도[kg·m$^{-3}$] | $\omega$ | 각속도[rad·s$^{-1}$] |
| $\rho_p$ | 입자밀도[kg·m$^{-3}$] | | |

## 단위 변환표

### (1) 길이

| m | cm | in | ft |
|---|---|---|---|
| 1 | 100 | 39.37 | 3.281 |
| 0.01 | 1 | 0.3937 | 0.03281 |
| 0.02540 | 2.540 | 1 | 0.08333 |
| 0.3048 | 30.48 | 12 | 1 |

### (2) 질량

| kg | g | t | lb |
|---|---|---|---|
| 1 | 1000 | 0.001 | 2.205 |
| 0.001 | 1 | $1\times10^{-6}$ | 0.002205 |
| 1000 | $1\times10^{6}$ | 1 | 2205 |
| 0.4536 | 453.6 | $4.536\times10^{-4}$ | 1 |

## (3) 힘

| $N = kg \cdot m \cdot s^{-2}$ | kgf |
|---|---|
| 1 | 0.1020 |
| 9.807 | 1 |

## (4) 밀도

| $kg \cdot m^{-3}$ | $g \cdot cm^{-3}$ | $lb \cdot ft^{-3}$ |
|---|---|---|
| 1 | 0.001 | 0.06243 |
| 1000 | 1 | 62.43 |
| 16.02 | 0.01602 | 1 |

## (5) 압력

| Pa | $kgf \cdot cm^{-2}$ | atm | $lbf \cdot in^{-2}$(= psi) |
|---|---|---|---|
| 1 | $1.0197 \times 10^{-5}$ | $9.869 \times 10^{-6}$ | $1.450 \times 10^{-4}$ |
| $9.807 \times 10^{4}$ | 1 | 0.9678 | 14.22 |
| $1.013 \times 10^{5}$ | 1.033 | 1 | 14.67 |
| $6.895 \times 10^{3}$ | 0.07031 | 0.06805 | 1 |

※ 1 atm = 760 mmHg

## (6) 점도

| $Pa \cdot s = N \cdot s \cdot m^{-2}$ | $P (= g \cdot cm^{-1} \cdot s^{-1})$ | cp |
|---|---|---|
| 1 | 10 | 1000 |
| 0.1 | 1 | 100 |
| 0.001 | 0.01 | 1 |

## (7) 에너지

| J | cal | B.t.u |
|---|---|---|
| 1 | 0.2389 | $9.480 \times 10^{-4}$ |
| 4.186 | 1 | 0.003968 |
| 1055.1 | 252.2 | 1 |

## (8) 일률 · 동력

| W (J · $s^{-1}$) | kgf · m · $s^{-1}$ | PS(불마력) |
|---|---|---|
| 1 | 0.1020 | 0.00136 |
| 9.087 | 1 | 0.01333 |
| 735.5 | 75.00 | 1 |

## (9) 열전도도

| J · $m^{-1}$ · $s^{-1}$ · $K^{-1}$ (= W · $m^{-1}$ · $K^{-1}$) | kcal · $m^{-1}$ · $h^{-1}$ · $℃^{-1}$ | Btu · $ft^{-1}$ · $h^{-1}$ · $°F^{-1}$ |
|---|---|---|
| 1 | 0.8598 | 0.5778 |
| 1.163 | 1 | 0.6719 |
| 1.731 | 1.488 | 1 |

## (10) 전열계수

| J · $m^{-2}$ · $s^{-1}$ · $K^{-1}$ (= W · $m^{-2}$ · $K^{-1}$) | kcal · $m^{-2}$ · $h^{-1}$ · $℃^{-1}$ | Btu · $ft^{-1}$ · $h^{-2}$ · $°F^{-1}$ |
|---|---|---|
| 1 | 0.8598 | 0.1761 |
| 1.163 | 1 | 0.2048 |
| 5.682 | 4.882 | 1 |

# 연습문제 해답

## Chapter 2

**01.** (1) 0.15 $m^2$ (2) 1,250 $kg \cdot m^{-3}$ (3) 0.0133 $m^3 \cdot s^{-1}$ (4) 16.7 $m \cdot s^{-1}$
(5) 8.37 $kJ \cdot s^{-1}$ (6) $5.065 \times 10^5$ Pa (7) $2.67 \times 10^5$ Pa (8) $1.18 \times 10^6$ Pa
(9) $1.60 \times 10^3$ $kg \cdot m^{-2}$ (10) $51.9 \times 10^3$ $J \cdot kg^{-1} \cdot K^{-1}$

**02.** 증발수분 = 75 kg, 농축액 = 25 kg

**03.** 8.6

**04.** 80%

**05.** 4.13 $m^3 \cdot h^{-1}$

**06.** 863 $m^3 \cdot h^{-1}$

**07.** 탄소 = 0, 산소 = 4.8 kg, 이산화탄소 = 4.4 kg
$O_2$의 질량분율 = 0.522, $CO_2$의 질량분율 = 0.478

**08.** (1) $C_2H_6$ = 3.7%, $O_2$ = 22.2%, $CO_2$ = 29.6%, $H_2O$ = 44.5%
(2) $O_2$의 과잉량 = 1.5 mol, 과잉률 = 14.3%

**09.** (1) $C_p = 27.6 + 4.02 \times 10^{-3} T$ [$J \cdot mol^{-1} \cdot K^{-1}$]
(2) 79.5 $kJ \cdot (kg - HCl)^{-1}$

**10.** $5.53 \times 10^3$ kJ

**11.** 2.51 kg

**12.** (1) −206.06 $kJ \cdot mol^{-1}$ (2) 발열 반응 (3) −68.69 $kJ \cdot mol^{-1}$ (4) −164.8 kJ

**13.** 642.3℃

## Chapter 3

**01.** $r_A = -4$, $r_B = -6$, $r_C = 8$ $mol \cdot m^{-3} \cdot s^{-1}$

**02.** (1) $C_A = 8$, $C_B = 72$, $C_C = 24$ $mol \cdot m^{-3}$ (2) $x_A = 0.75$

**03.** 1.8배

**04.** $k_0 = 6.07 \times 10^{12}$ $s^{-1}$, $E = 153.0 \times 10^3$ $J \cdot mol^{-1}$

**05.** (1) $k = 0.0402$ $min^{-1} = 6.71 \times 10^{-4}$ $s^{-1}$ (2) $x_A = 0.701$, $C_C = 7{,}010$ $mol \cdot m^{-3}$

**06.** $k = 0.0798$ $min^{-1} = 1.33 \times 10^{-3}$ $s^{-1}$

**07.** $k = 7.78 \times 10^{-6}$ $m^3 \cdot mol^{-1} \cdot s^{-1}$

**08.** 0.825

**09.** CSTR : 체적 = 4.72 $m^3$, 생산속도 = 720.3 mol · $m^{-3}$ · $h^{-1}$

PFR : 체적 = 1.58 $m^3$, 생산속도 = 2,152 mol · $m^{-3}$ · $h^{-1}$

**10.** (1) 8 $m^3$ (2) 3.22 $m^3$

**11.** (1) $C_{A0}$ = 115.2 mol · $m^{-3}$ (2) $\tau_p$ = 40.2 s (3) $V_p$ = 0.349 $m^3$

**12.** 66.2%

**13.** (1) CSTR이 유리

(2) 농도 : $C_A$ = 2, $C_R$ = 5.72, $C_s$ = 1.14 kmol · $m^{-3}$, 수율 = 57.2%, 선택률 = 71.5%

## Chapter 4

**01.** (1)

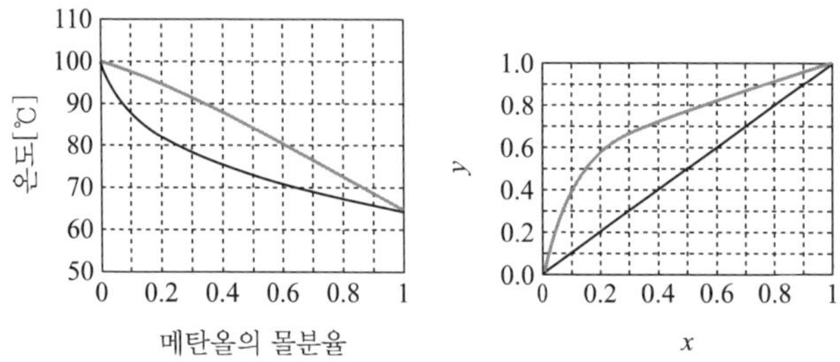


(a) 비점 − 조성선도 (b) 메탄올 − 물 계의 $x-y$선도

(2) 비등온도 = 79.7℃, 증기의 몰분율 = 0.627

(3) 액상 : 0.075, 증기상 : 0.350

**02.** 0.452

**03.** 102.1℃, $y_A$ = 0.376

**04.** 64.5℃의 $\alpha$ = 4.13, 100℃의 $\alpha$ = 3.72, 기하평균치 = 3.92, 메탄올수용액은 이상용액으로 볼 수 없다.

**05.** 55.1%

**06.** 잔류액의 벤젠 몰분율 = 0.411, 유출액의 벤젠 몰분율 = 0.678

**07.** 유출액량 = 54.5, 관출액량 = 145.5 kmol · $h^{-1}$

**08.** 관출액량 = 135 kmol, 벤젠의 조성 = 5.93 mol%, 회수율 = 86.7%

**09.** 5.8단

**10.** (1) $D$ = 50 kmol · $h^{-1}$, $W$ = 50 kmol · $h^{-1}$ (2) 0.878

(3) 8.6단 (4) 위에서 4번째 단 (5) 13단

## Chapter 5

**01.** $H = 124 \times 10^3$ Pa · m$^3$ · mol$^{-1}$, $m = 68.2 \times 10^3$ [−]

**02.** $H = 73.0 \times 10^3$ Pa · m$^3$ · mol$^{-1}$, $K = 4.06 \times 10^9$ Pa · (몰분율)$^{-1}$

$m = 40.0 \times 10^3$ [−], $H' = 1.37 \times 10^{-5}$ mol · Pa$^{-1}$ · m$^{-3}$

**03.** 기상 : 0.0132, 액상 : 0.010

**04.** $K_G = 3.19 \times 10^{-6}$ mol · m$^{-2}$ · s$^{-1}$ · Pa$^{-1}$

**05.** (1) 흡수된다.

(2) $K_G = 4.44 \times 10^{-6}$ mol · m$^{-2}$ · s$^{-1}$ · Pa$^{-1}$, 기상 저항이 지배적

(3) $N_A = 3.41 \times 10^{-3}$ mol · m$^{-2}$ · s$^{-1}$

**06.** $8.58 \times 10^{-3}$

**07.** 1,450 kg · h$^{-1}$

**08.** (1) 0.001 (2) 0.238 (3) $y = 0.475x + 0.001$ (4) 4.86 (5) 3.89 m

**09.** 2.97 m

**10.** 1.01 m

## Chapter 6

**01.**

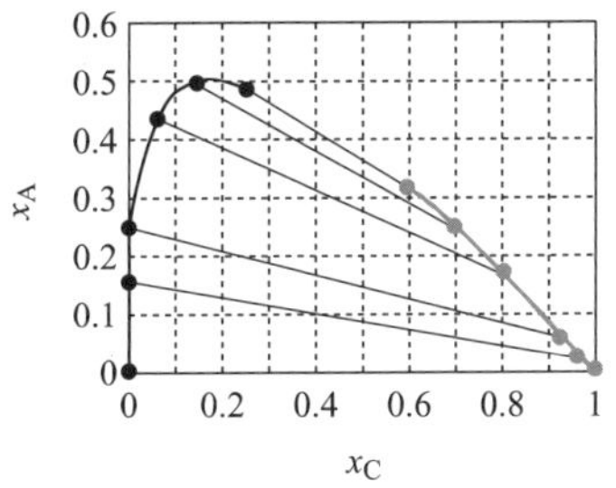


(a) 초산 – 물 – 클로로폼 계의 평형

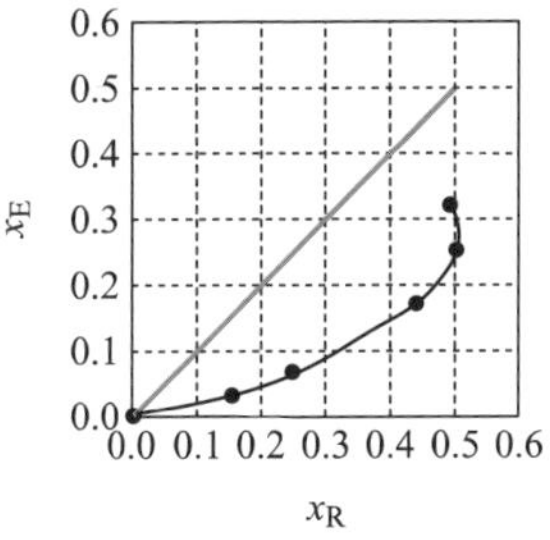


(b) 평형곡선

**02.** (1) $E_1 = 111.1$ kg, $R_1 = 88.9$ kg, $x_{E1} = 0.100$, $x_{R1} = 0.325$, $Y_1 = 27.8\%$

(2) $E_2 = 110.5$ kg, $R_2 = 78.1$ kg, $x_{E2} = 0.07$, $x_{R2} = 0.270$

(3) $Y = 47.1\%$

**03.** 용제 : 132 kg, 추출액 : 145 kg, 추잔액 : 87 kg

**04.** $A = 23.8$ kg

**05.** 에탄올 : 0.66, 물 : 0.34

## Chapter 7

01. $v = 4.91\times10^{-3}\ m^3\cdot s^{-1}$, $w = 4.42\ kg\cdot s^{-1}$
02. $\bar{u} = 2.17\ m\cdot s^{-1}$
03. $\bar{u} = 8.85\ m\cdot s^{-1}$
04. $W_m = 312\ J\cdot kg^{-1}$
05. $50.4\ J\cdot kg^{-1}$
06. $Re = 5.65\times10^4$, 난류
07. $F_m = 2{,}320\ J\cdot kg^{-1}$, $\Delta P = 2.09\times10^6\ Pa$
08. $\Delta F_m = 104.5\ J\cdot kg^{-1}$, $\Delta P = 1.05\times10^5\ Pa$
09. 5.05 kW
10. 1.10 kW

## Chapter 8

01. $4.05\times10^6\ J\cdot m^{-2}\cdot h^{-1}$
02. $7.11\times10^6\ J\cdot m^{-2}\cdot h^{-1}$, 679℃
03. $315\ kJ\cdot h^{-1}$
04. $226\ kJ\cdot h^{-1}$, 63.7℃
05. $715.3\ J\cdot s^{-1}$
06. $23.1\ kJ\cdot s^{-1}$
07. $44.7\ J\cdot m^{-2}\cdot s^{-1}\cdot K^{-1}$
08. $2{,}990\ kg\cdot h^{-1}$
09. 23.5 m, 향류가 유리
10. $1{,}780\ J\cdot m^{-2}\cdot s^{-1}\cdot K^{-1}$
11. 43.8 m

## Chapter 9

01. 0.02
02. (1) 0.022 (2) 0.018 (3) 50% (4) 47.4% (5) $0.90\ m^3\cdot kg^{-1}$
    (6) $1.13\ kg\cdot m^{-3}$ (7) $1.04\ kJ\cdot kg^{-1}\cdot K^{-1}$ (8) 24℃ (9) $81.2\ kJ\cdot kg^{-1}$
03. 0.02
04. 30℃에서 92℃까지 가열, 단열냉각으로 44℃까지 냉각하고, 80℃까지 재가열
05. 90%

**06.** (1) $H=0.04$로 60℃에서 이슬점 36℃까지 냉각해서, 수증기를 응축시켜서, $H=0.02$의 이슬점 25℃에 도달하면 응축수를 분리해, 습윤공기를 30℃까지 재가열한다.

(2) 수분량 : 2.39 kg, 열량 : 9.95 kJ · $h^{-1}$

**07.** $w=0.669$, 무수재료 : 90 kg, 수분 : 60 kg

**08.** 91.3 kg

**09.** 2.4 h

**10.** 5.84 h

**11.** 246.1 kg · $h^{-1}$

**12.** 0.255 kg · $m^{-2}$ · $h^{-1}$

**13.** 1.19 kg · $m^{-2}$ · $h^{-1}$

**14.** 3.5 h

## Chapter 10

**01.** $4.70\times10^{-3}$ m · $s^{-1}$($Re_p=0.564<2$)

**02.** $9.58\times10^{-5}$ m $=95.8$ μm($Re_p=0.096<2$)

**03.** 체적통과율 : $P$(13.6 μm)$=0.5$, $P$(27.3 μm)$=0.625$(예제 10.2), $d_p=13.6\sim27.3$ μm 사이에 $0.625-0.5=0.125=12.5\%$의 입자가 존재한다.

**04.** 1.68 m · $s^{-1}$

**05.** $4.60\times10^{-3}$ m · $s^{-1}$

**06.** 2.40 $m^3$ · $s^{-1}$

**07.** 7.97 m

**08.** $v_s = V/A$를 식(10.28)에 대입해 변형하면 된다. $V_0$의 단위 : [$m^3$], $K$의 단위 : [$m^6$ · $s^{-1}$]

**09.** $K=1.56\times10^5$ $cm^6$ · $s^{-1}$, $V_0=2.95\times10^3$ $cm^3$

**10.** 3.11 $m^3$

**11.** 4.9 $m^2$

**12.** $V^2+1.47\times10^{-3}V=3.31\times10^{-5}t$

**13.** 11.3 μm

**14.** $B=0.105$ m, $D_c=0.525$ m

# 찾아보기

【저자소개】
· **하시모토 겐지(橋本健治)**
1935년 오오사카 출생
1963년 교토대학 대학원 박사과정 수료
그 후, 교토대학 공학부 화학공학과 교수
후쿠이공업대학 환경생명미래공학과 교수 역임
교토대학교 명예 교수
반응공학, 반응장치, 크로마토분리공학 전문

【역자소개】
· **정민철**
전남대학교 화학공학과 학사
한국과학기술원 화학공학과 석사
일본 동경공업대학교 화학환경공학 박사
삼성종합화학/삼성종합기술원/삼성정밀화학 수석연구원
현재 순천대학교 화학공학과 교수

**화학공학개론** 정가 18,000원

인 쇄 2012년 9월 1일 초판 1쇄
발 행 2022년 3월 10일 2판 3쇄
저 자 橋本健治
역 자 정민철
발행인 정우용
발행처 도서출판 **동화기술**
경기도 파주시 광인사길 201(문발동, 파주출판도시)
Tel (031)955-4211~6 donghwapub@nate.com
Fax (031)955-4217 www.donghwapub.co.kr
(등록) 1977년 12월 19일/9-16호


ISBN 978-89-425-1809-8